KB014281

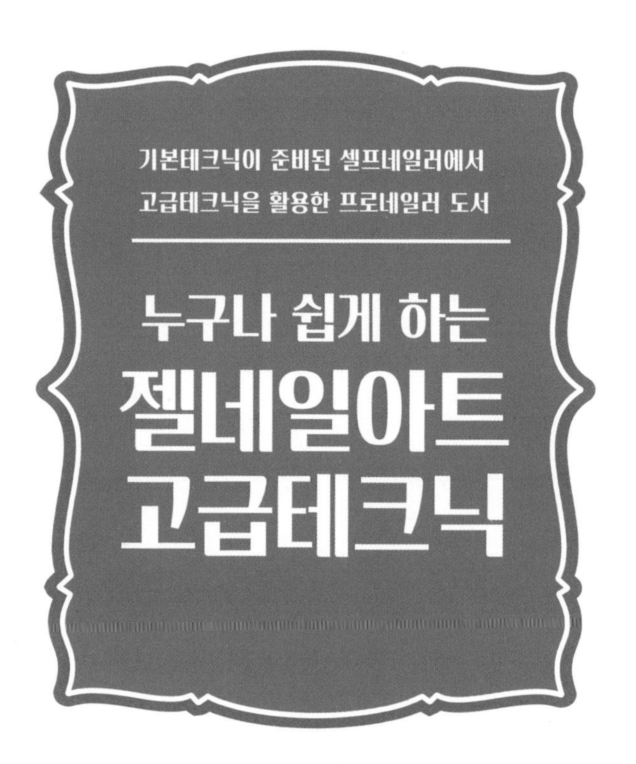

유튜브에서 셀프 젤 강의를 선보이는
안나경 저자의 노하우를 아낌없이 담았습니다.

* 머리말 *

최근 네일아트의 시장은 거의 포화상태입니다. 각 도시마다 한 건물 당 하나라고 말해도 무관할 정도로 하나의 건물에 최소 하나 이상의 숍들이 운영되고 있으며 어떠한 숍들은 한 건물에 공존하는 경우도 빈번합니다. 이제는 젤네일에 관련된 정보들을 영상 매개체로도 쉽게 접할 수 있지만 보는 것으로는 모든 것을 만족할 만큼 충족할 수가 없는 것이 현실입니다.

그러므로 가격경쟁은 물론이며 기술력에 뒤처지는 숍은 거의 생존 불능의 상태까지 이르기도 합니다.

이러한 여러 문제점들 중에 단연 기술력 부족은 네일리스트 입장에서 씁쓸하지 않을 수 없습니다.

1. **탄탄한 기술력**
2. **서비스**
3. **고객응대**

이제 위의 3가지 요소는 차별화가 아닌 당연한 패키지처럼 기본이 되었습니다.

시간과 여러 문제 및 사정에 따라 가장 기본이 되는 기술력을 탄탄하게 할 시스템에 적용받거나 익히는데 선택의 폭이 좁습니다. 그러므로 이 책은 기본 테크닉이 준비된 셀프 네일러들, 초보 숍 원장님들, 초보 강사분들, 여러 교육장에서의 심화과정의 교재로 충분히 사용될 수 있게 되어 있으며 특히, 오프라인 매장을 운영하시는 원장님들의 답답함을 해소를 할 수 있을 것이며 매출에도 +/ α 의 도움이 있을 수 있을 것입니다.

이 도서와 함께 유튜브 영상을 공유한다면 반드시 젤아트의 테크닉은 업(UP)이 될 것이며, 진정한 네일리스트의 자신감과 자부심이 생길 수 있습니다.

https://youtube.com/channel/UC0Ps9L6dHv75to68BrfrfrA
또는 유튜브에서 '젤네일 안나경 선생님' 을 서치해주십시오.

* 색을 알고 실전에 응용하기 *

색채학

색을 응용하여 접목할 때는 사람의 여러 상황을 고려하여 어울리는 색을 찾아 주입하기 때문에 색에 대한 개념과 함께 배색 등을 알아두어야 합니다.

색

빛이 물체를 비추었을 때 반사, 흡수, 투과 등을 통해 생기는 물리적인 지각 현상을 말합니다.

색채

색이 눈의 망막에 의해 지각됨과 동시에 느낌이나 연싱. 상징 등 눈이 느끼는 심리적인 지각 현상을 말합니다.

색의 3속성

1. 색상　빨강, 노랑, 파랑 등 어떤 색인지 구분하는 속성, 물체에 표면이 반사되는 특정 파장에 의해 색상이 결정됩니다.
2. 명도　색의 밝기와 어둡기를 의미한다. 밝을수록 명도가 높고, 어두울수록 명도가 낮습니다.
3. 채도　색의 맑고 탁한 것을 말한다. 가장 채도가 높은 색은 빨강, 노랑입니다.

빛의 3원색

1. 빛의 3원색

빨강, 초록, 파랑

가산혼합

빛을 가하여 색을 혼합할 때 본래 색보다 밝아지는 것

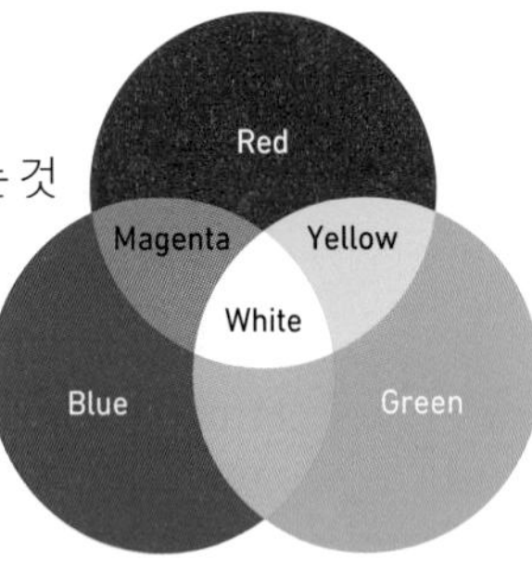

가산혼합 배색

Red + Green + Blue = White(흰색, 화이트)

Green + Blue = Cyan(흐린 파랑, 시안)

Blue + Red = Magenta(분홍, 마젠타)

Red + Green = Yellow(노랑, 옐로우)

색의 3원색

마젠타, 노랑, 파랑(시안)

각각 혼색을 했을 때 만들어지는 중간색에 해당합니다.

감산혼합 색의 3원색을 섞은 것을 말합니다.

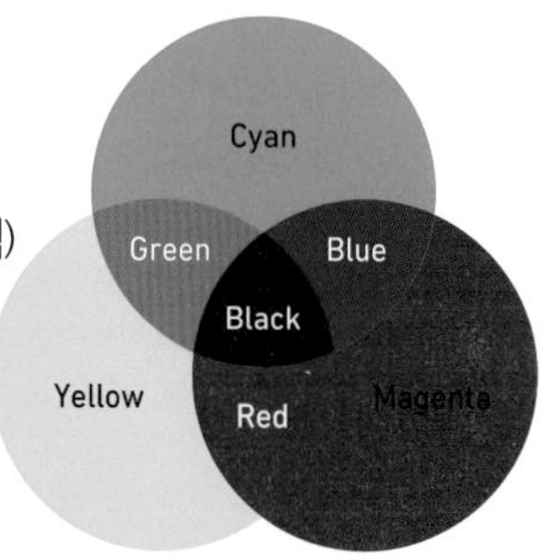

감산혼합의 배색

Magenta + Yellow + Cyan = Black(검정, 블랙)

Magenta + Yellow = Red(빨강, 레드)

Yellow + Cyan = Green(초록, 그린)

Cyan + Magenta = Blue(파랑, 블루)

색의 분류

무채색

색상과 채도 없이 명도로만 구분합니다.

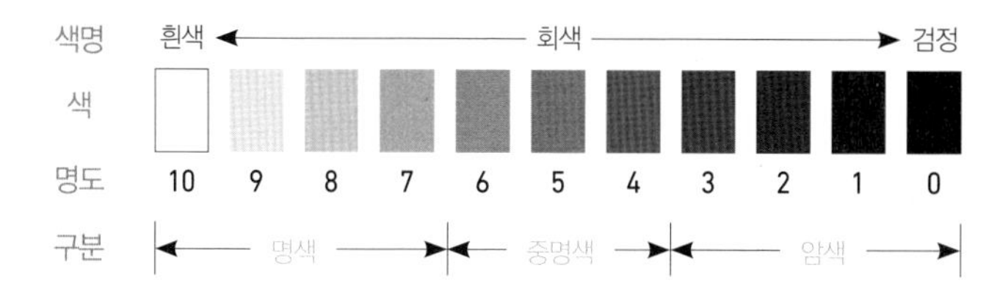

유채색

무채색을 제외한 모든 색을 말한다. 색상, 채도, 명도 모두 포함된다.

색의 대비/ 보색 대비

보색

색과 색이 섞여 어둡게 되는 색의 계열이며, 서로 반대되는 색을 보색이라 합니다. 보색을 이용하여 혼합하면 메이크업 시 색의 변색을 방지할 수 있습니다.

1. 정보색 : 서로 정반대의 색
2. 악보색 : 정보색의 양 옆의 색
3. 삼보색 : 동일한 간격에 위치한 색상

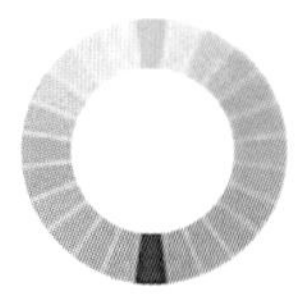

정보색

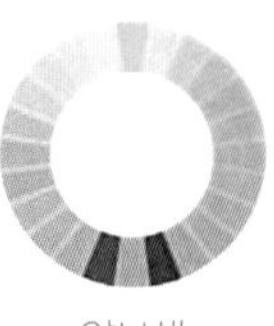

약보색

삼보색

* 계절에 맞는 컬러 *

봄 명도와 채도가 높은 옐로우 계열의 화사한 컬러가 좋습니다.
카멜, 피치, 그린, 골드 계열도 잘 어울립니다.

여름 명도가 높고 채도는 낮은 푸른 계열의 밝고 산뜻한 색이 좋습니다.
라벤더, 스카이블루, 형광 계열도 잘 어울립니다.

가을 명도와 채도가 낮은 옐로우 계열이나 어두운 색으로 차분한 느낌의 색이 좋습니다.
카멜, 베이지, 오렌지, 골드, 브라운 등 무광도 잘 어울립니다.

겨울 명도와 채도가 낮은 컬러, 명도와 채도가 높은 선명하고 강한 느낌의 컬러도 좋습니다.
블랙, 화이트, 네이비, 레드, 무광 등도 잘 어울립니다.

* 내몸에 맞는 컬러 *

색체 / 컬러테라피 등 최근에는 색이 정신 건강에 영향을 많이 미친다고 생각들을 합니다.

색체 / 컬러테라피 등은 색을 통해 마음의 정서적 안정을 얻는 방법 중 하나라고 생각합니다.

지금부터 나에게 맞는 컬러,힐링과 연결되는컬러, 마음을 움직이는컬러에 대해 알아봅시다.

* 내 몸에 맞는 컬러 바르기 *

빨간색

- 사랑, 에너지,정렬
- 기력회복, 혈액순환, 신진대사 활발, 따뜻함 온기와 에너지는 덤입니다.
- 부신을 자극하고 혈압과 맥박을 증가시켜 혈액순환을 활성화하고 뇌척수액을 자극하여 교감신경계를 활성화 시킵니다.
- 삶의 활력과 생기를 넣어주눈 색입니다.

TIP 화이트와 매치하면 활기넘치는 효과에 시각적 안정감을 줍니다.

노란색

- 경쾌한 컬러, 지혜, 행복, 웃음, 따뜻함, 집중
- 운동신경 활성화, 혈액순환 촉진, 장에 좋은 색(소화촉진)
- 즐겁고 친해지게 쉬운 분위기 연출에 도움이 되는 색
- 부교감 신경 자극, 상처 회복을 시키는 효과
- 식욕을 자극해주기도 하는 색

TIP 정서적 교감을 아이에게 느끼게 해줄 수 있는 색

초록색

- 치유의 컬러, 심신을 안정시켜주는 색
- 집중력 향상, 자연, 시원함, 성장, 건강
- 온화한 색, 긴장감을 낮춰주고 눈에 좋은 색
- 피로에 도움이 되는 색
- 긍정적 사고를 이끌어내는 색

- 히스타민 수준을 올려 혈관을 팽창시켜 피부 손상을 빨리 회복시켜주는 색

TIP 집중할 수 있는 분위기 조성에 도움이 되는 색

파란색
- 균형과 조화의 컬러, 평온, 충성, 진실
- 신뢰감, 차가운 느낌
- 정서적으로 평온해지는 느낌
- 산만한 성격에 도움이 되는 색
- 신체에 강장제 역할
- 근육 / 혈관을 축소 시키는 효과로 혈액순환을 정상적으로 회복시켜 신경 흥분을 가라앉혀줍니다.

TIP 중요한 자리엔 신뢰감을 조성해주는 색

분홍색
- 진정의 컬러, 여성스러운 컬러
- 자궁의 색, 자궁이 좋아하는 색
- 분홍색 사이에 있으면 공격적인 성향이 없어집니다.
  (화를 잘 내는 사람에게 좋은 색)
- 최면제 같은 효과, 고통을 느끼지 않게 해주는 효과

TIP 소품이나, 포인트를 매치해 주면 좋은 효과를 볼 수 있습니다.
자궁이 약한분은 란제리 컬러를 분홍으로 하면 좋은 색

주황색
- 폐를 확장시켜 근육 경련 진정 - 따뜻, 변화, 자극
- 관계를 원활하게 해주는 색
- 변비에 좋은 색
- 오감 자극, 마음을 경쾌하게 합니다.

보라색
- 비장, 뇌, 뼈를 자극하여 감수성 조절
- 세련, 경의, 신비
- 즉각 변화를 거칠 때 끌리는 색
- 노화 방지, 우울할 때 기분전환
- 두통에 좋은 색

남색

- 긴장 완화

흰색

- 순수, 청결
- 신뢰와 신비의 색
- 차가운 느낌의 색 (예민한 사람은 주의)
- 다른 컬러를 돋보이게 하는 컬러
- 정적이면서 긍정적인 색
- 감정과 사고를 순화 / 머릿속을 맑게 해주는 색

갈색

- 긴장 완화
- 안정, 편안함
- 지구력, 인내심에 좋은 색
- 식욕 억제 효과

검정색

- 뚜렷한 세계관과 독립심, 넘치는 의지가 보여지는 색
- 심리적 안정감
- 감정 억제 효과
- 고급스럽고 세련된 분위기 연출에 도움이 되는 색
- 우아하고 기품있는 색이라 모임, 면접에 활용되는 색

* 손톱에 바를 때 도움이 되는 색 *

엄지 - 흰색
검지 - 파란색
중지 - 보라색
약지 - 초록색
소지 - 빨간색

* 손톱의 여러 모양 *

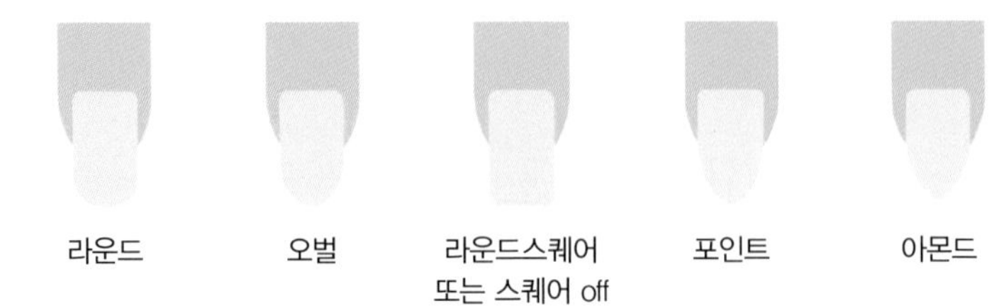

* 컬러링의 종류 *

* 네일의 역사 *

Manicurs(매니큐어)는 Manus(손) + Cura(관리/케어) 라는 라틴어가 합성어로 이루어진 말이며, 전체적인 손관리를 뜻하는 것입니다.

BC 3000년경에는 이집트와 중국에서 시작되었다고 합니다.

고대 이집트

- 신분을 표시하는데 상류층은 진한색,하류층은 옅은색으로 표시 했다고 합니다. 미라에서도 발견이 되어 주술적인 의미도 있습니다.

중국

- 신분표시에 사용되었으며 홍화씨로 색을 표현하고 벌꿀과 계란흰자를 고무나무 수액에 섞어 제조하여 사용하였습니다.

17세기 인도

- 조모 부분에 바늘로 색소를 주입해 문신을 하였으며, 상류층임을 표시하였습니다.

1830년 - 우드스틱이 만들어져 사용되었고
1885년 - 네일 팔리쉬(컬러)의 필름 형성제인 니트로셀룰로오스가 개발되었습니다.
1910년 - 금속도구 개발
1925년 - 네일 산업 본격화
1935년 - 인조네일 개발
1950년 - 헬렌 걸리가 최초의 네일 케어를 가르침
1960년 - 실크와 린넨 사용
1970년 - 아크릴 네일 개발
1994년 - 젤네일이 시작되었습니다.

* 손톱이 나빠지는 원인 *

손톱이 나빠지는 원인은 크게 두 가지로 나누어집니다.

- 선천적인 경우 : 유전등이 원인이 됩니다.
- 후천적인 경우 : 손톱을 만들어 주는 매트릭스가 손상되었거나, 미숙한 파일링, 잘못된 손톱 깎는 법, 충격 등이 있습니다.

* 손톱으로 보는 건강 상태 *

푸른빛의 손톱 : 혈액순환 장애, 과로, 스트레스가 원인일 수 있습니다.
생기 없는 손톱 : 빈혈, 심장질환등의 경우가 있을 수 있습니다.
검 붉은 손톱 : 모세혈관이 좋지 않은 경우 생길 수 있습니다.
얇은 손톱 / 찢어지는 손톱 : 비타민이 부족하거나 만성질환 또는 유전적인 경우도 있습니다.
가로 줄무늬 손톱 : 여러 질환이나 장기적 약 복용, 스트레스로 인한 원인이 생길 수 있습니다.

* 아트 도안 연습 *

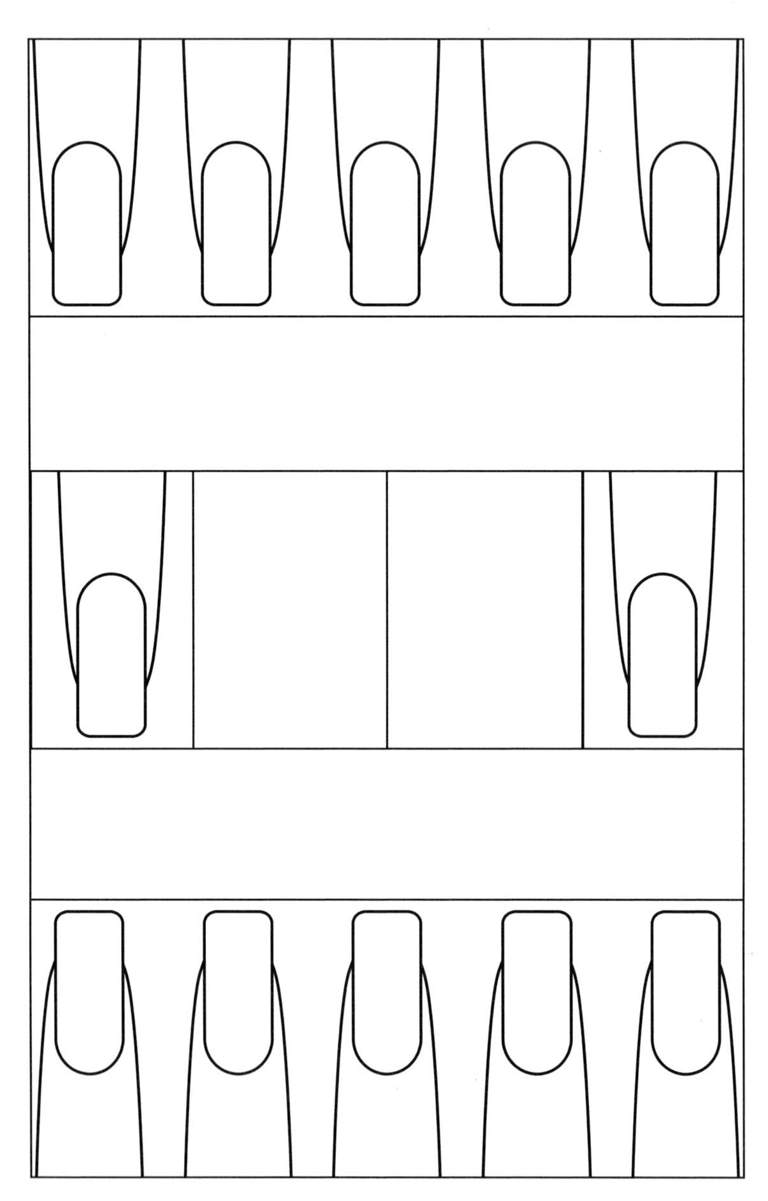

* 드로잉 연습 *

* 드로잉 연습 *

* 목차 *

누 구 나
쉽게하는
젤 네 일
고 급

1 살롱케어(기본케어 + 영양제)

리무버, 스킨소독제, 큐티클오일, 큐티클리무버, 우드화일, 샌딩, 영양제, 솜, 더스트브러쉬, 니퍼, 푸셔

1 – 손톱의 모양(쉐입)을 파일링 합니다.

- 남성은 라운드 모양으로 하며 가장 기본이 되는 모양입니다.
- 여성은 라운드. 라운드스퀘어, 오벌, 포인트 중에 고객이 원하는 모양으로 파일링을 하면 더욱 예쁘게 표현할 수 있습니다.

라운드 모양 손톱 만들기

사진의 순서대로 비비지 않고 한쪽 방향으로 파일링을해야 손톱의 손상을 최소화 할 수 있습니다.

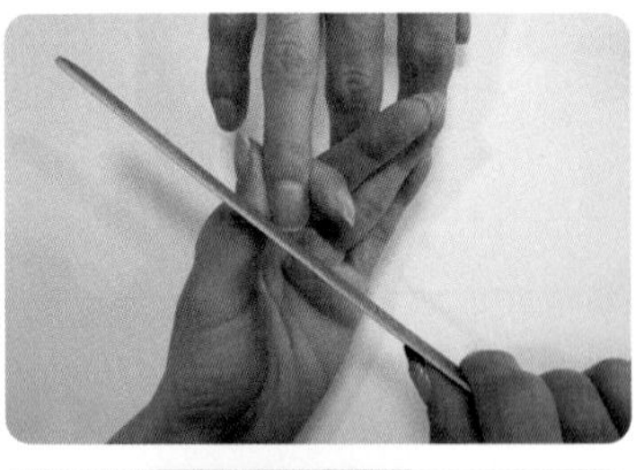

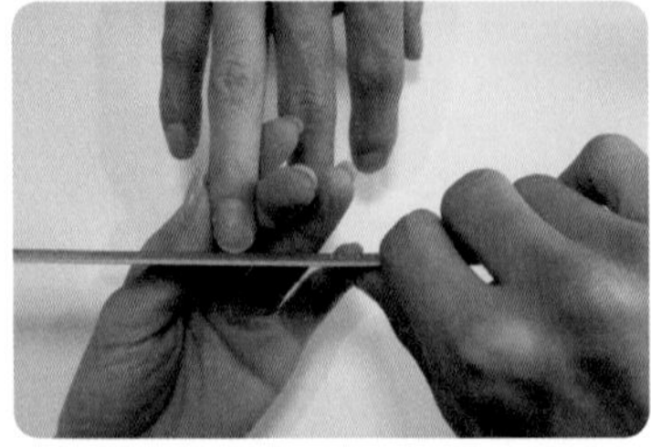

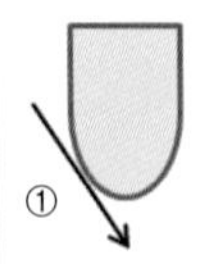

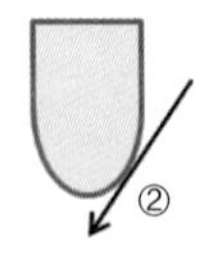

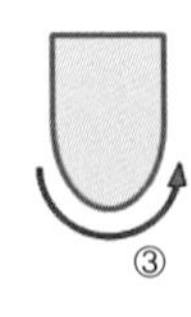

2— 손톱표면 샌딩하기, 유분기를 제거해주고, 표면을 매끄럽게 정리합니다.
이 과정을 진행해야 영양제가 꼼꼼히 잘 도포가 됩니다.

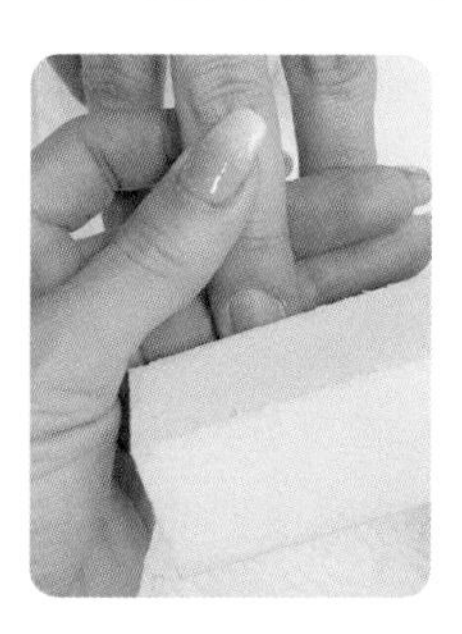

3— 큐티클 리무버/오일을 순서대로 큐티클 전체에 도포합니다.

- 큐티클 리무버는 약산성의 제품이며 딱딱하고 묵은 큐티클을 녹여주는 역할을 합니다.
- 큐티클 오일은 푸셔 작업 시 딱딱하고 묵은 큐티클이 밀어 올릴 때 통증이 있을 수 있어 부드럽게 해주는 오일입니다.

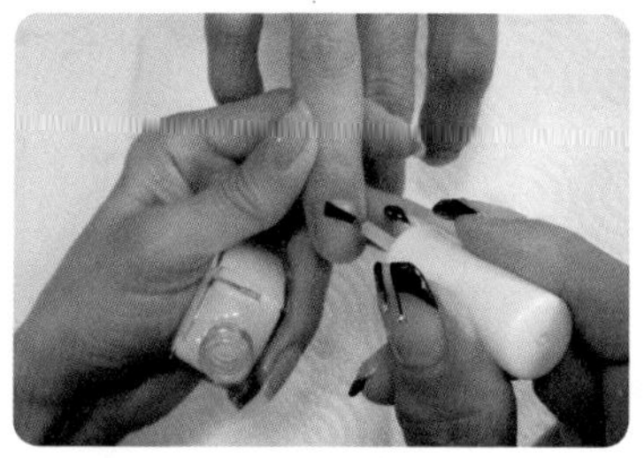
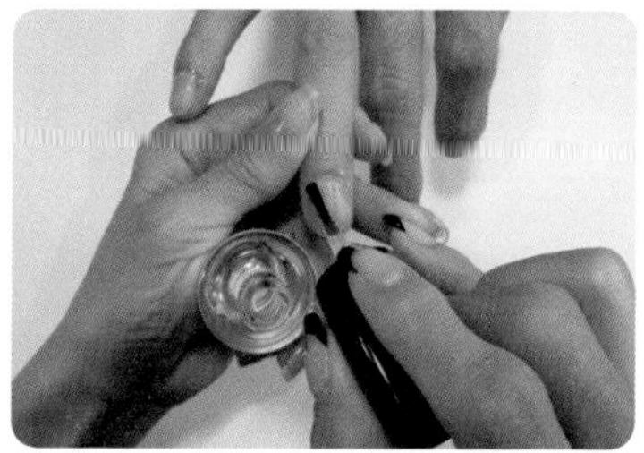

4— 푸셔를 이용해서 큐티클을 밀어 올립니다.
푸셔를 사용할 때는 힘을 너무 주지 말고 손톱 표면이 긁히지 않게 둥글리면서 사용합니다.

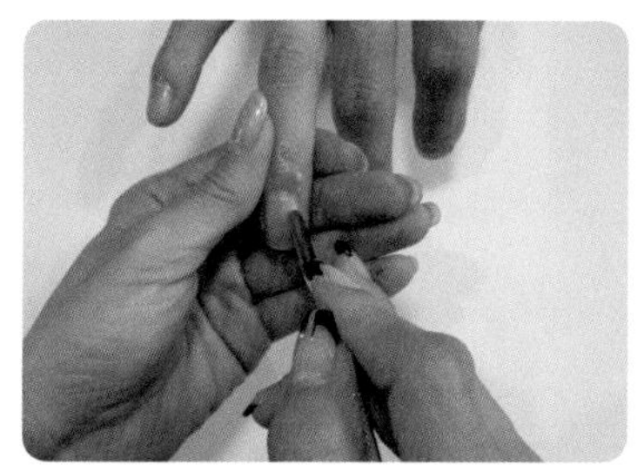
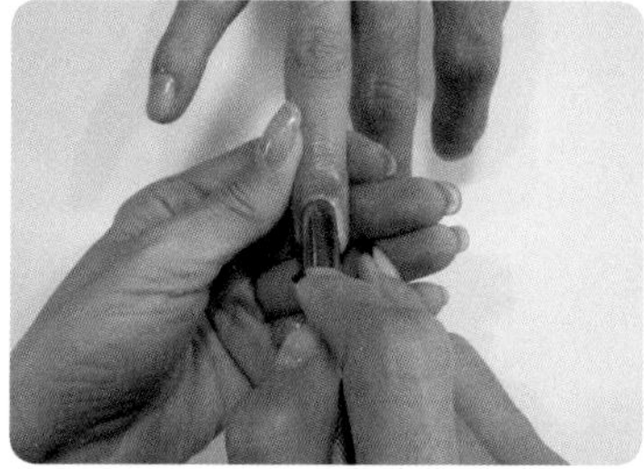

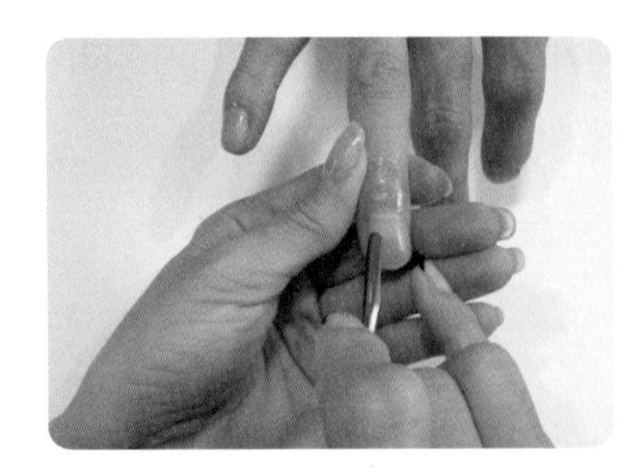

푸셔 컨트롤 – C 방향으로 푸셔가 안쪽으로 마무리 될수 있게 관리합니다.

– 힘을 많이 주어 푸셔가 손가락 위로 튕겨지면 피부에 상처가 생길 수 있습니다.

5— **니퍼를 사용하여 한쪽 방향부터 꼼꼼히 큐티클을 잘라 줍니다.**

니퍼는 손톱 표면이 긁히지 않도록하며 니퍼를 큐티클 피부 벽에대고, 자르고, 뒤로 빼고를 반복합니다.

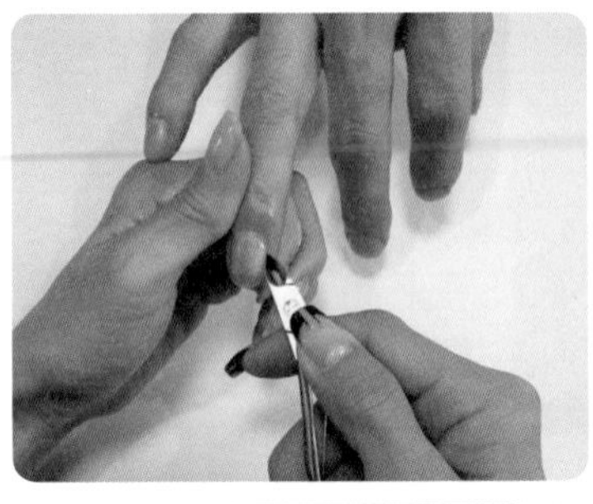

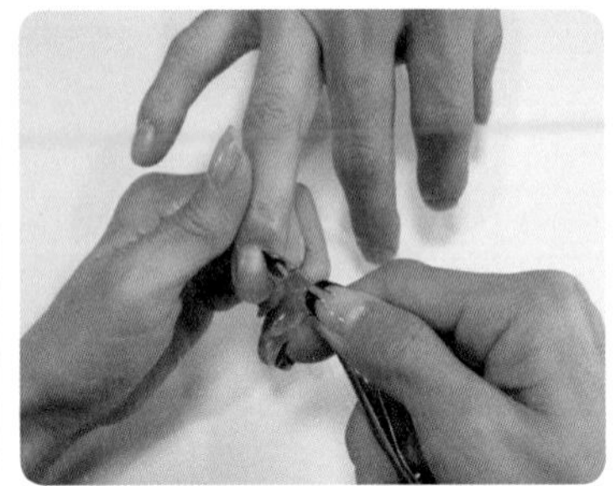

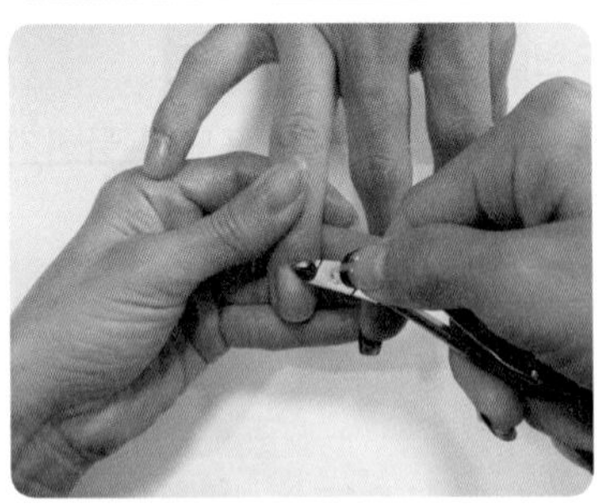

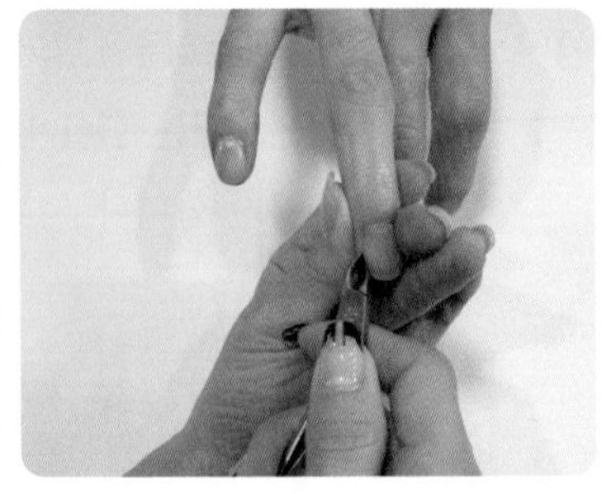

큐티클이 없는경우와 각도와 면, 거스름(큐티클)의 3박자가 맞지 않아 잘라지지 않는 경우입니다. 피부 깊이 자르게되면 상처와 출혈이 생길수있으므로 충분한 연습이 필요합니다.

6 — 오일파일을 사용해 큐티클 제거를 한 손톱 표면은 힘을 빼고 파일링 합니다. (오일파일이라 명칭하기도 합니다.)

손톱에 남아있는 거친 부분(거스러미)를 깔끔하게 한 번 더 정리해 주는 것입니다.

큐티클 오일을 큐티클 부분이나 파일에 바른 후 관리합니다.

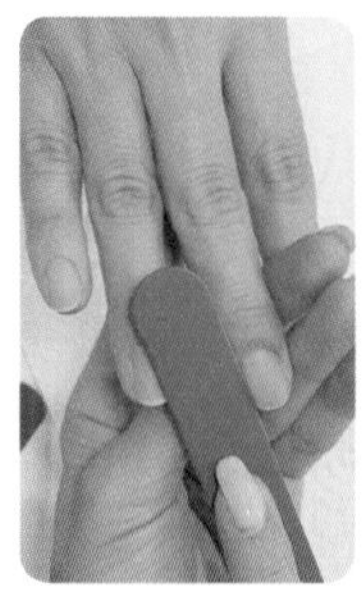
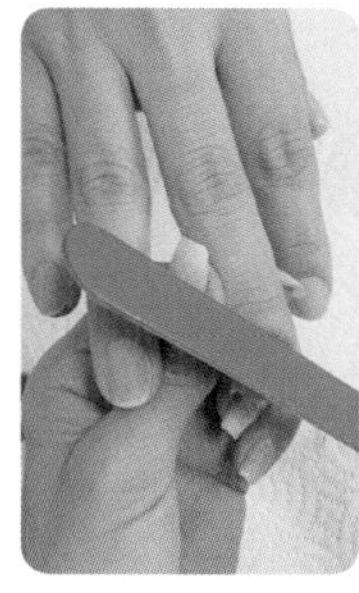
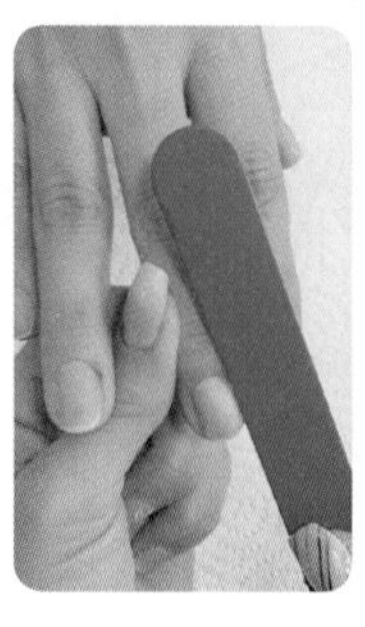
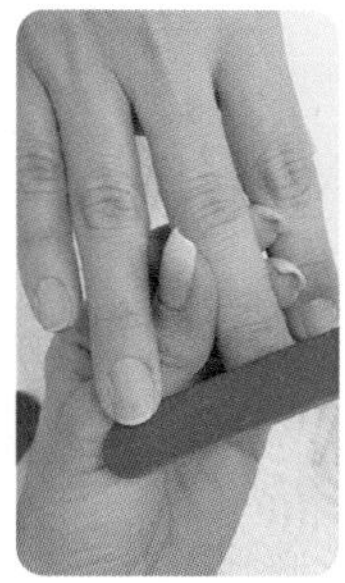

3번째 사진의 관리는 손톱 주변의 딱딱하고 건조한 피부를 부드럽게 해주는 방법입니다.

7 — 리무버를 이용하여 유 / 수분을 제거하여 영양제가 겉돌지 않고, 도포될 수 있게합니다.

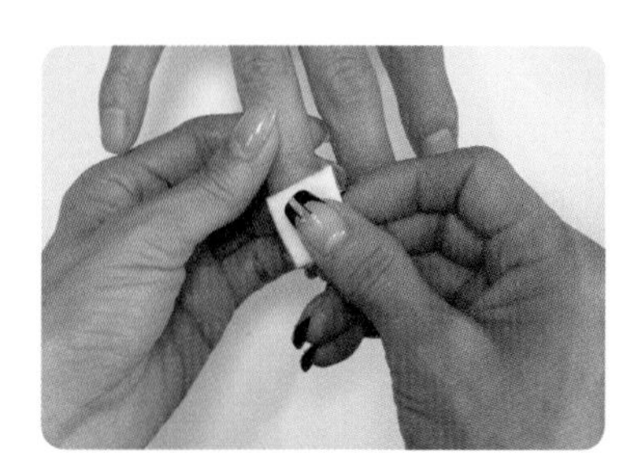

8 — 영양제를 바를 때는 한쪽부터 순서대로 위에서 아래 방향으로 바르고 1 coat(한번)만 합니다.

케어가 완성된 모습입니다.

관리 후 6일 정도 하루에 한 번씩 영양제를 덧바르고 마지막 날에 깨끗이 지우고 다시 영양제를 바르는 과정을 반복하여 관리하면 건강한 손톱을 유지할 수 있습니다.

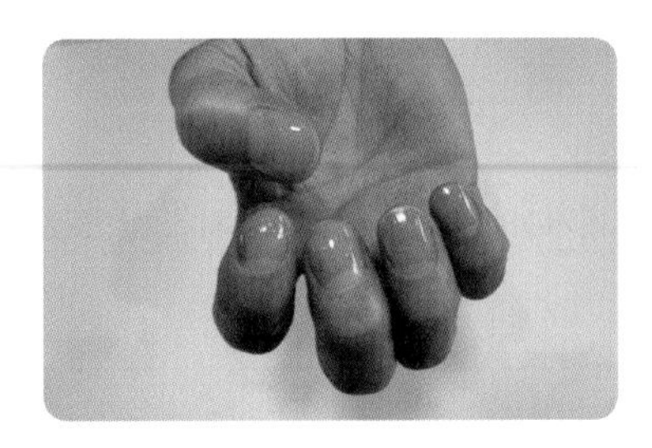

2 드릴케어 + 원컬러

리무버, 더스트 브러쉬, 영양제, 샌딩, 우드화일, 니퍼, 비트, 드릴

1 ⁻ 손톱의 모양(쉐입)을 파일링 합니다 .

- 남성은 라운드 모양으로 하며 가장 기본이 되는 모양입니다.
- 여성은 라운드, 라운드스퀘어, 오벌, 포인트 중에 고객이 원하는 모양으로 파일링을 하면 더욱 예쁘게 표현할 수 있습니다.

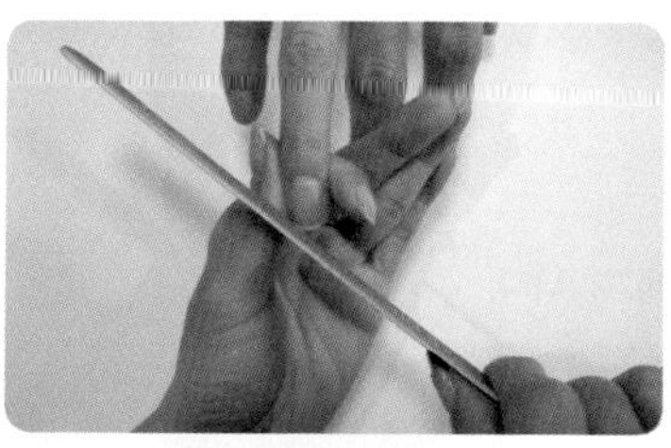

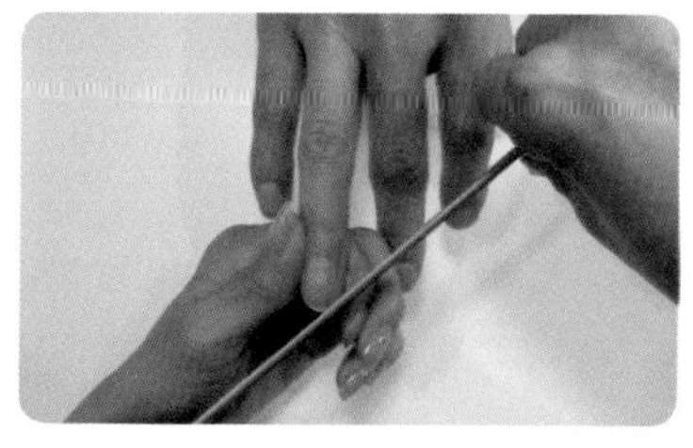

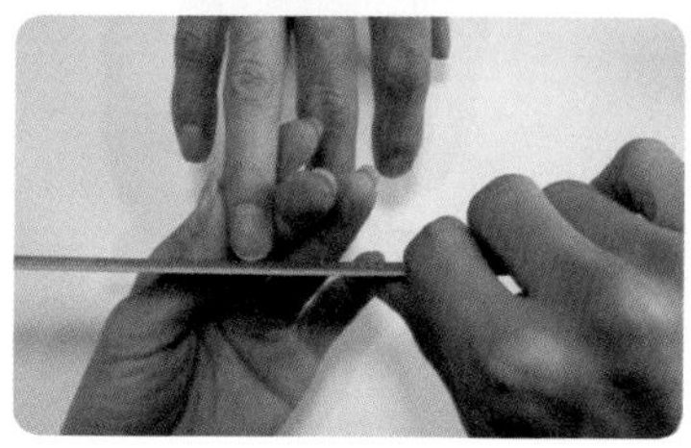

라운드 모양 손톱 만들기

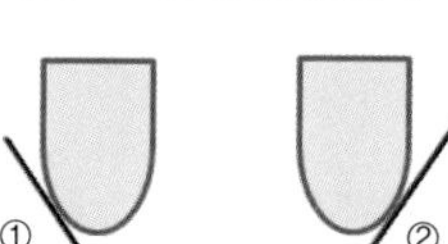

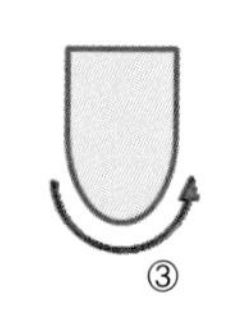

2 ⁻ 손톱 표면 샌딩하기, 유분기를 제거해주고, 표면을 매끄럽게 정리합니다, 이 과정을 해야 영양제 또는 젤의 들뜸 현상이 없습니다.

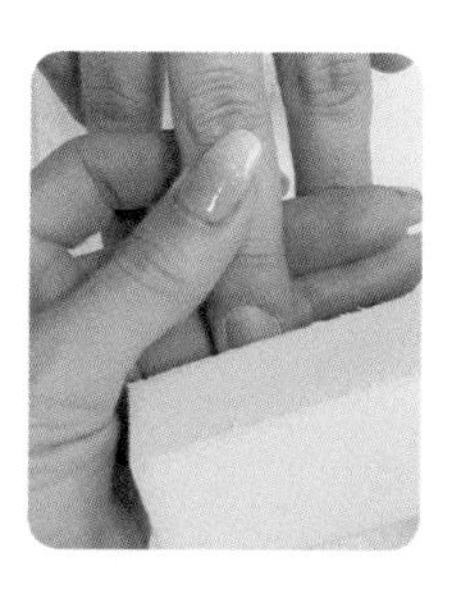

3— (젤 제거를 먼저 진행 시 제거용 비트를 - RPM은 보통 드릴마다 다르지만 10,000 ~15,000 이용하여 기존의 젤을 먼저 제거합니다.)

케어에 사용하는 비트를 사용하여 큐티클을 밀어 올립니다.

- 큐티클이 딱딱할 경우 너무 힘을 가하면 상처와 출혈이 생길 수 있으므로 한 번에 많이 빨리하는 것보다 조금씩 천천히 관리하는 게 중요합니다.
- 비트를 사용할 때 RPM은 보통 드릴마다 다르지만 5000/6000 /7000 (5, 6, 7) 이 정도의 RPM으로 진행되며, 한쪽 방향으로 진행 하되 반대쪽은 방향을 바꿔서 진행해도 무관합니다.

비트의 속도가 너무 느리면 손톱 표면에 손톱 표면이 파이는 경우가 생길 수 있으니 적절한 속도감을 익히는 것이 중요합니다. 또한, 짧게 여러 번의 반복적인 동작보다 길게 횟수가 많지 않게 하는 것이 손톱의 손상이나 무리 없이 관리할 수 있으며, 약해 지거나 손상된 손톱은 열감이나 통증이 있을 수 있어 힘과 RPM의 조절도 적절히 이루어져야 안전하고 깔끔한 관리를 할 수 있습니다.

젤제거 전용 비트로 남아있는 젤을 제거합니다.

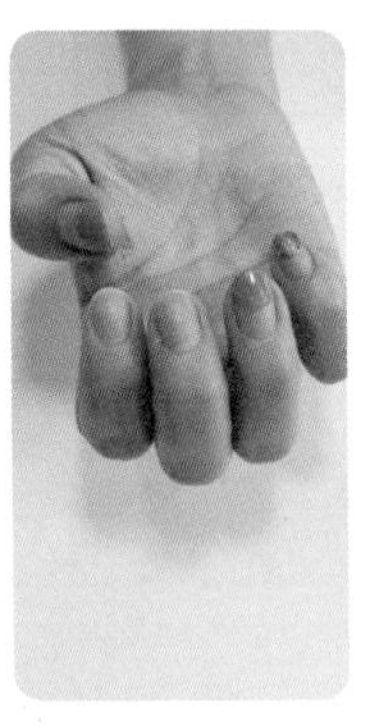
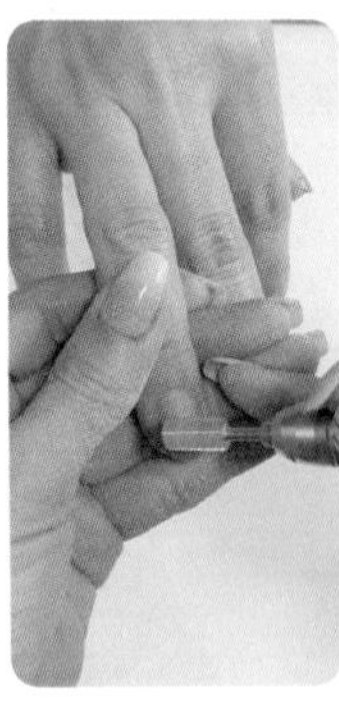
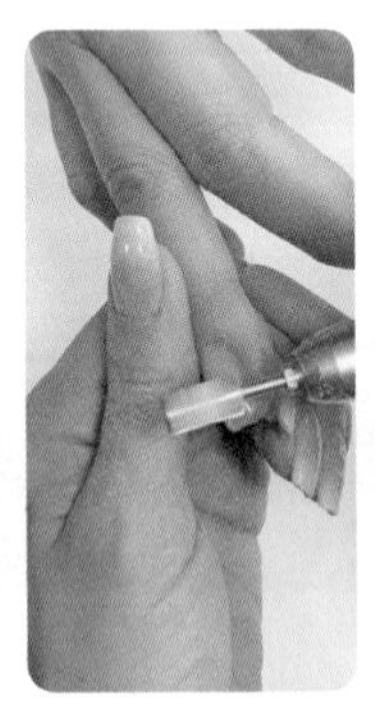
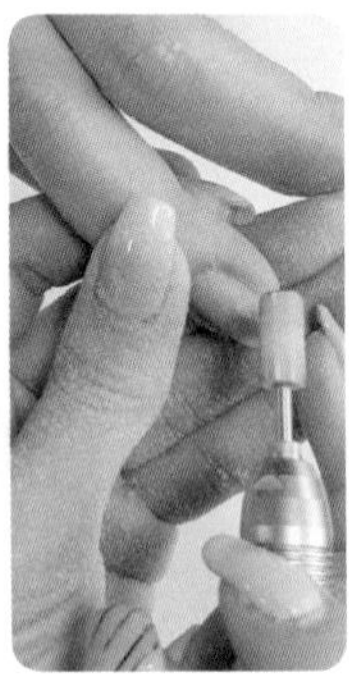

• (ㄱ) 딱딱한 큐티클을 한쪽 방향으로 밀어 올려 줍니다. 이때 홈이 파이지 않게 속도와 힘을 조절하면서 진행합니다.

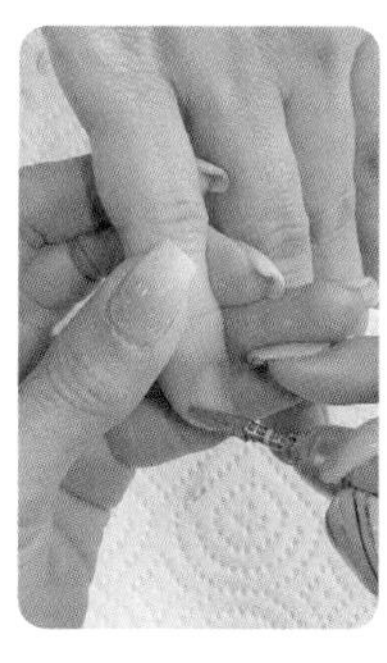
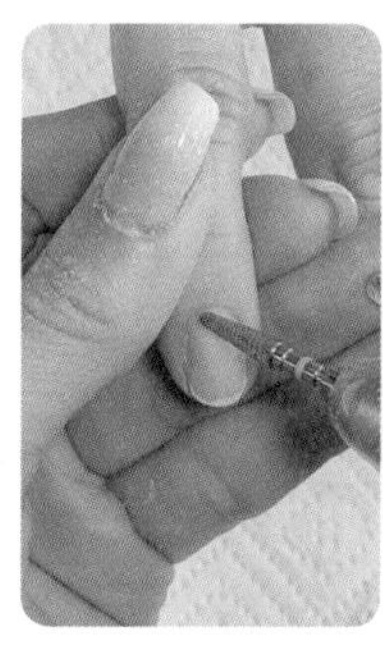
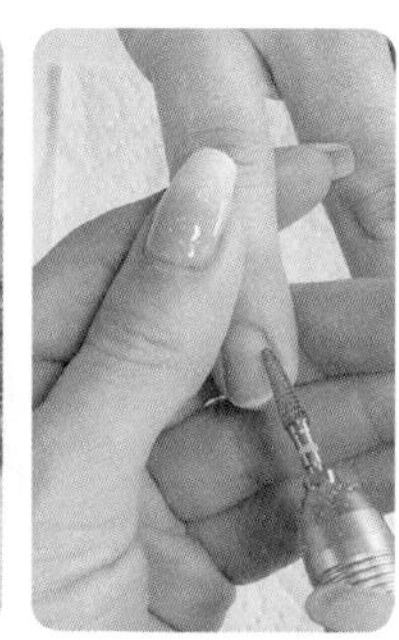

• (ㄴ) 볼비트를 사용해 한 번 더 손톱과 큐티클을 분리해줍니다. 볼비트는 큐티클을 자르기 쉽게 분리시켜 주는 역할을 합니다.

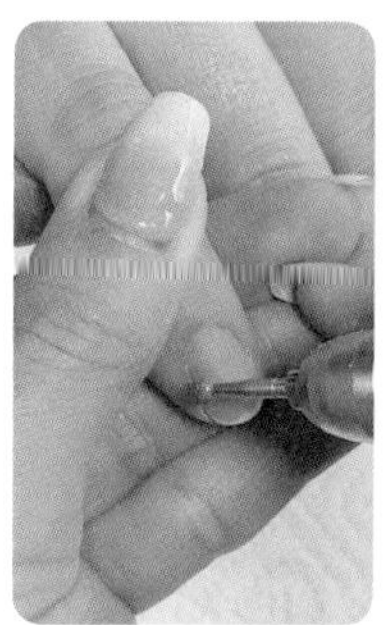
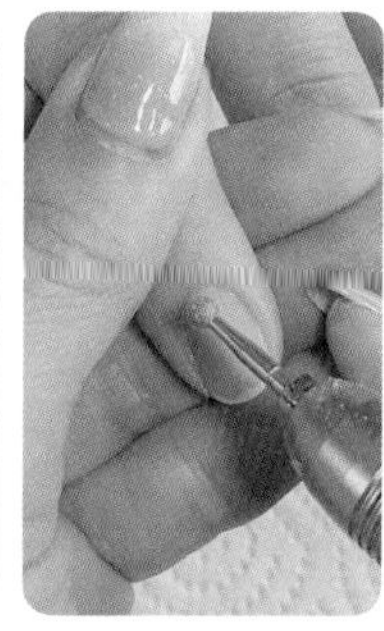
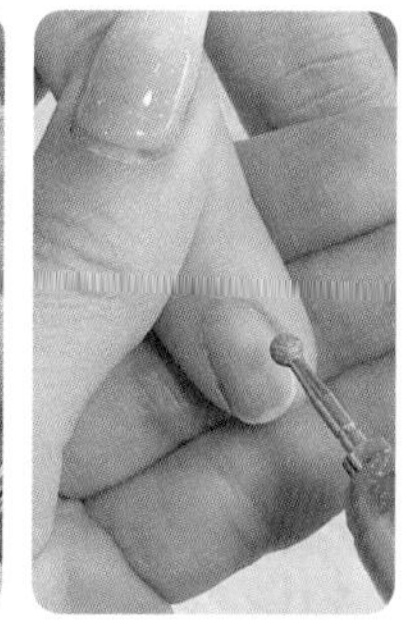

• (ㄷ) 손톱에 강하게 붙어있는 큐티클을 한 번 더 밀어 올리고, 손톱 주변 굳은살도 부드럽게 마사지하는 느낌으로 터치해 줍니다.

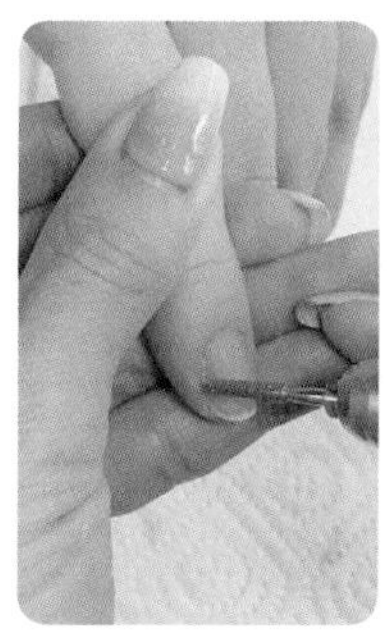
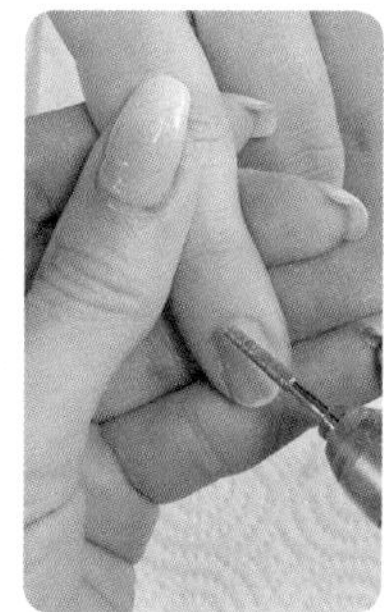
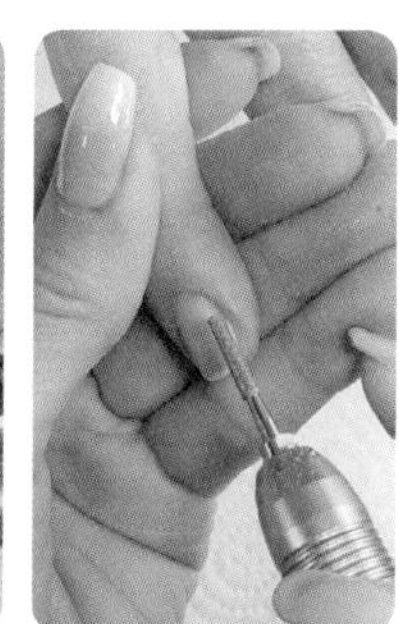

• (ㄴ) / (ㄷ) : 둘 중 하나의 방법만 해도 무관합니다.

• (ㄹ) 굳은살이 많은 사이드 부분에는 포인트 비트로 한 번 더 터치해 주면 부드럽게 관리할 수 있습니다.

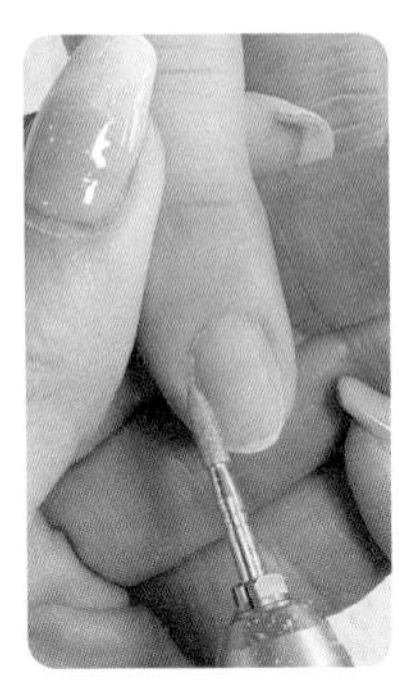 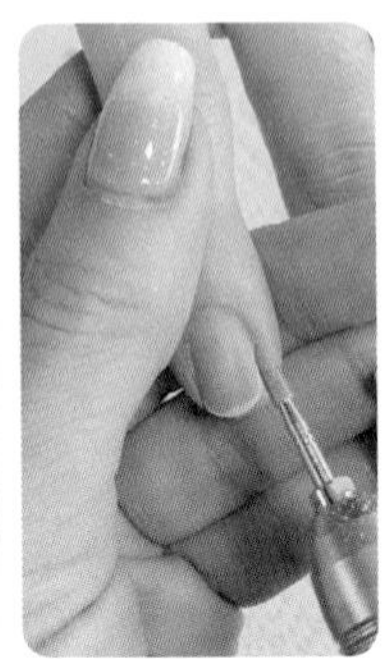

• (ㅁ) 샌딩비트처럼 사용하는데, 비트들이 지나간 자리를 매끄럽게 마무리해 줍니다.

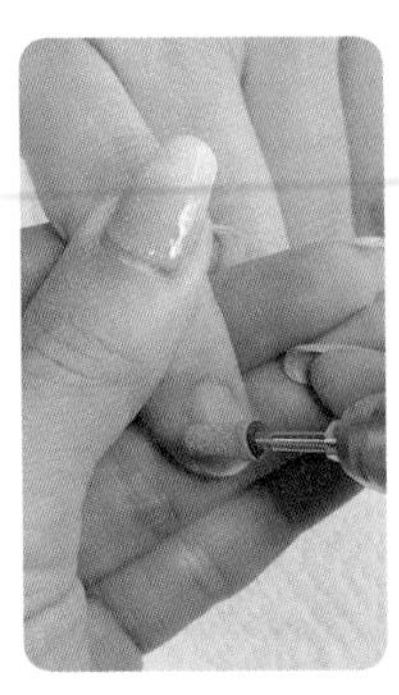 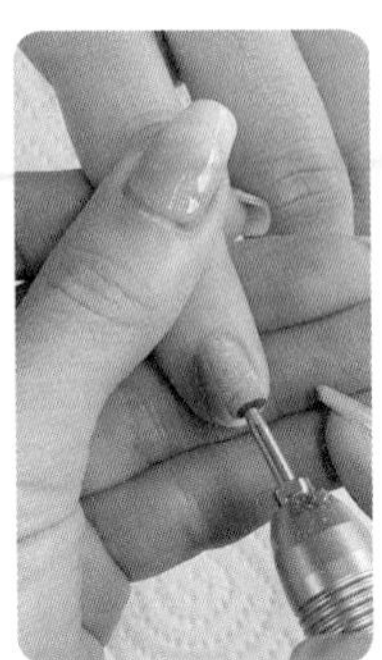 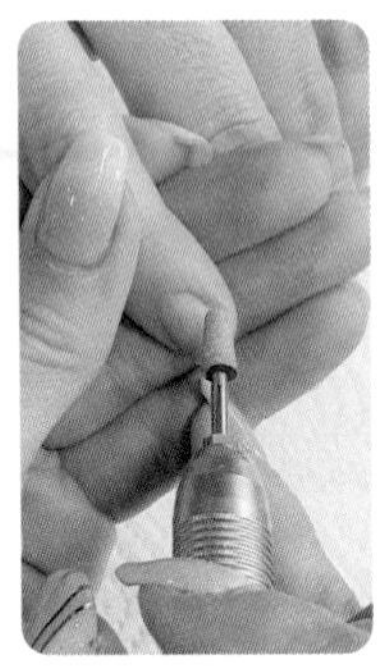

4⁻ 니퍼를 사용하여 한쪽 방향부터 꼼꼼히 큐티클을 제거해 줍니다.

• 니퍼는 손톱 앞쪽 표면이 긁히지 않도록하며 니퍼를 큐티클 벽에 대고, 자르고, 뒤로 빼고를 반복합니다.

(니퍼로 한 번 더 큐티클을 컷팅해주면 깔끔하며, 온전히 드릴로만 케어할 때 보다 고객들의 반응은 훨씬 좋을 수 있습니다.)

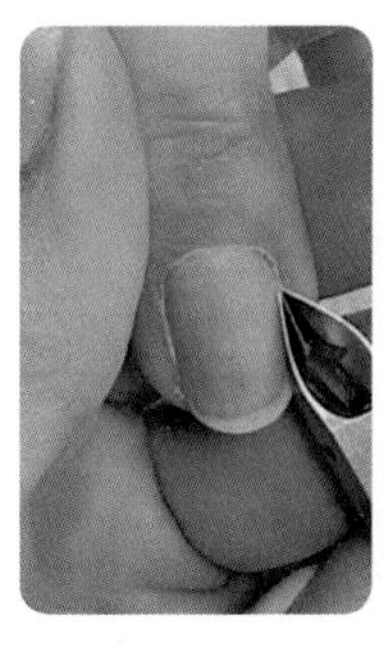
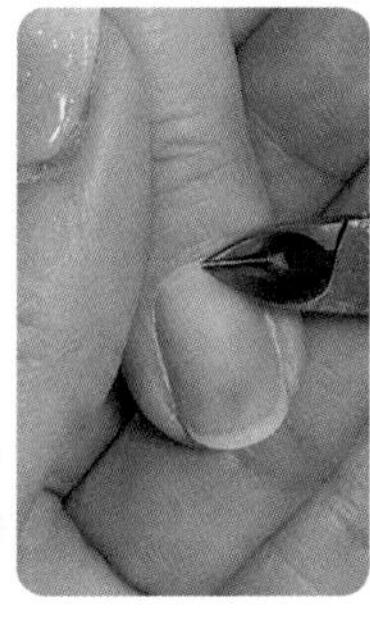
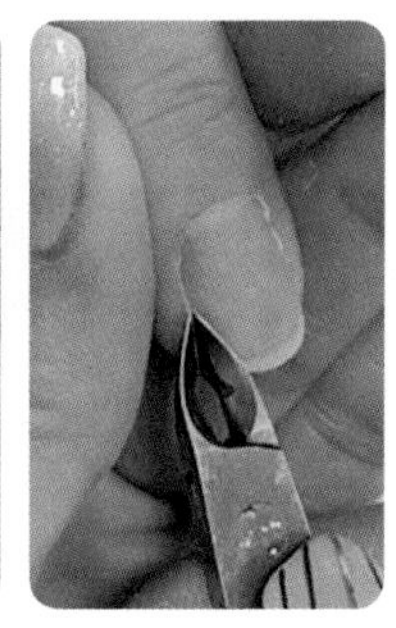

5 — 리무버를 이용하여 유/수분를 제거합니다.

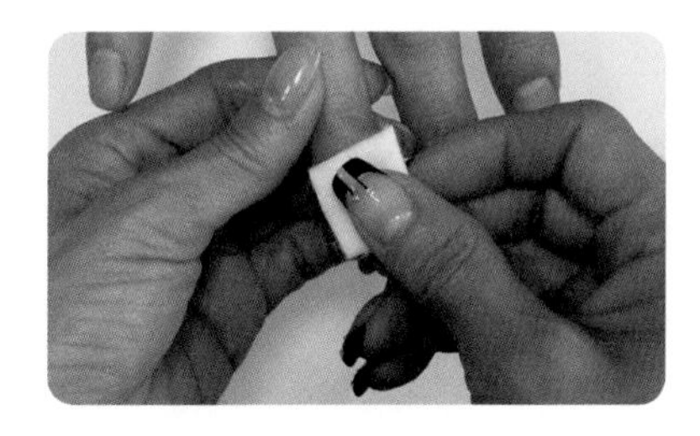

6 — 영양제를 바릅니다.

한쪽부터 순서대로 바르고 1 coat만 합니다.

완성된 손은 시간이 지난 후에 거스름이 생기지 않는 것으로 큐티클 관리가 잘되었는지 알 수 있습니다.

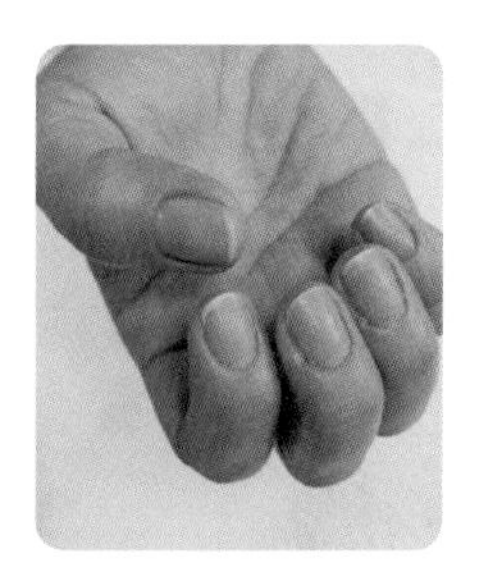

3 젤제거 하기

아세톤, 솜, 호일, 파일, 젤제거용
삼각푸셔, 쏙오일, 샌딩

1 — 사전 파일링하기

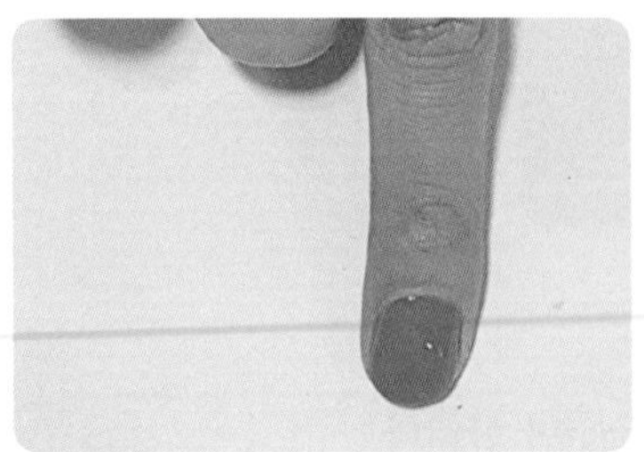

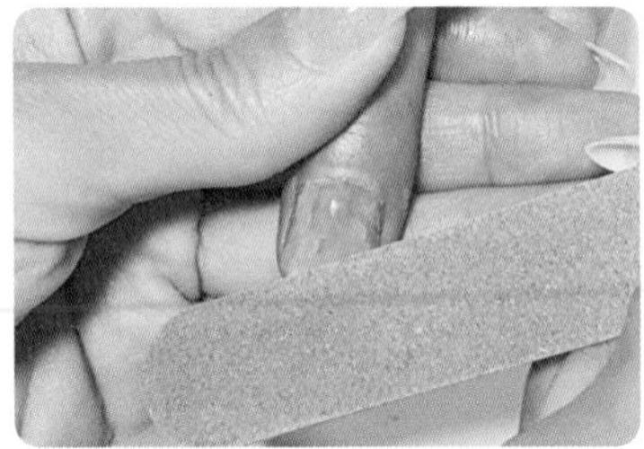

2 — 손톱 사이즈만 한 솜을 준비하고 아세톤에 충분히 적셔줍니다.

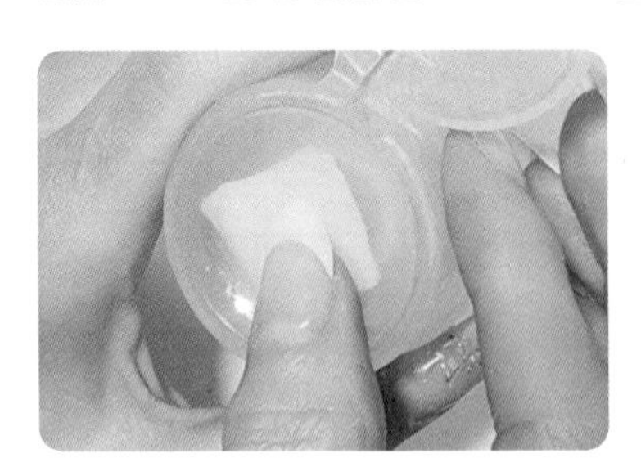

3 — 손톱 주변에 쏙오일을 가운데, 양쪽 부분에 바르고 솜을 올려줍니다.

오일을 도포해 주면 피부의 건조함을 방지할 수 있습니다.

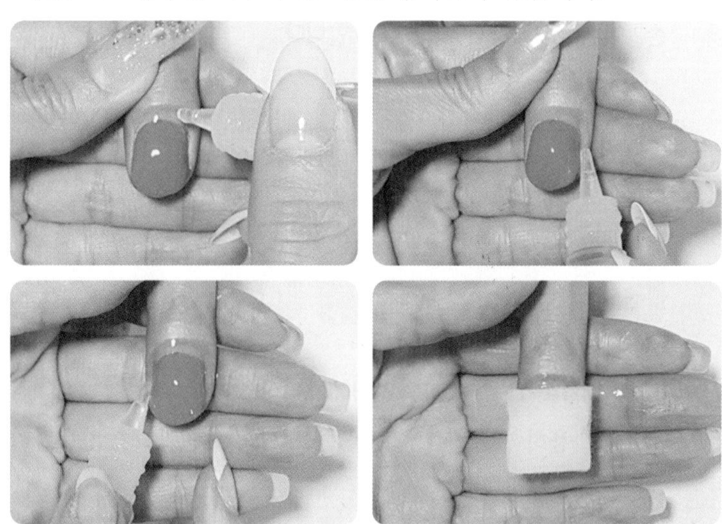

4 — 준비한 호일을 손가락을 감싸주고 5분 정도 기다립니다.

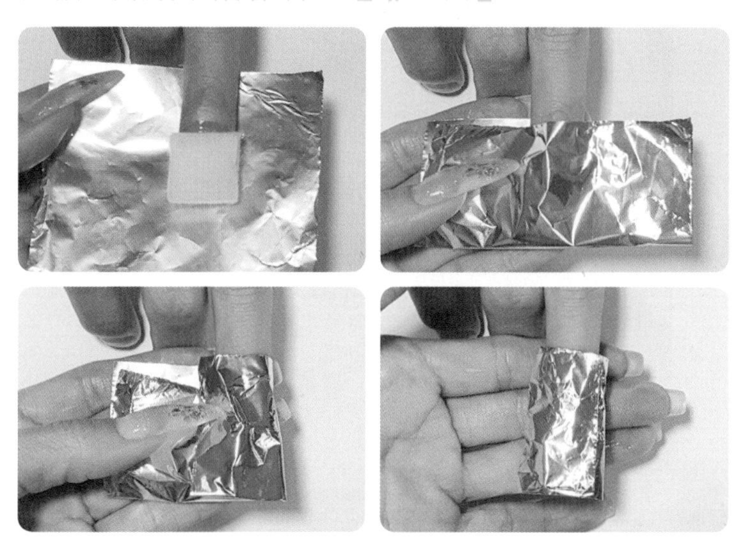

5— 호일을 열어 녹아 있는 상태를 확인하고 삼각 푸셔로 손톱 표면이 상하지 않게 조심히 제거해줍니다. 삼각푸셔가 없을시에는 일반 푸셔로도 가능하며 손톱이 손상되지않게 주의하도록 합니다.

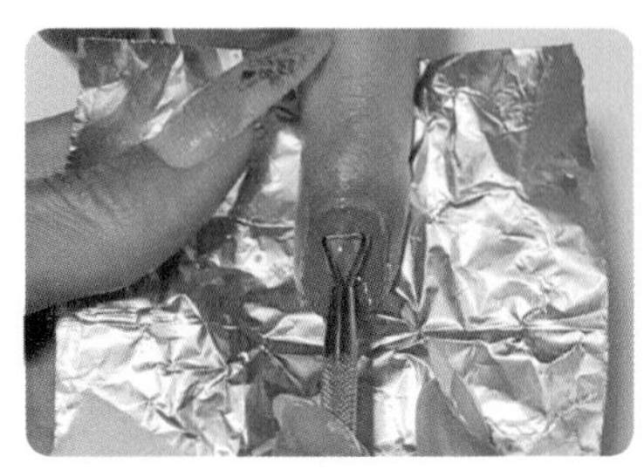
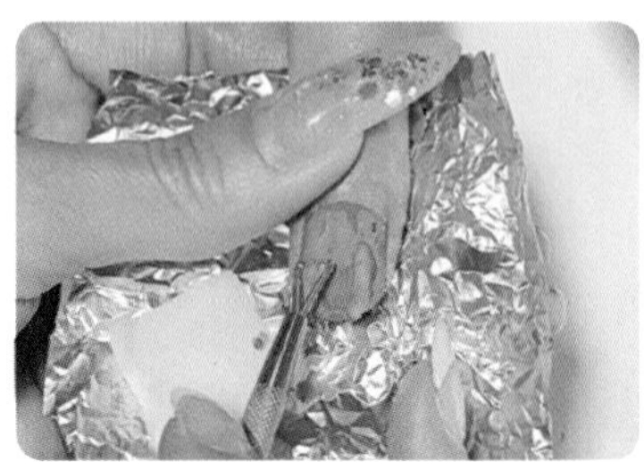

6— 5의 작업을 1~2번 반복하여 제거해 줍니다.
파일을 사용하여 표면 파일링을 해도 깔끔하게 관리가 가능합니다.

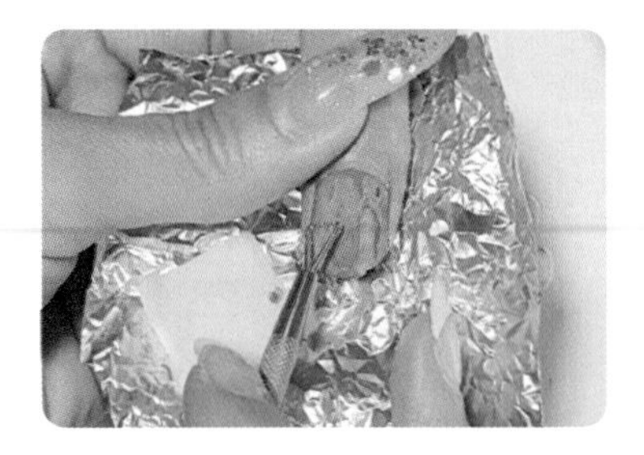

7— 샌딩 버퍼로 표면을 정리해주고 손톱의 모양을 한번 더 정리합니다.

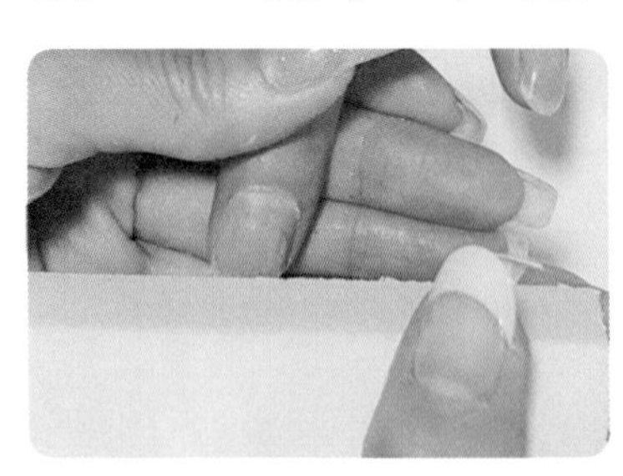

8 — **손톱의 먼지를 털어내고 손톱과 손톱 주변에 큐티클 오일을 발라주고 페이퍼 타올로 유분기를 닦아냅니다.**

영양제를 바를 경우에는 리무버로 유분기를 제거 후 발라주는 것이 좋습니다.

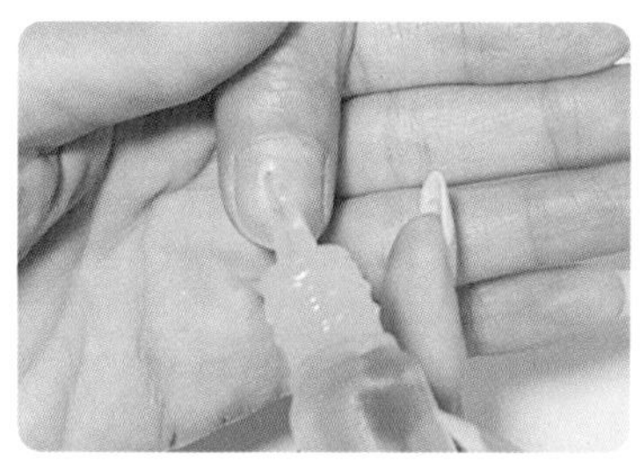

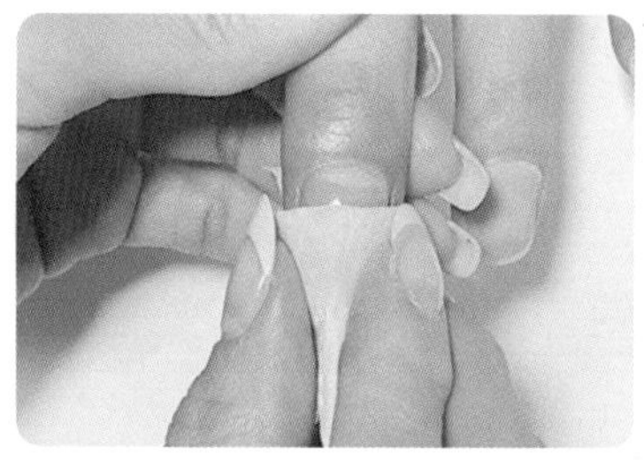

완성된 모습입니다. 영양제를 꾸준히 사용하면 건강한 손톱을 유지할 수 있습니다.

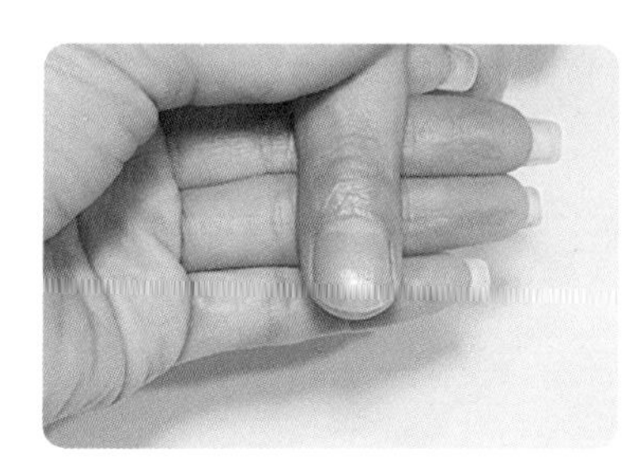

4 그라데이션

리무버, 램프, 베이스젤, 탑젤, 앵글브러쉬, 샌딩, 아트팁, 아트스탠드, 솜, 그라스펀지, FW199젤, AG01젤

1 — 팁에 광택을 제거하는 샌딩작업을 합니다. 이 작업은 젤의 유지력에 도움이 됩니다.

2 — 베이스젤을 꼼꼼히 바릅니다.

3 — 젤 램프에 30초 큐어를 합니다.

4 — 젤리핏 FW199컬러 1coat 바르고 30초 큐어를 해줍니다.

스펀지 그라데이션 : 솜의 끝부분에 컬러를 바르고 팁의 끝부분부터 터치하여 색을 확인해가면서 시술합니다.

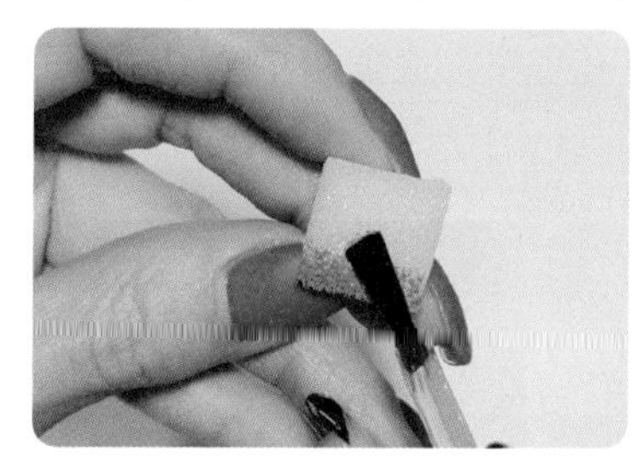

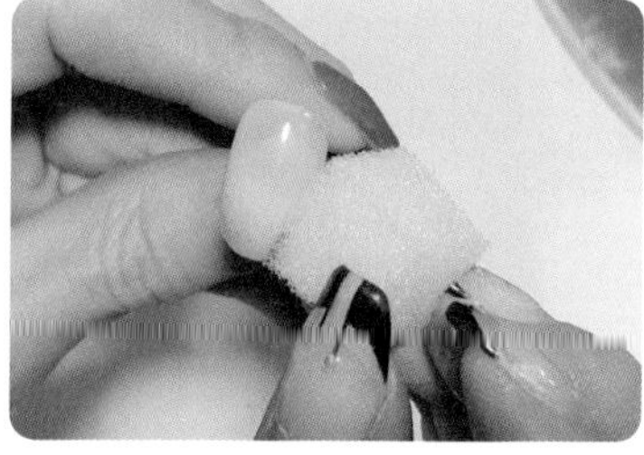

브러쉬그라데이션 : 브러쉬의 터치시 힘을 빼고 컬러의 가드라인을 터치해 줍니다.

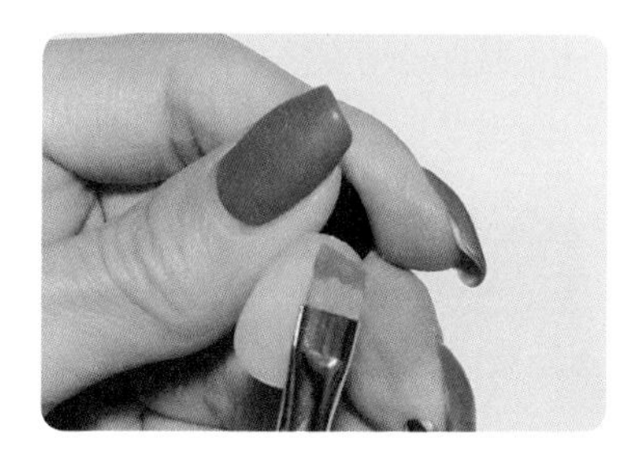

1coat

5 FW199컬러 2coat 바른 후 위 ④번의 동작을 반복하고 다시 한번 30초 큐어를 합니다.

스펀지 2coat

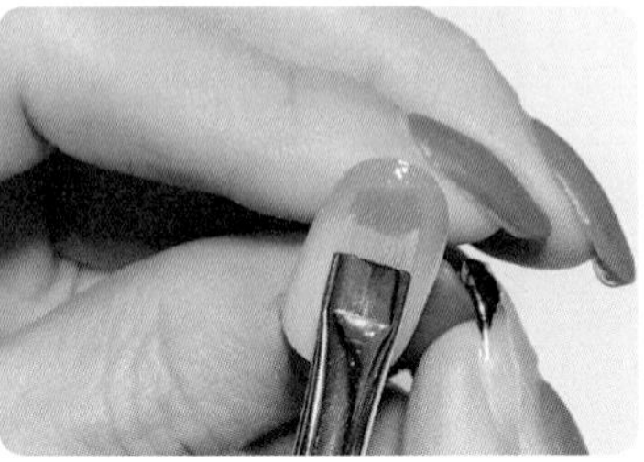

브러쉬 2coat

6 큐어가 끝나면 탑젤을 바르고 다시 30초 마무리 큐어를 해줍니다.

한쪽부터 순서대로 바르고 마지막 엣지(손톱 끝)까지 꼼꼼히 발라야 유지력이 더 좋아집니다.

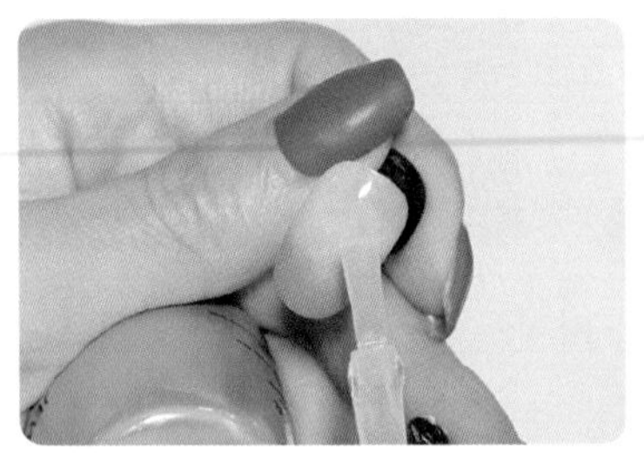

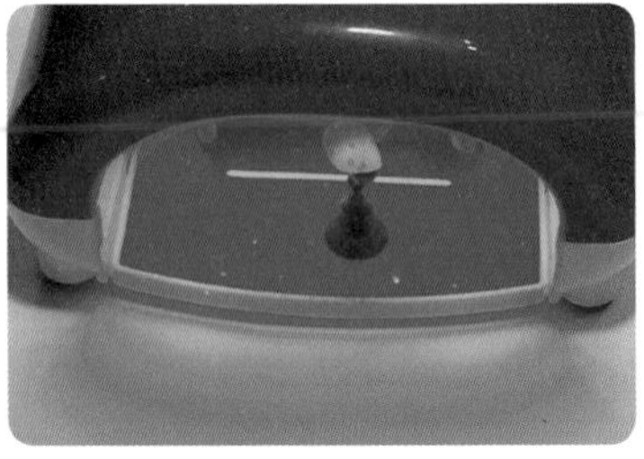

그라데이션이 완성되었습니다. 어떤 방법으로도 예쁘게 표현할 수 있으며 펄이나 글리터를 같이 응용할 수도 있습니다.

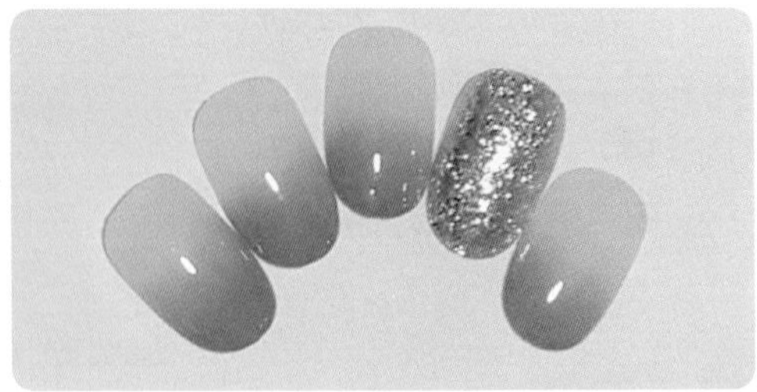

5 그라데이션 2 투톤

리무버, 램프, 베이스젤, 탑젤, 앵글 브러쉬, 샌딩, 아트팁, 아트스탠드, 솜, 그라스폰지, FW170젤, CN33젤, 툴, 호일테이프, 트위져

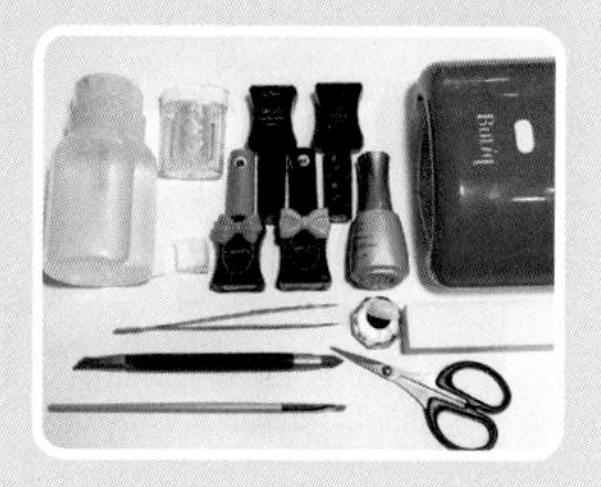

1 — 팁에 광택을 제거하는 샌딩작업을 합니다. 이 작업은 젤의 유지력에 도움이 됩니다.

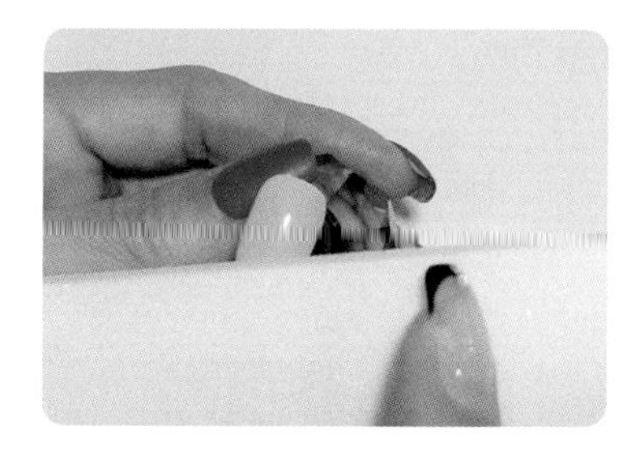

2 — 베이스젤을 바르고 30초 큐어합니다. 베이스젤을 꼼꼼히 발라야 컬러를 깔끔하게 바를 수 있습니다.

3ㅡ FW170젤컬러를 순서대로 한쪽부터 1coat 바르고 30초 큐어해줍니다.

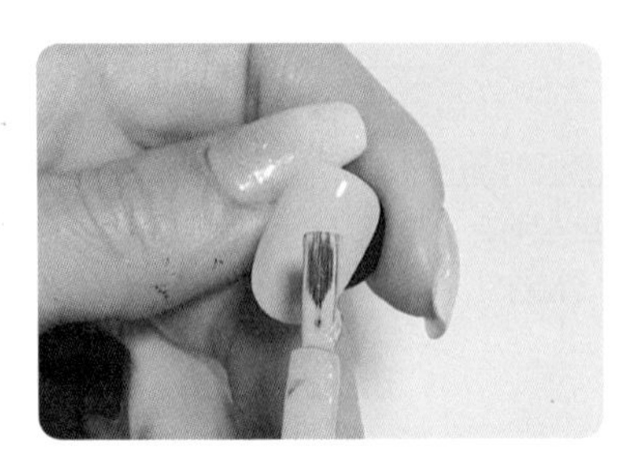

4ㅡ FW170컬러를 다시 한번 한쪽부터 2coat 바르고 30초 큐어해줍니다.

5ㅡ 그라데이션 할 때 선택한 컬러를 원하는 부분에 도포하여 스펀지나 브러쉬로 가드라인만 터치해주는 방법이 가장 많이 하는 기법이지만, 힘 조절을 해야 뭉치지 않고 기포가 생기지 않습니다.

- 스펀지 : 솜의 끝부분에 컬러를 바르고 끝부분부터 터치합니다.
- 브러쉬 : 브러쉬의 터치 시 힘을 빼고 컬러의 가드라인을 칠해줍니다.

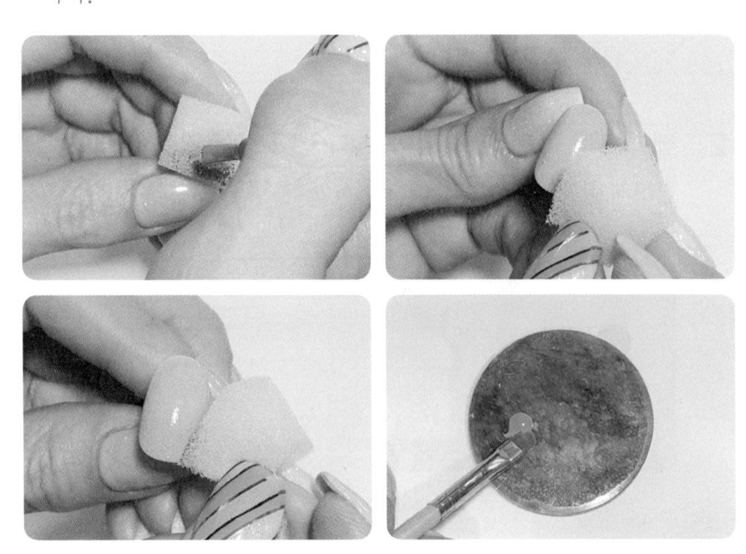

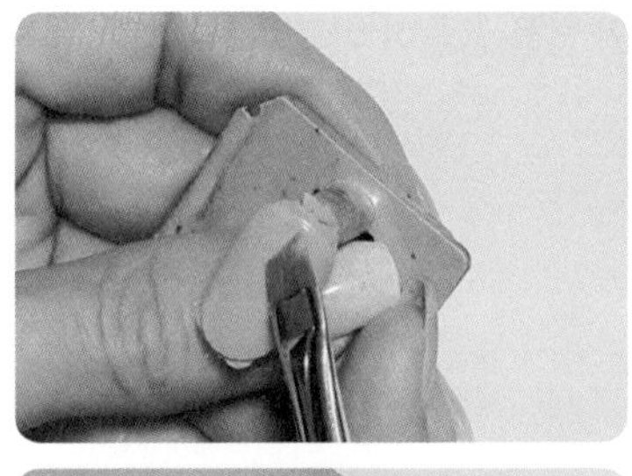
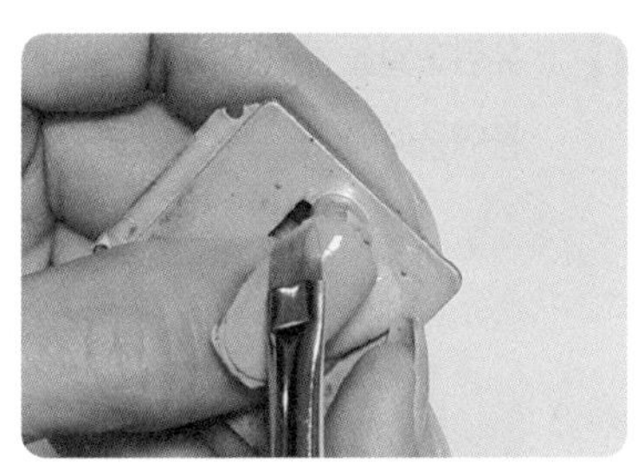
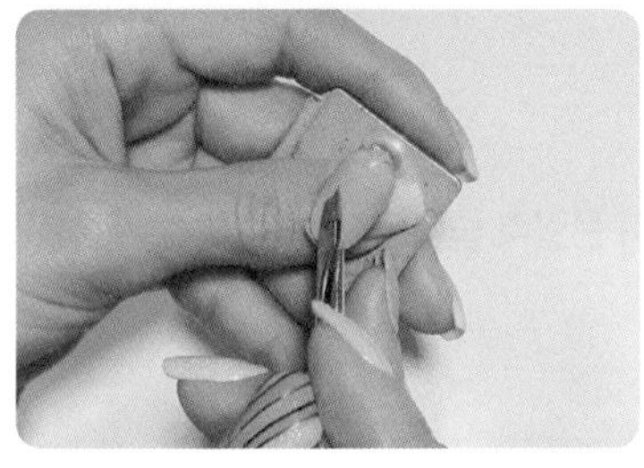

9— 위에 사진처럼 CN33 컬러를 그라데이션 해주고 2coat를 꼭 해야 합니다. 그래야 원하는 발색을 표현할 수 있습니다.

컬러 도포가 마무리되면 30초 큐어를 해줍니다.

10— 큐어가 끝난 팁에 유리호일을 커팅하여 붙여줍니다.

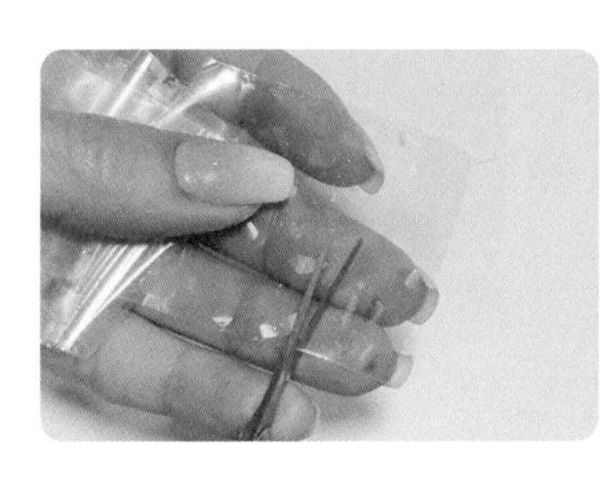
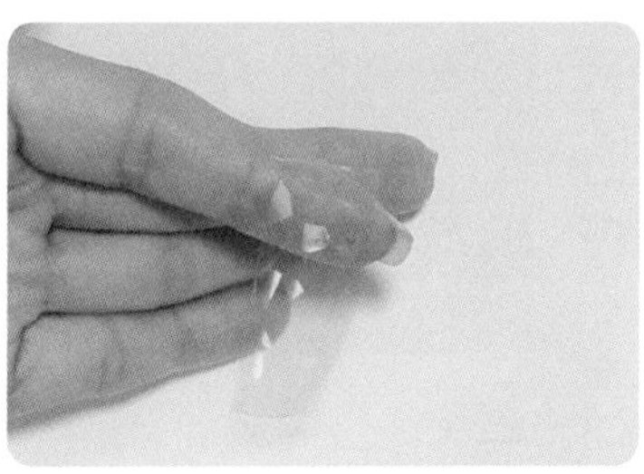

피부에 닿는 면이 약간의 접착되는 부분이 있어 그 부분이 팁에 닿는 면이 됩니다.

11 — 유리호일을 붙이기 위해 오버레이 탑을 꼼꼼히 바르고 자른 호일을 예쁘게 붙여줍니다.

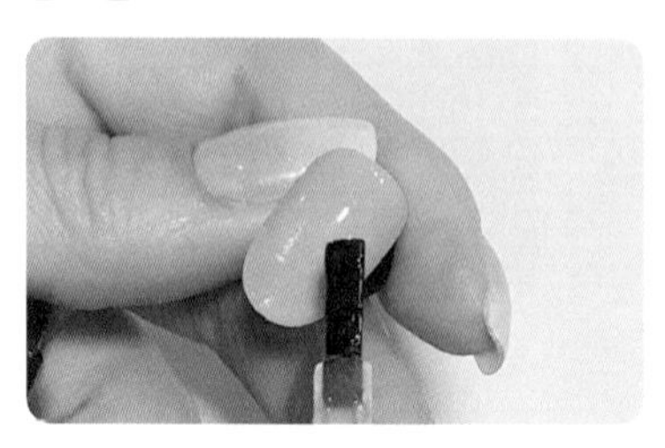

12 — 호일을 탑에 붙여주고 툴로 꼼꼼히 문질러 줍니다.

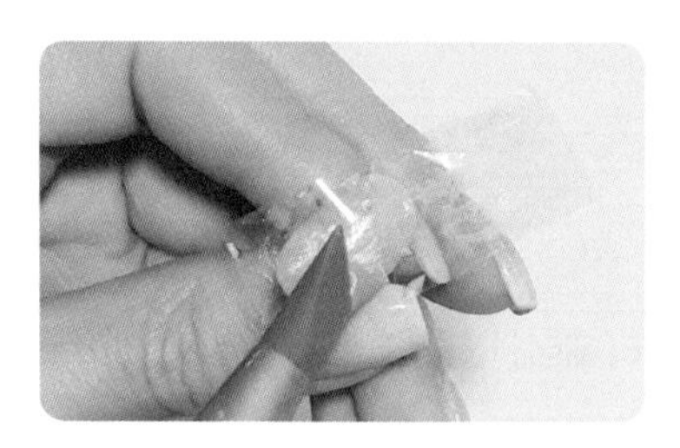

15 — 문지른 유리호일을 떼어내고 탑을 발라 주고 30초 큐어합니다.
탑을 바를 땐 가장자리까지 꼼꼼히 체크하면서 바릅니다.

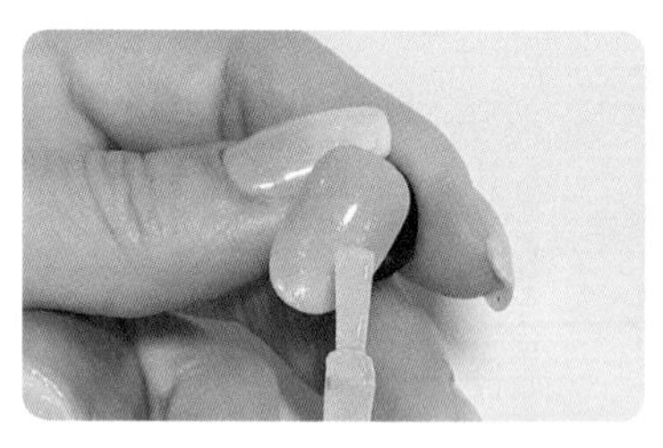

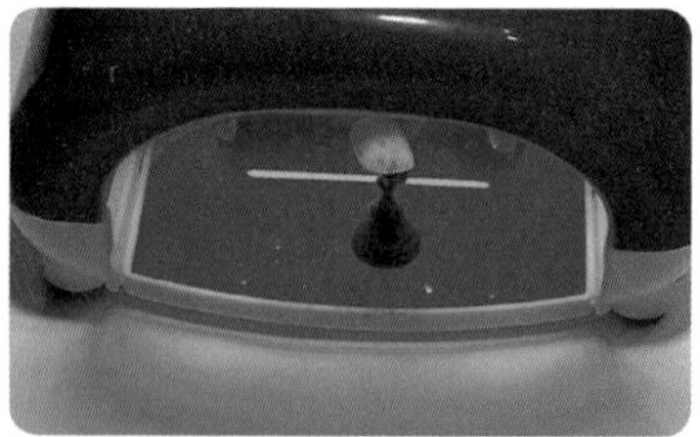

예쁜 투톤 그라데이션이 완성됐습니다.
다른 색으로도 다양하게 표현할수 있으니 여러 가지 컬러를 응용해볼 수 있습니다.

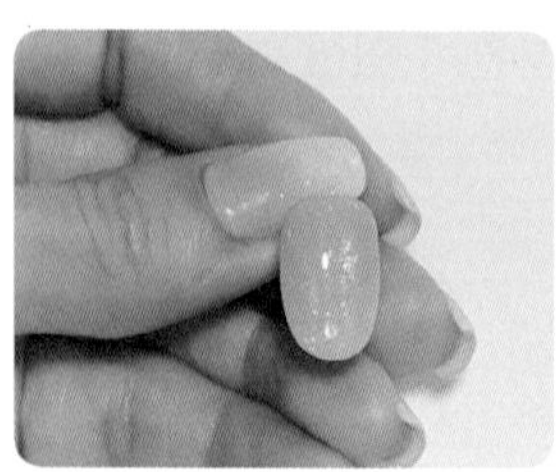

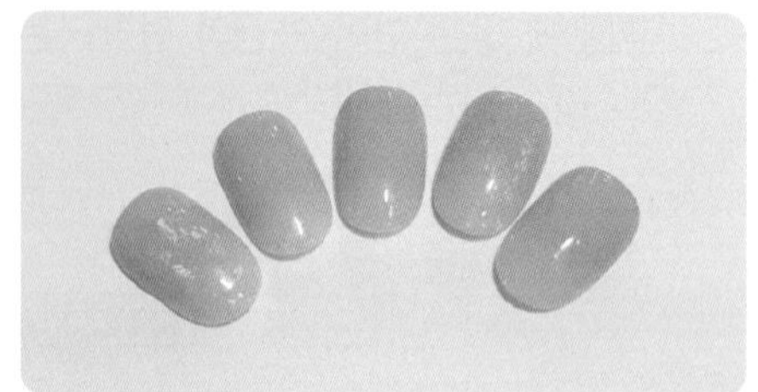

6 그라데이션 3 벨벳 무광

램프, 젤 클리너, 샌딩, 아트팁,아트 스탠드, 솜, 스펀지, 베이스젤, 탑젤, 캔디젤 299, 300, 참

1 — 팁에 광택을 제거하는 샌딩작업을 합니다. 이 작업은 젤의 유지력에 도움이 됩니다.

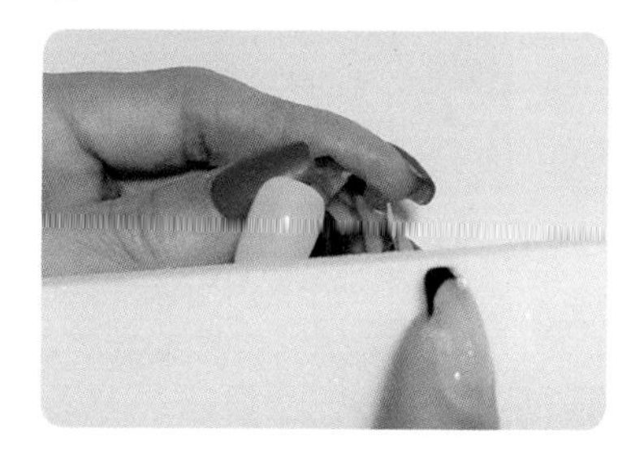

2 — 베이스젤을 바르고 30초 큐어합니다. 베이스젤을 꼼꼼히 발라야 컬러를 깔끔하게 바를 수 있습니다.

3⁻ 캔디젤 300번을 팁의 1/3까지 1coat 해줍니다.

기본 손톱에는 1/3 정도로 컬러를 바르지만, 손톱이 작으면 1/4 정도로 바르고, 손톱이 크면 1/2 정도로 발라도 됩니다.

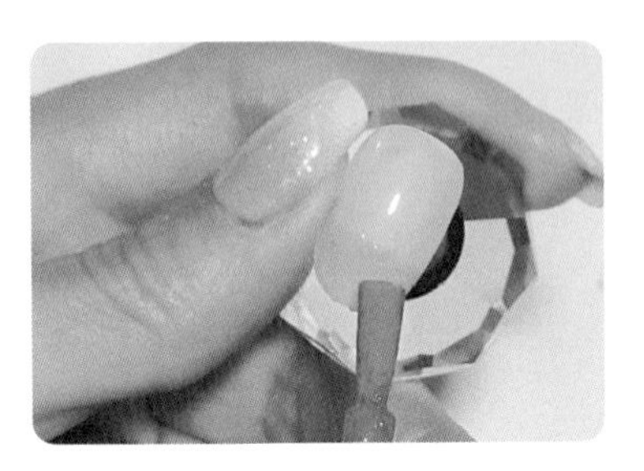

4⁻ 컬러젤을 바른 끝부분에 스펀지로 조금씩 터치해주고 30초 큐어합니다.

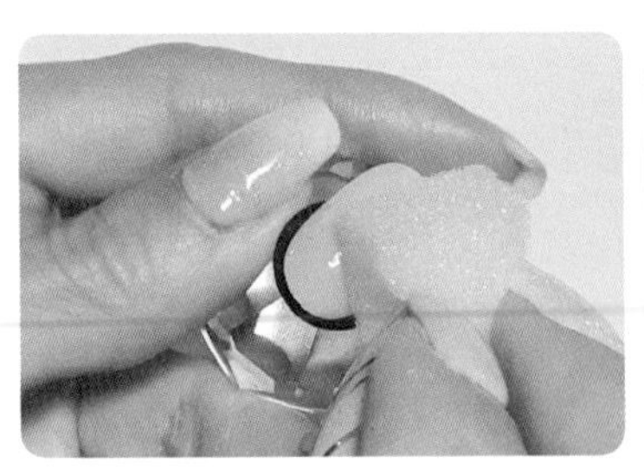

5⁻ 캔디젤 300번을 팁의 1/3까지 2coat 바릅니다,(위 작업을 반복합니다.)

6 — 다시 컬러젤 끝부분에 스펀지로 조금씩 터치하면서 그라데이션 모양을 체크해 줍니다. 예쁘게 표현이 되면 30초 큐어를 해줍니다.

7 — 큐어가 끝나면 바로 무광탑젤을 바른 후 다시 30초 큐어를 해주고 남아있는 미경화젤을 젤클리너로 닦아냅니다.

- 한쪽부터 순서대로 바르고 마지막 엣지까지 발라줍니다.
- 표면이 매끄러워야 깔끔하게 완성할 수 있습니다.

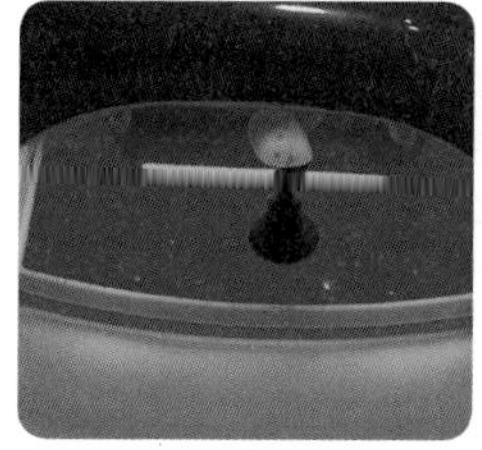
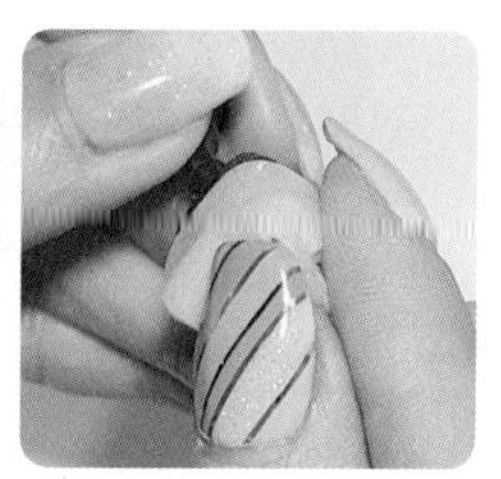

광택이 없는 느낌은 고급스러운 표현으로 완성할수 있으며, 진한 컬러는 가을,겨울에도 매력적입니다.

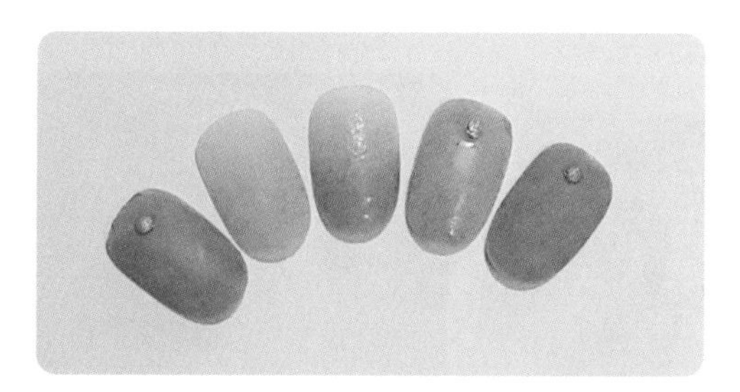

7 벨벳 무광 체크

젤램프, 리무버, 샌딩, 솜, 그라스 펀지, 베이스젤, 무광탑젤, 아트 팁, 아트스탠드, 라인브러쉬, 젤리 핏AM04, 캔디젤295

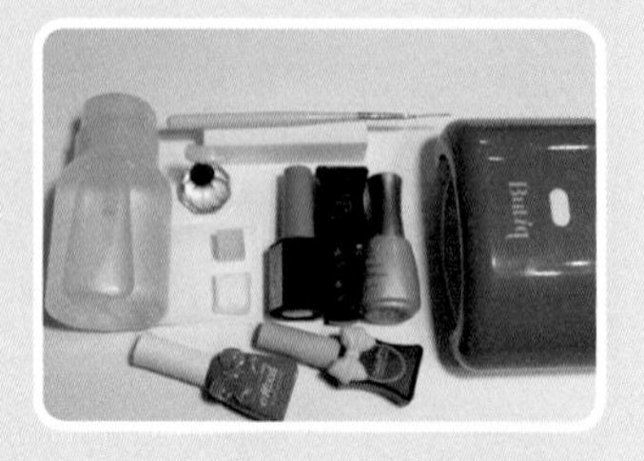

1 — 팁에 광택을 제거하는 샌딩작업을 합니다. 이 작업은 젤의 유지력에 도움이 됩니다.

2 — 베이스젤을 바르고 30초 큐어합니다. 베이스젤을 꼼꼼히 발라야 컬러를 깔끔하게 바를 수 있습니다.

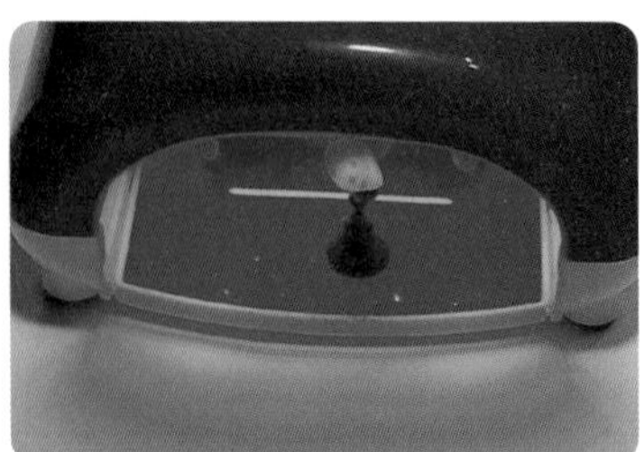

4― 젤리핏AM04 컬러젤 1coat를 바르고 30초 큐어합니다. 컬러가 뭉치지 않게 골고루 펴 바르듯이 바르는 게 중요합니다.

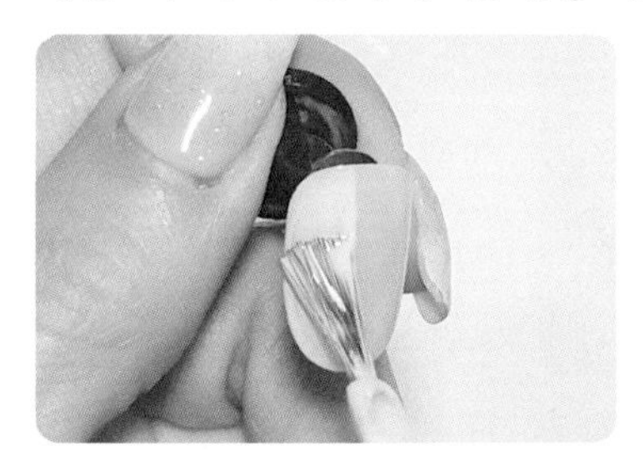

5― 젤리핏AM04 컬러젤 2coat 바르고 30초 큐어합니다.

두번 째 컬러젤를 1coat 바를 때에는 처음 바를 때 아쉬운 점을 보완하면서 바릅니다.

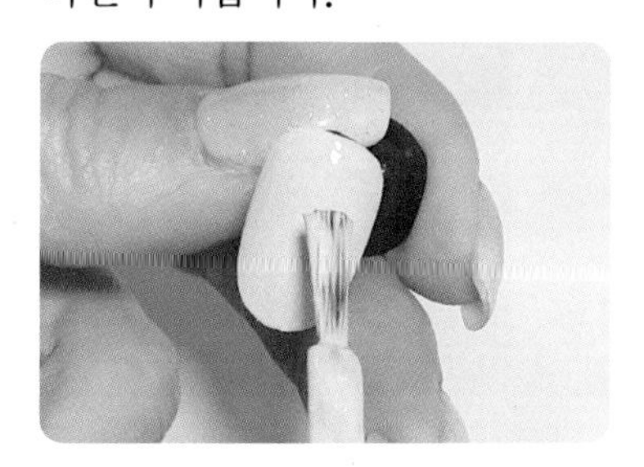

6― 캔디젤295 컬러를 스펀지 가장자리에 바릅니다.

그리고 팁의 (가장자리) 사이드 부분에 천천히 터치해줍니다.(1coat)

7 — 6의 작업이 끝나면 브러쉬로 라인을 정리하고 30초 큐어합니다.

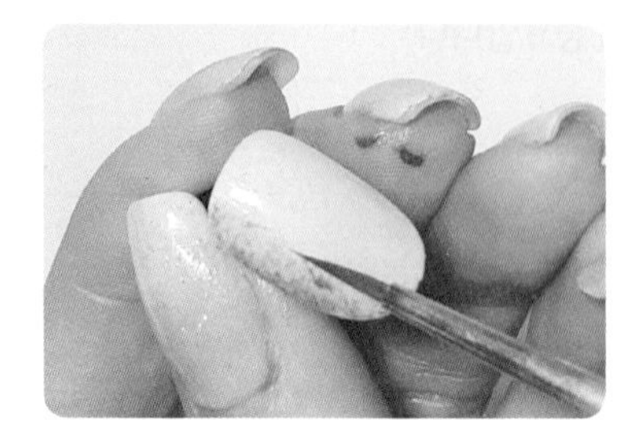

8 — 캔디젤295컬러를 스펀지의 가장자리에 바르고 팁의 사이드 부분, 반대쪽 부분, 가운데 부분까지 1coat부터 반복하며 천천히 터치해 줍니다. (2coat)
6~8까지 반복합니다.

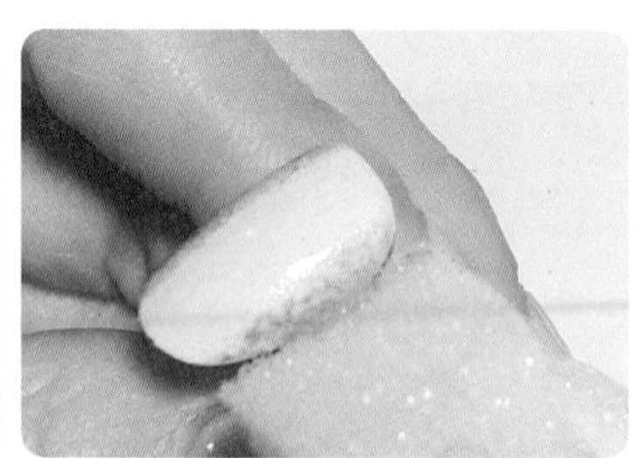

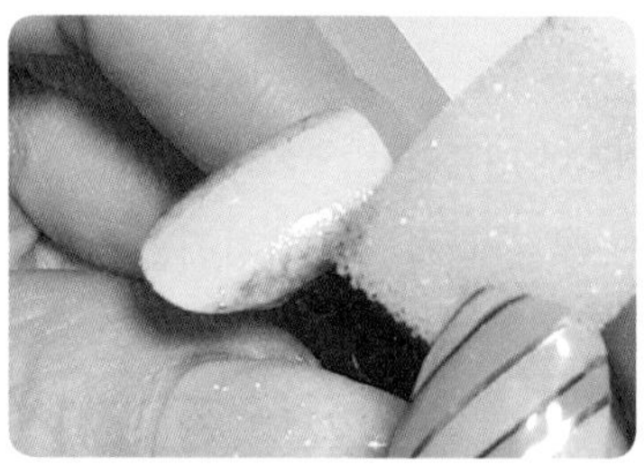

- 가운데 센터 부분은 스펀지를 작게 잘라 줍니다.
  컷팅한 스펀지에 캔디젤 295컬러를 바르고 팁의 가운데 부분에 터치합니다.
- 선을 정리하듯이 닦아냅니다. H 모양이 될수 있게 선을 정리하고 30초 큐어합니다.

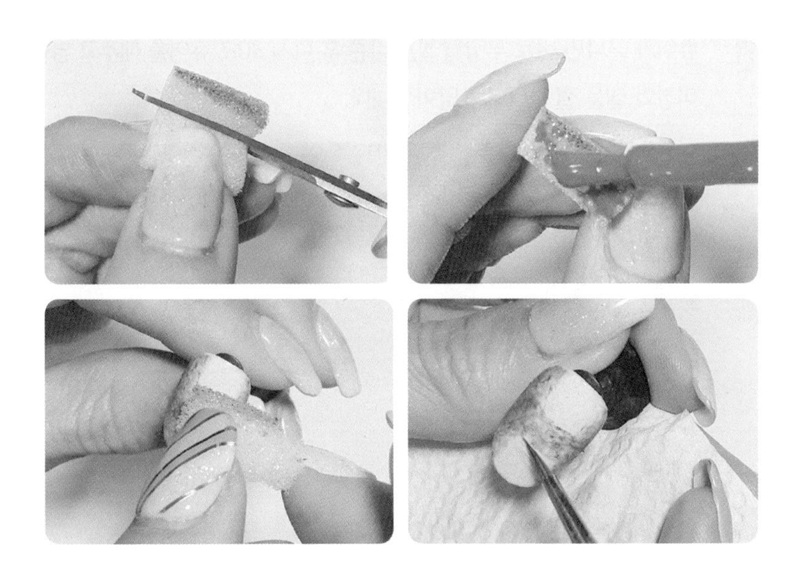

9 — 캔디젤295 컬러를 파렛트에 덜어 준비합니다.

10 — 라인브러쉬에 컬러를 묻혀 가로, 세로, 체크 모양으로 그려주고 30초 큐어합니다.

선이 망가질 우려가 있을 시, 라인 하나씩 큐어하면서 그려주면 쉽고 빠르게 체크를 완성할 수 있습니다.

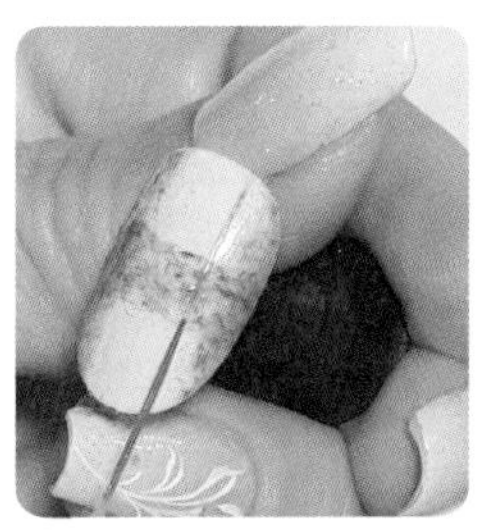

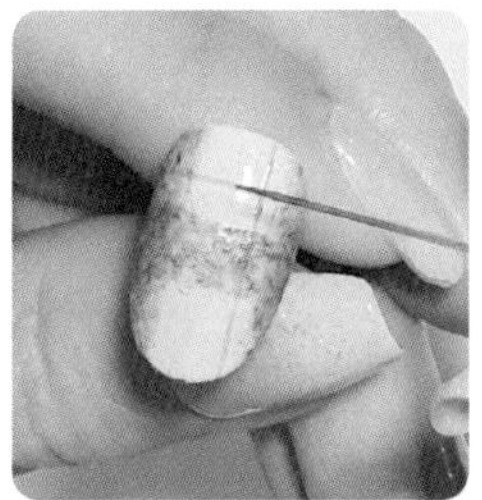

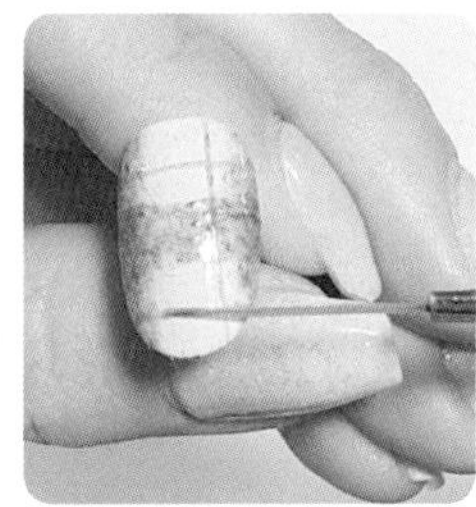

11 — 큐어가 끝나면 바로 무광탑젤을 바른 후 다시 30초 큐어를 해주고 남아있는 미경화 젤을 젤 클리너로 닦아냅니다.

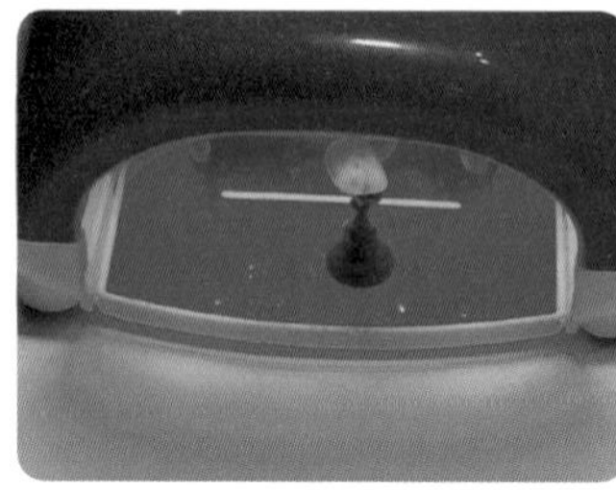

무광벨벳 체크아트가 완성됐습니다.
베이직 컬러에 포인트로 표현해도 귀엽고 발랄한 느낌을 줄 수 있습니다.

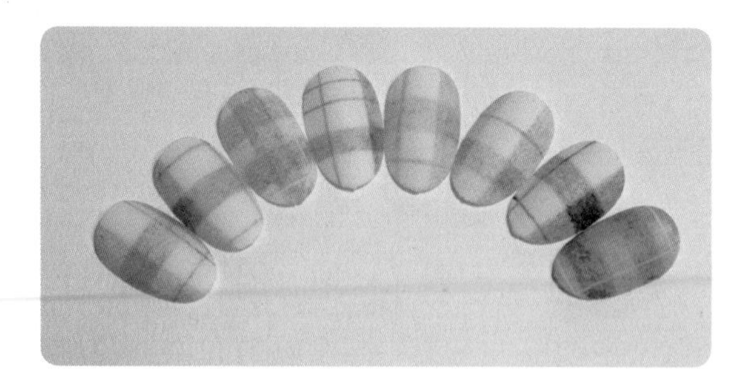

8 체크

젤램프, 리무버, 샌딩, 아트팁, 아트스탠드, 솜, 파렛트, 라인브러쉬, 둥근붓, 베이스젤, 탑젤, 젤리핏 GF19, R05, 에스테미오 BETTR WHITE, BLACK

1 ⁻ 팁에 광택을 제거하는 샌딩작업을 합니다. 이 작업은 젤의 유지력에 도움이 됩니다.

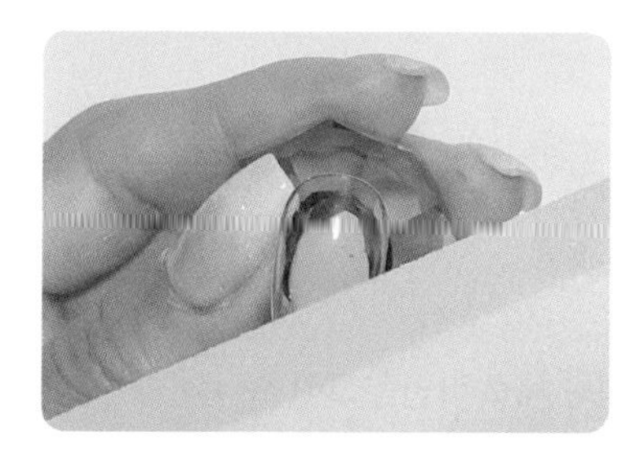

2 ⁻ 베이스젤을 바르고 30초 큐어합니다. 베이스젤을 꼼꼼히 발라야 컬러를 깔끔하게 바를 수 있습니다.

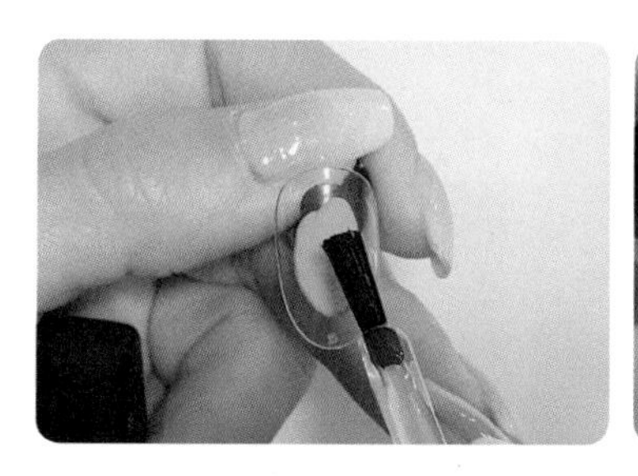

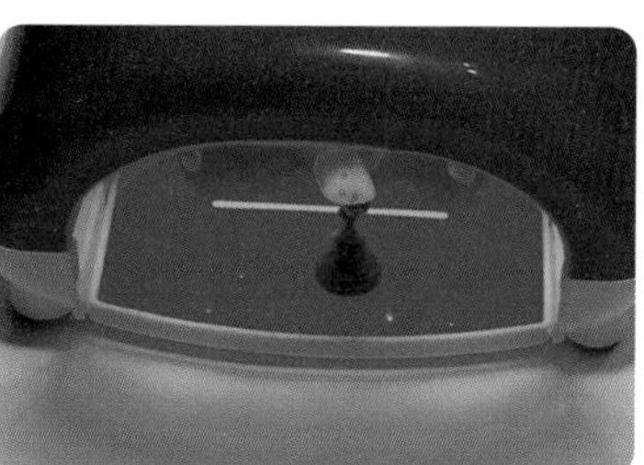

3— 젤리핏 R05번 컬러를 1coat 바르고 30초 큐어합니다. 컬러는 얼룩이 생기지 않게 발라주는 것이 중요합니다.

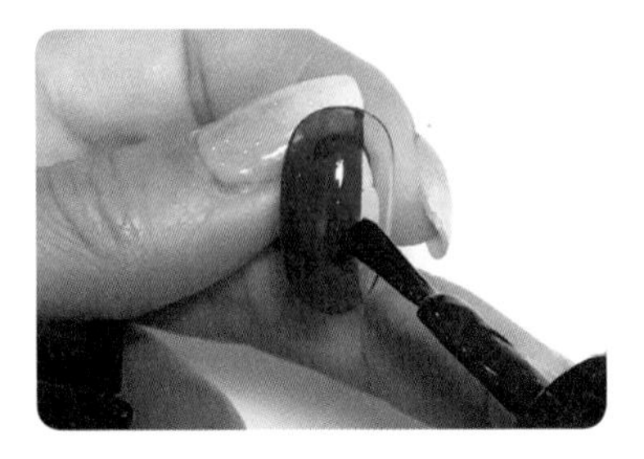

4— 젤리핏 R05번 컬러를 다시 2coat 바른 후 30초 큐어합니다.

5— 에스테미오 BETTR BLACK 컬러로 세로 라인을 그려 줍니다.
그려준 라인이 조금 흐트러졌으면 브러쉬로 선을 정리하듯이 닦아 주어 깔끔하게 만들 수 있습니다.
선 정리가 되면 30초 큐어합니다.

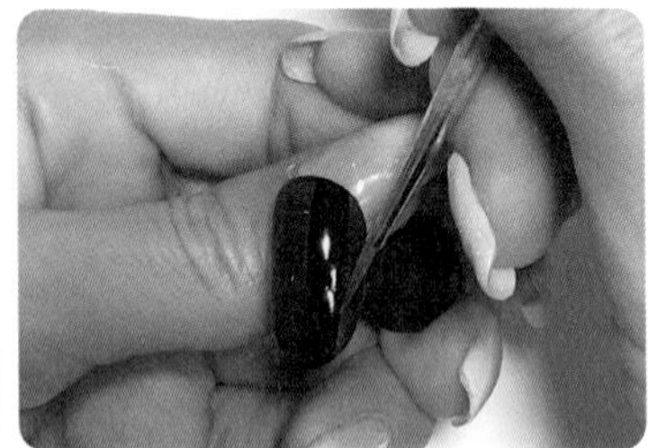

6 — 에스테미오 BETTR BLACK 컬러로 가로 라인을 그려줍니다.

가로도 마찬가지로 삐뚤어진 선은 브러쉬로 닦아내듯이 정리해주고 30초 큐어합니다.

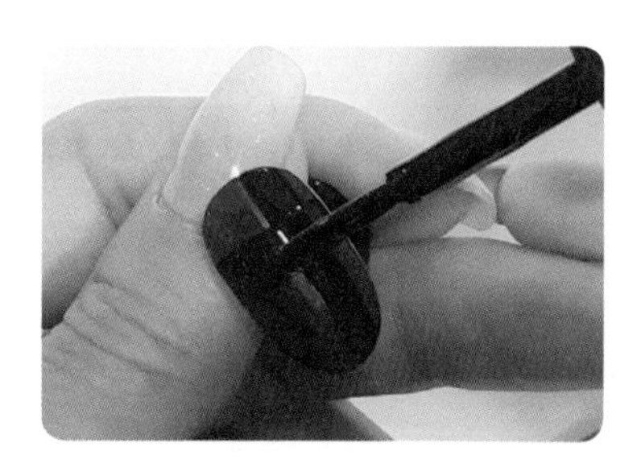

7 — 에스테미오 BETTR WHITE 컬러를 파렛트에 덜어주고 라인브러쉬에 컬러를 묻혀 라인을 그립니다.

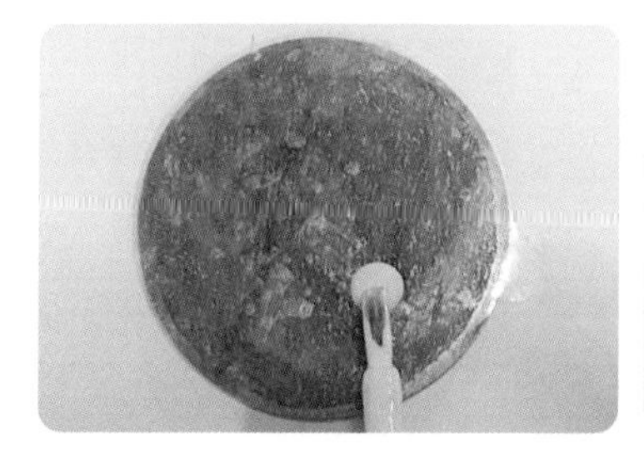

에스테미오 BETTR WHITE 컬러를 라인브러쉬로 양쪽 사이드를 세로 라인으로 그려주고 30초 큐어합니다.

8— 에스테미오 BETTR WHITE 컬러를 라인브러쉬로 위, 아래 부분을 가로 라인으로 그려주고 30초 큐어합니다.

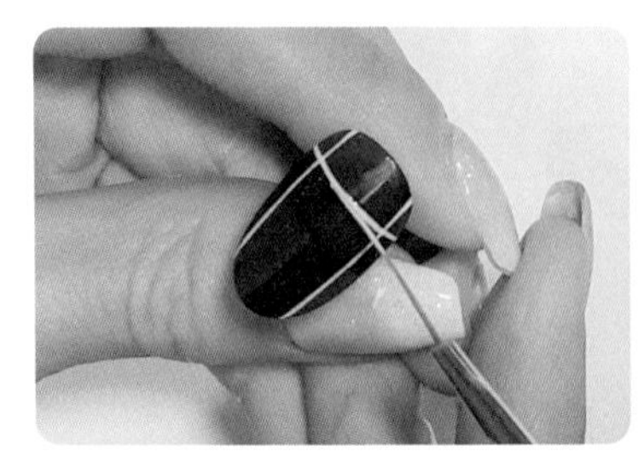
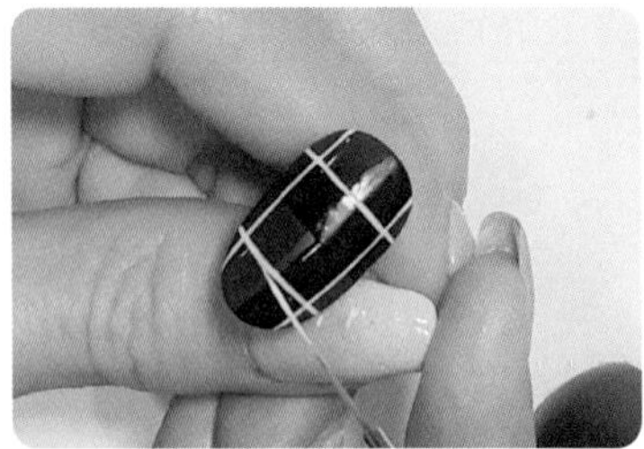

9— 에스테미오 BETTR WHITE 컬러를 라인브러쉬로 위, 아래 부분을 작은 사선으로 그려주고 30초 큐어합니다.

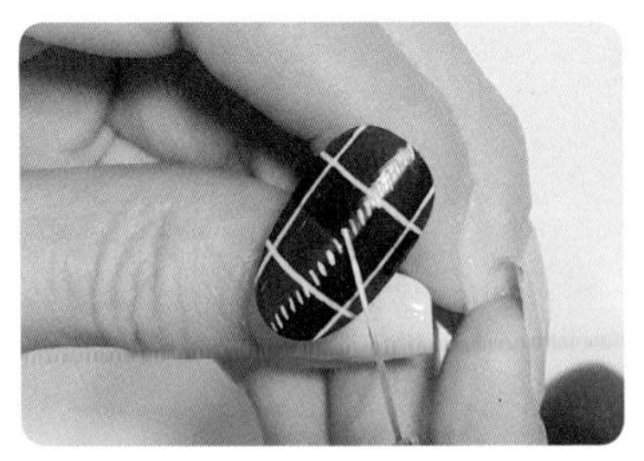
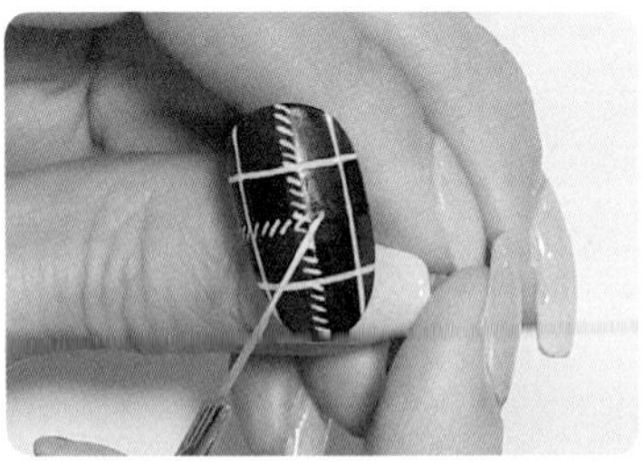

10— 탑젤을 꼼꼼히 바른 후 30초 마무리 큐어를 해줍니다.

무광을 원하면 무광탑 도포 후 큐어하고 미경화젤을 젤 클리너로 닦아냅니다.

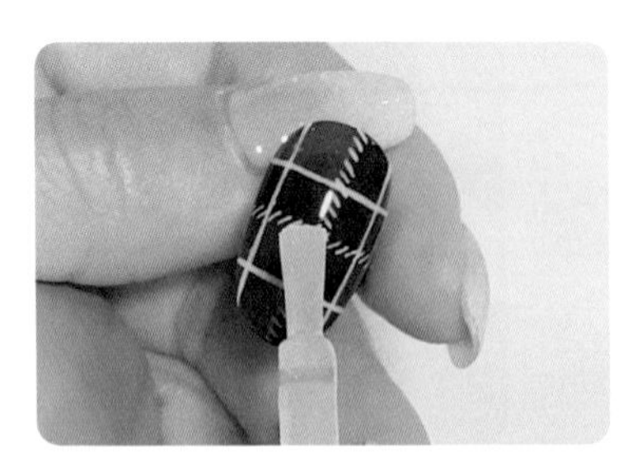

11 — 가을, 겨울 느낌의 체크 아트가 완성됐습니다.

계절에 따라 컬러를 바꿔가며 표현해도 예쁜 아트를 할 수 있습니다.

9 프렌치 1

젤램프, 리무버, 더스트브러쉬, 도트봉, 샌딩, 아트팁, 아트스탠드, 참, 베이스젤, 탑젤, 화이트, M01젤리쉬, FW172젤리쉬

1 — 팁에 광택을 제거하는 샌딩작업을 합니다. 이 작업은 젤의 유지력에 도움이 됩니다.

2 — 베이스젤을 바르고 30초 큐어합니다. 베이스젤을 꼼꼼히 발라야 컬러를 깔끔하게 바를 수 있습니다.

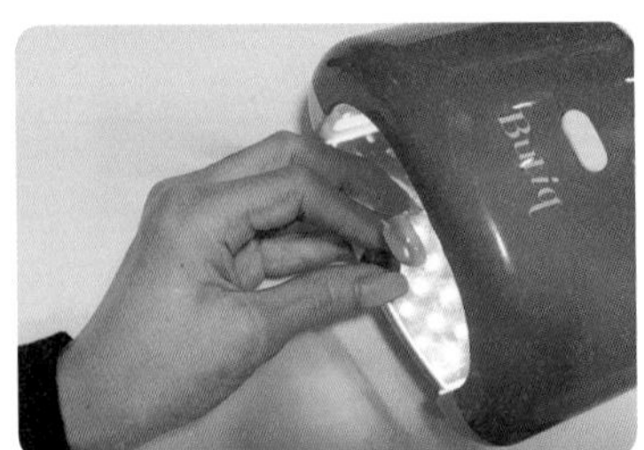

3 — M01젤 컬러를 둥근 모양으로 1coat 합니다. 하트의 반쪽을 그리듯이 바르고 30초 큐어합니다.

4 — FW172 젤 컬러를 반대쪽에도 화살표 방향으로 둥글게 1coat 해주고 30초 큐어합니다.

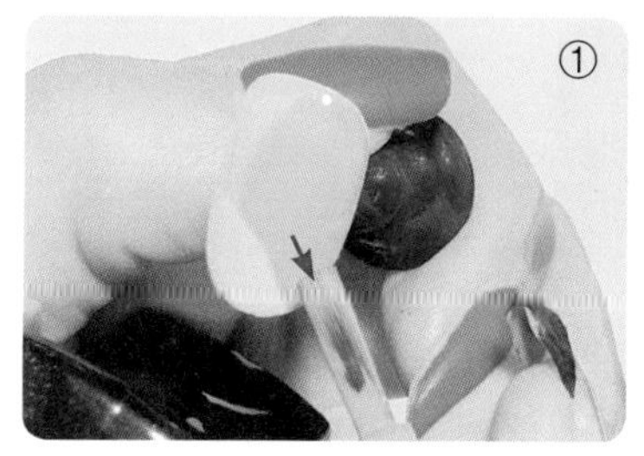

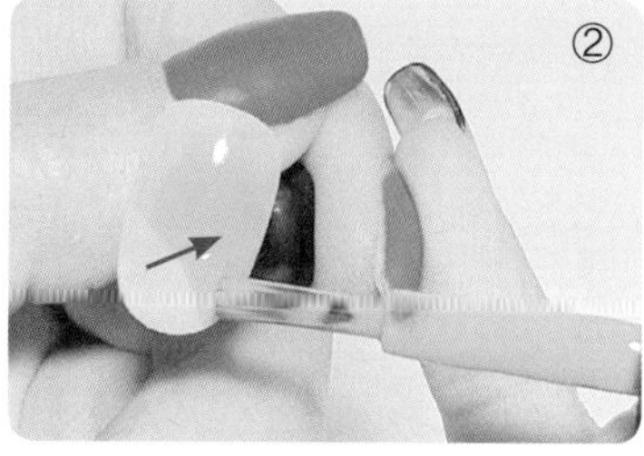

5 — M01젤 컬러를 둥근 모양으로 다시 2coat하고 30초 큐어합니다 .

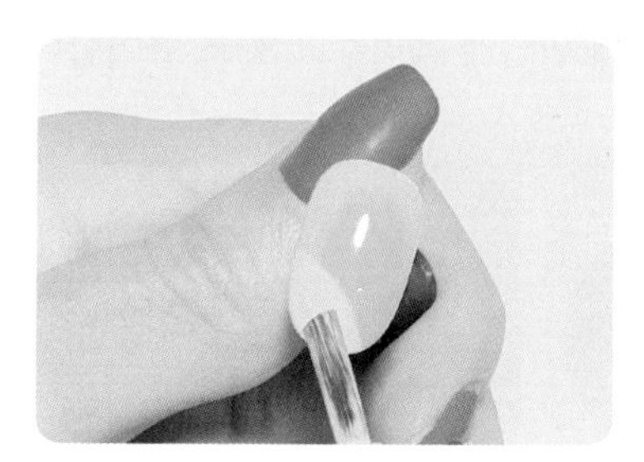

6 — FW172 젤 컬러를 반대쪽에도 화살표 방향으로 둥글게 2coat 해주고 30초 큐어합니다.

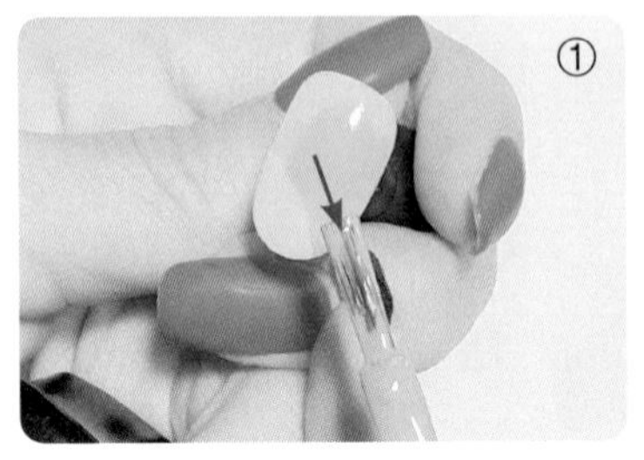

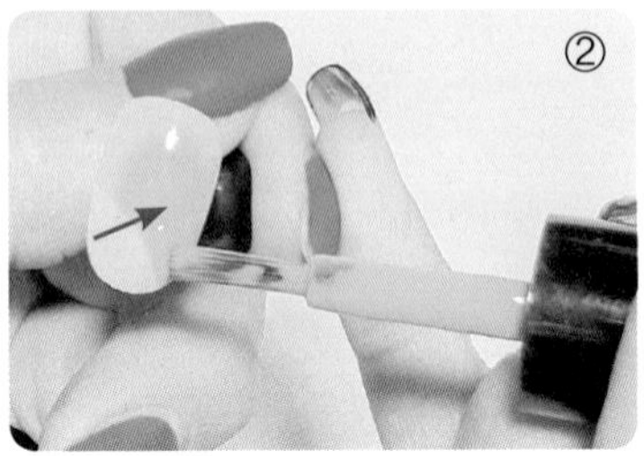

7 — 화이트 컬러를 도트봉에 묻혀 도트를 찍어주고 30초 큐어합니다.

• 도트는 크기를 다르게 하여 표현합니다.

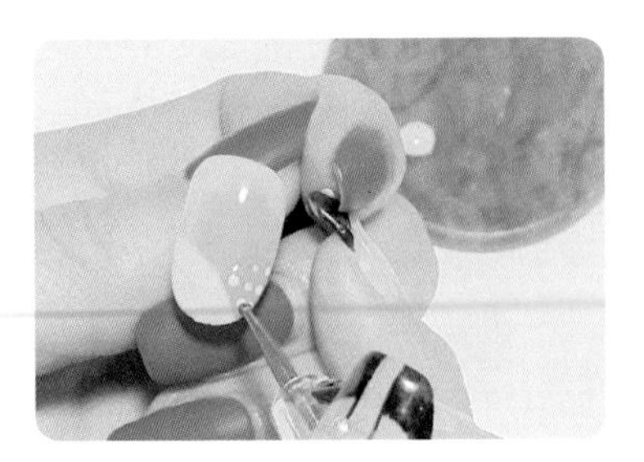

8 — M01젤 컬러 부분에 라인쪽으로 탑젤을 소량 바르고

도트봉으로 참을 가져와 라인에 귀엽게 올려주고 30초 큐어합니다.

9 — 전체적으로 탑젤을 꼼꼼히 도포하고 30초 큐어 후 마무리합니다.

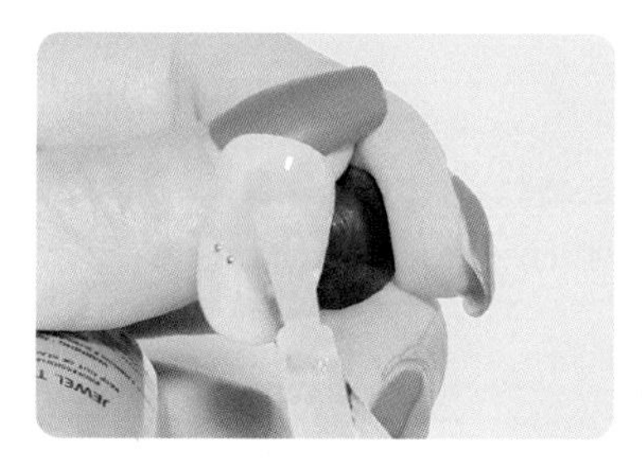

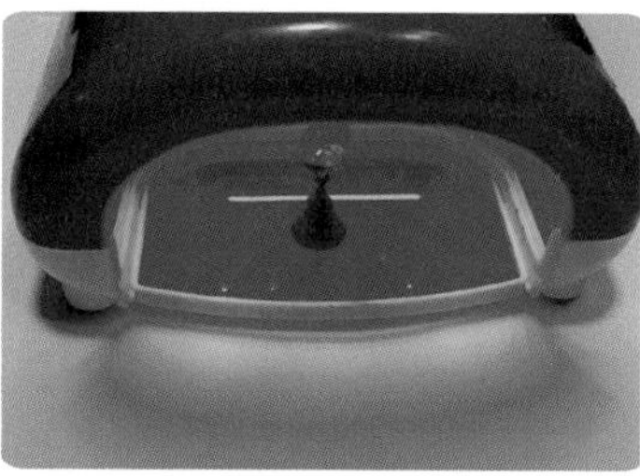

귀엽고 발랄한 느낌의 응용 프렌치 아트가 완성되었습니다.

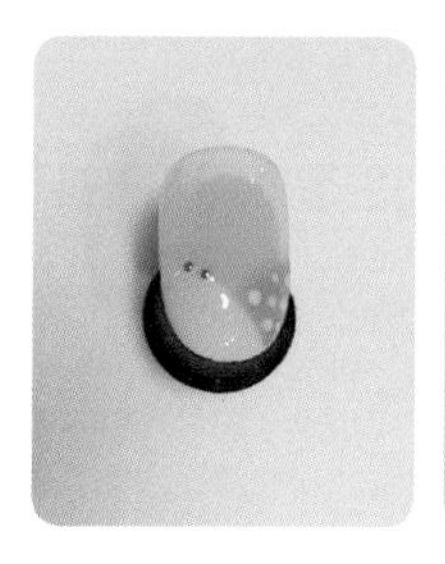

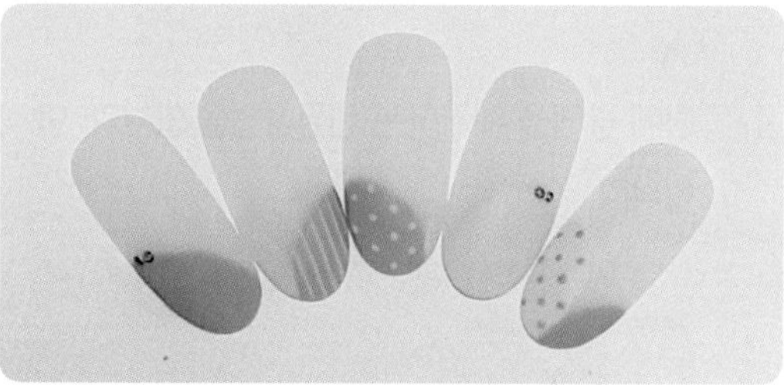

10 프렌치 2

젤램프, 리무버, 아트팁, 아트스탠드, 솜, 라인브러쉬, 샌딩, 베이스젤, 탑젤, MG07, 화이트젤

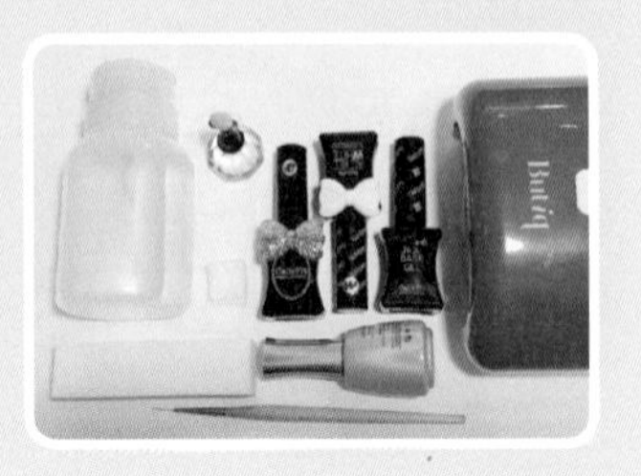

1 ― 팁에 광택을 제거하는 샌딩작업을 합니다. 이 작업은 젤의 유지력에 도움이 됩니다.

2 ― 베이스젤을 바르고 30초 큐어합니다. 베이스젤을 꼼꼼히 발라야 컬러를 깔끔하게 바를 수 있습니다.

3 — 흰색 젤 컬러를 왼쪽부터 오른쪽으로 되도록 한 번에 발라주고 프렌치 라인이 예쁘게 되는지 확인해 줍니다.
라인이 그려지면 30초 큐어해 줍니다.

4 — 한 번 더 2coat, 똑같이 프렌치 모양을 그려주고 30초 큐어해 줍니다.

- 한 번의 프렌치 라인이 어려우면 2번 이상 나누어 발라도 됩니다.
- 방향은 어느 쪽부터 해도 무관합니다.
- 프렌치는 약간 깊은(오벌) 모양으로 하면 여성스럽고 세련된 느낌이 있습니다.
- 양쪽의 사이드 끝이 뾰족해야 하며 그 두 점이 평행을 이뤄야 합니다.

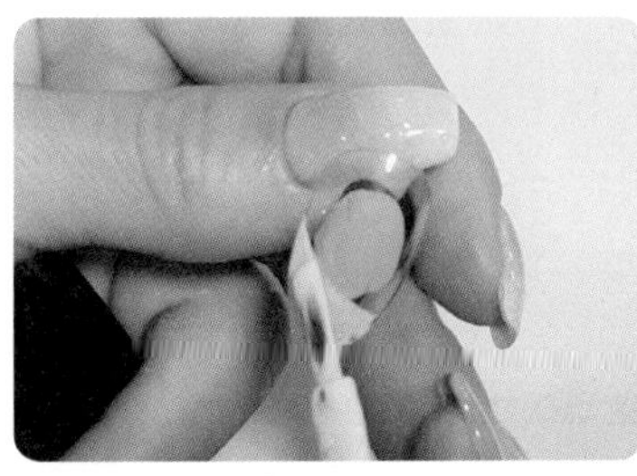

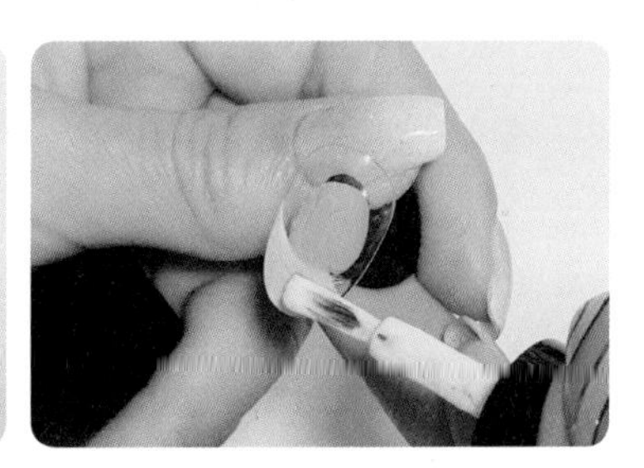

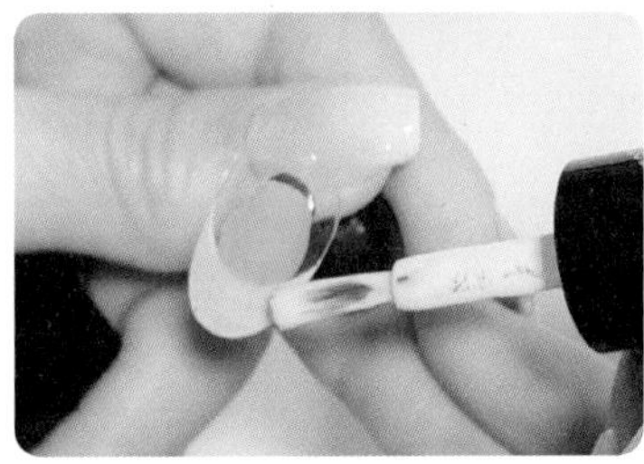

이상적인 프렌치 라인

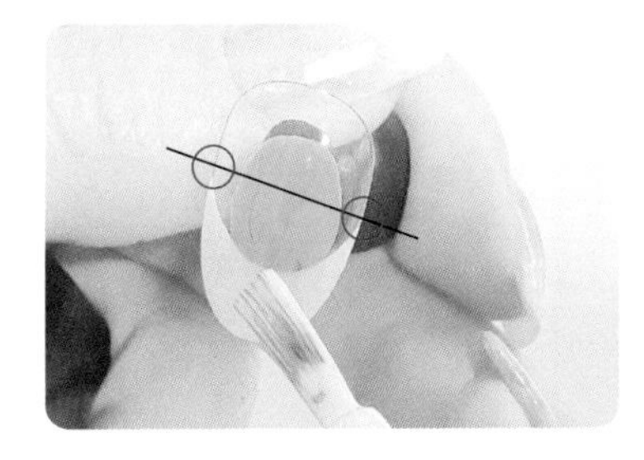

5— 화이트 컬러젤을 라인브러쉬로 잎새 모양으로 그려주고 30초 큐어해 줍니다.

- 라인을 먼저 그립니다.
- 전체적인 모양을 바릅니다.
- 끝 라인은 가늘게 표현합니다.

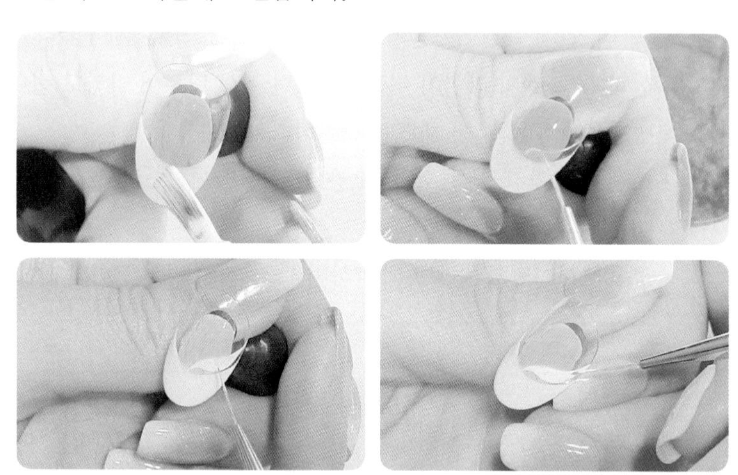

6— 탑젤을 꼼꼼히 바르고 마무리 30초 큐어해줍니다.

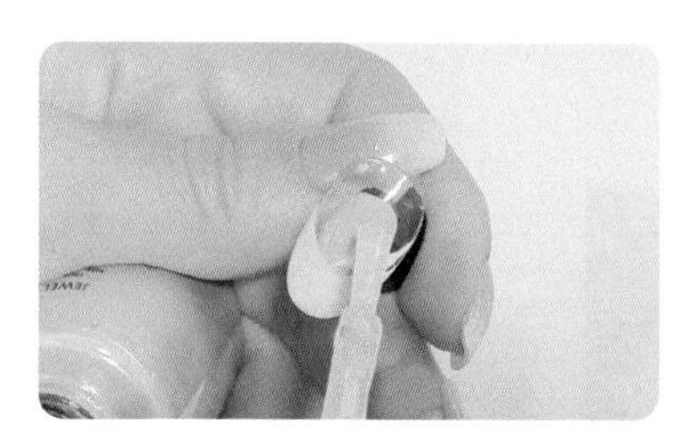

응용 프렌치가 완성이 되었습니다.

잎사귀는 글리터로 표현해도 예쁘게 표현할 수 있습니다.

여러 가지 컬러로 응용하여도 예쁜 아트가 될 수 있습니다.

11 트위드 체크

젤램프, 리무버, 샌딩, 솜, 아트팁, 아트스탠드, 파츠, 파렛트, 베이스젤, 탑젤, 에스테미오 BETTR WHITE 컬러젤, 에스테미오 P17, 05, 젤리핏 CN68, 71, FU185, 오버레이탑, 도트글리터

1 ─ 팁에 광택을 제거하는 샌딩작업을 합니다. 이 작업은 젤의 유지력에 도움이 됩니다.

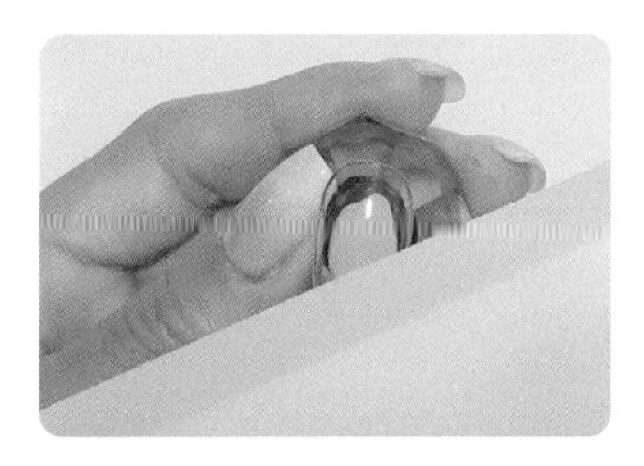

2 ─ 베이스젤을 바르고 30초 큐어합니다. 베이스젤을 꼼꼼히 발라야 컬러를 깔끔하게 바를 수 있습니다.

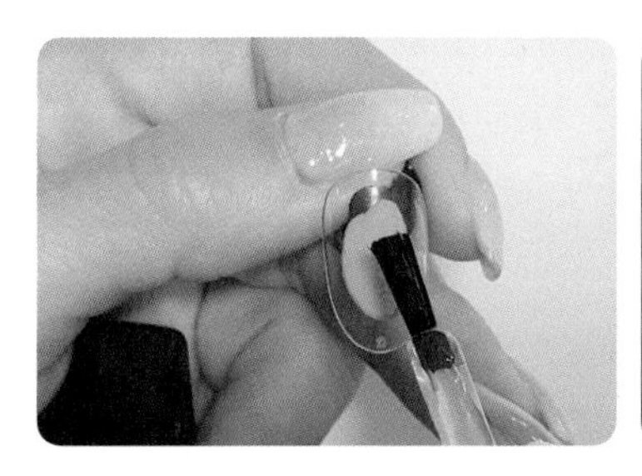

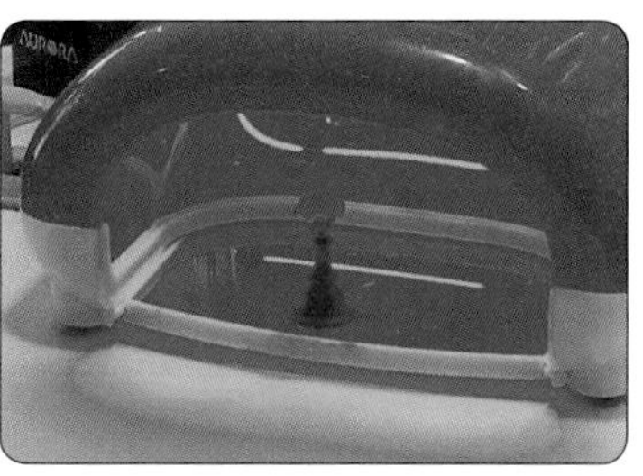

3 ― 에스테미오 BETTR WHITE 컬러를 1coat하고 30초 큐어합니다.

컬러 표면이 매끄럽게 잘 바르는지 확인 후 큐어합니다.

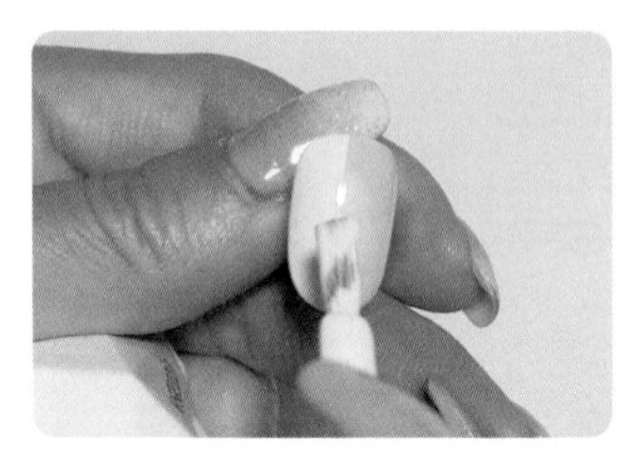

4 ― 에스테미오 BETTR WHITE 컬러를 1coat 때처럼 먼지 등이 들어가지 않게 확인하며 2coat 하고 30초 큐어합니다.

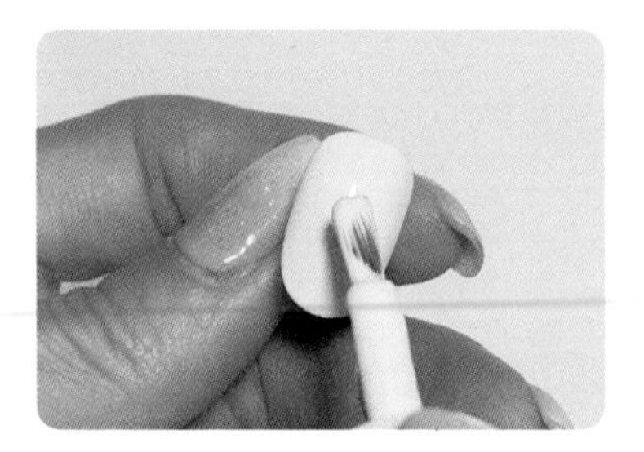

5 ― 에스테미오 P17 컬러를 표면이 매끄럽게 잘 바르는지 확인 후 1coat하고 30초 큐어합니다.

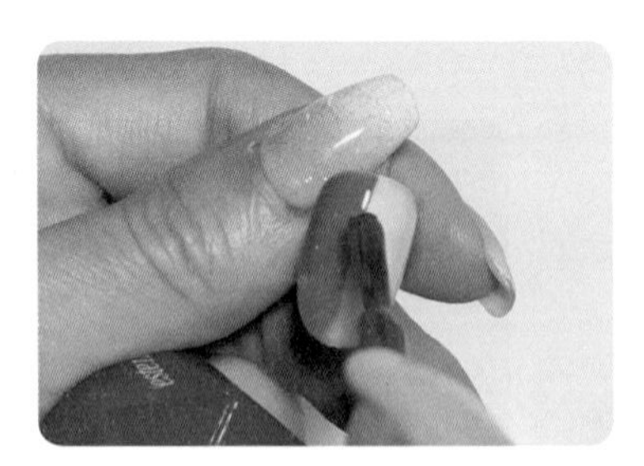

6— 에스테미오 P17 컬러를 표면을 확인하면서 2coat해주고 30초 큐어합니다.

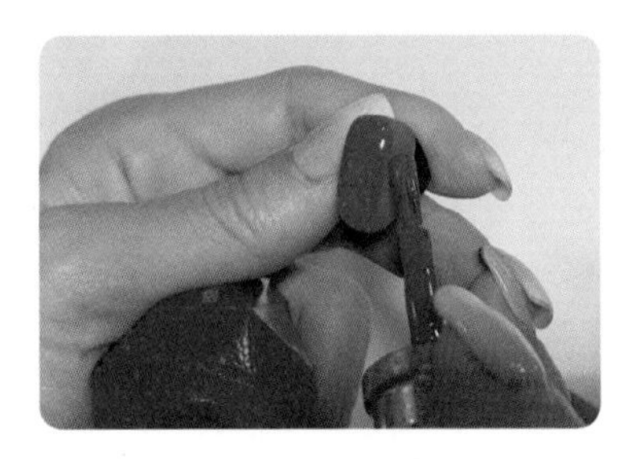

7— 에스테미오 P17 컬러에 오버레이탑을 바르고 삼각 모형 참을 올려줍니다. 위치가 바로되면 30초 큐어합니다.

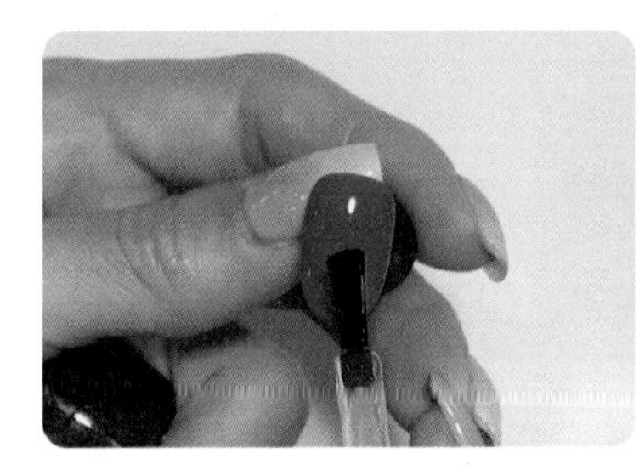

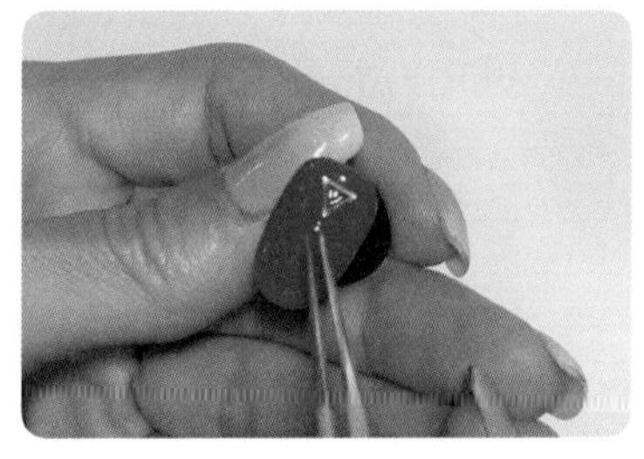

8— ⑦번의 큐어가 끝나면 오버레이젤을 한 번 더 바르고 30초 큐어합니다.

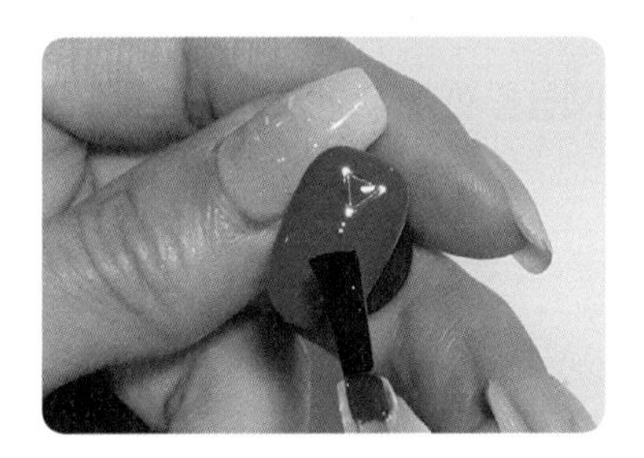

9 — 큐어가 끝나면 참이 잘 붙여 졌는지 확인 후에 탑젤을 바르고 마무리 30초 큐어합니다.

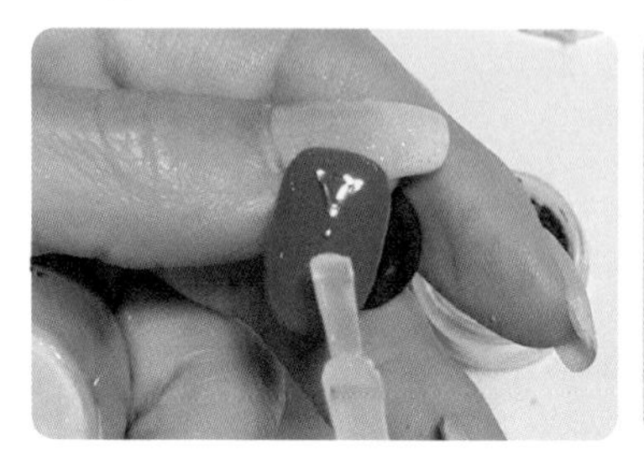

10 — 위 ④번의 작업을 끝낸 에스테미오 BETTR WHITE를 바른 팁을 준비합니다. 오버레이탑을 바르고 하트모양 참을 올린 뒤 도트 글리터를 1차 올리고 10초 가큐어를 해줍니다.

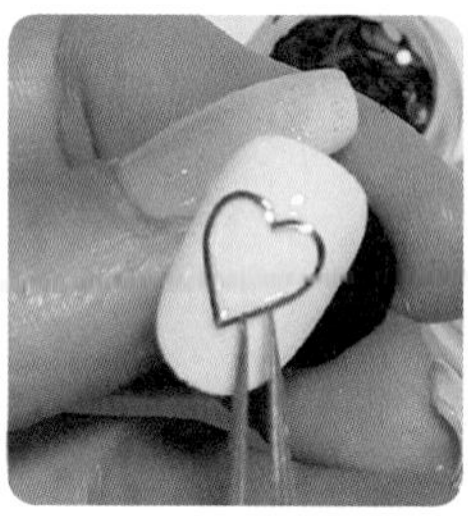

11 — 위 작업이 끝나면 하트에 오버레이탑을 한 번 더 바르고 2차 도트 글리터를 올려준 후 30초 큐어합니다.

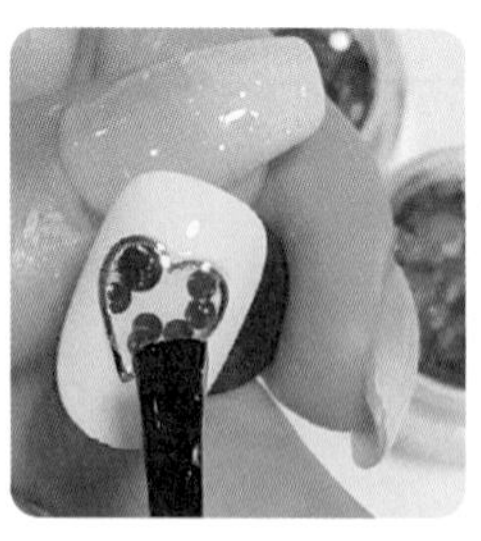

12— 큐어가 끝나면 다시 전체적으로 오버레이탑을 바르고 다시 30초 큐어를 해 줍니다.

단계별로 꼼꼼히 아트를 하여 입자가 서 있거나 표면이 울퉁불퉁하게 되는 것을 방지합니다.

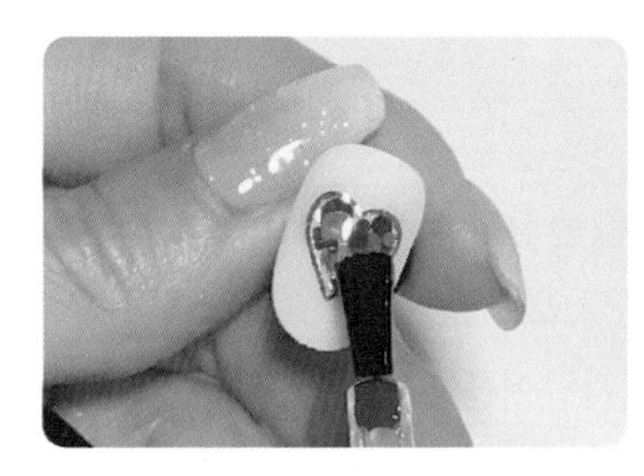

13— 마무리 탑젤을 바른 후 30초 큐어 후 완성합니다.

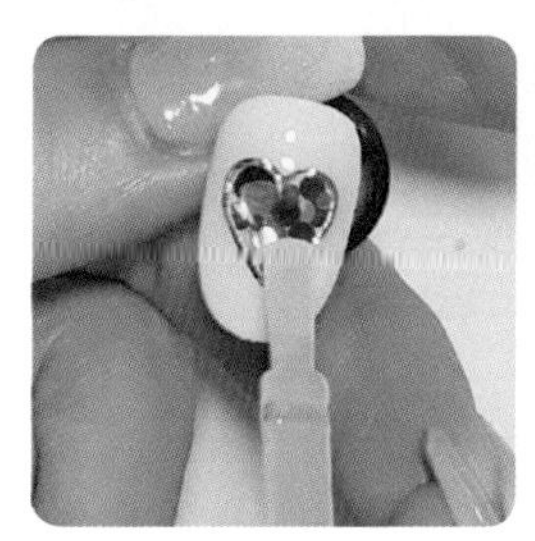

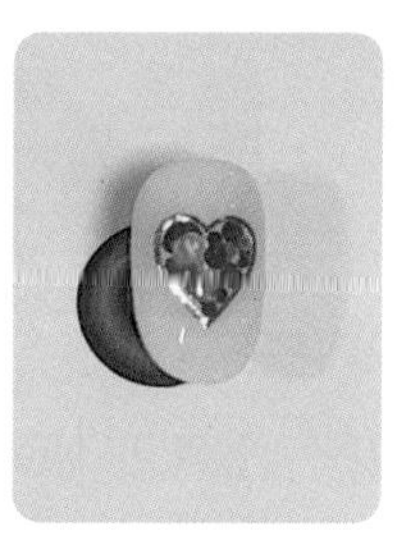

14— 위에서 작업을 끝낸 에스테미오 BETTR WHITE를 바른 팁을 하나더 준비하고 에스테미오 P17, 05, 젤리핏 CN68, CN71, FU185컬러들을 파렛트에 덜어 에스테미오 P17부터 라인브러쉬에 묻혀 가로, 세로 라인을 그려줍니다.

- 선들을 서로 얽히고 섞여 트위드 체크 디자인을 만듭니다.
- 선들을 두서없이 그리는 중간마다 10초씩 가큐어를 해줍니다.

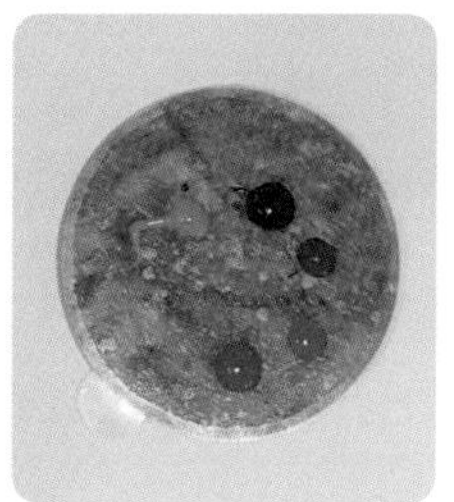
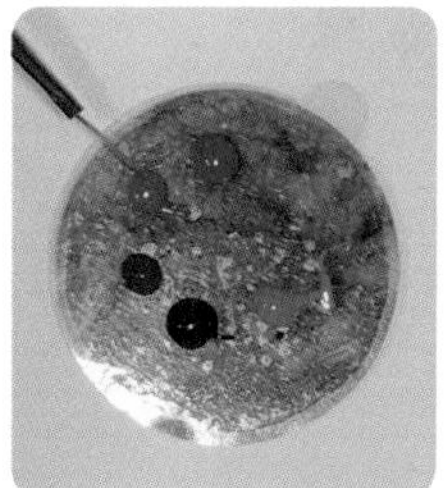

15— 에스테미오 05번 오렌지색 컬러를 빈 공간에 가로, 세로 그려줍니다.

- 위에서 먼저 그린 선과 다른색으로 생동감을 표현합니다.
- 선을 그려주는 중간에 10초 가큐어를 해줍니다.

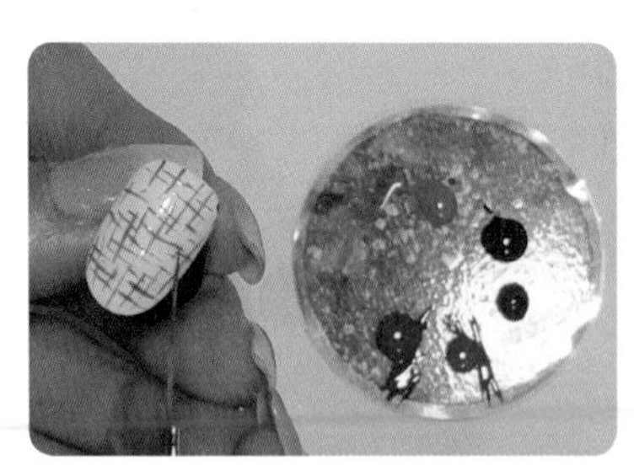

16— 젤리핏 CN68, CN71, FU185 컬러들을 빈 공간에 그려 넣고 녹색, 와인색을 포인트로 몇 개씩 겹치게 그려주어 포인트 느낌도 살려 더 예쁘게 표현하고 선을 그리는 중간에 큐어를 꼭 해줍니다.

선을 다 그린 후에는 30초 큐어를 해줍니다.

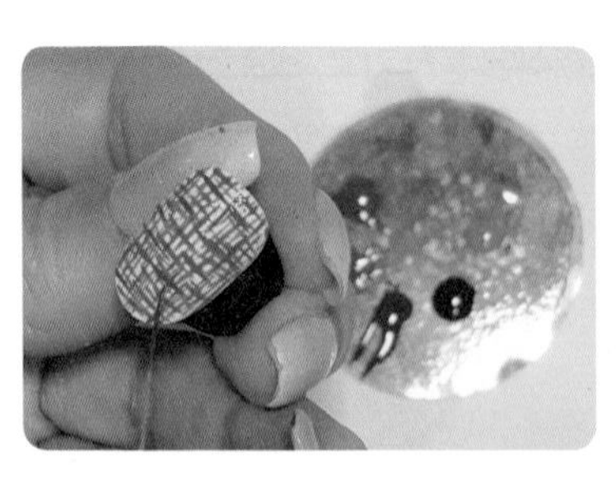
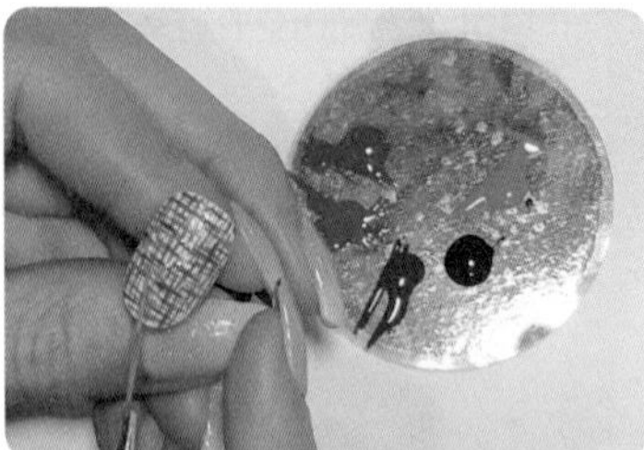

17— 위의 큐어가 끝난 다음에 탑젤을 바르고 30초 큐어 후 완성합니다.

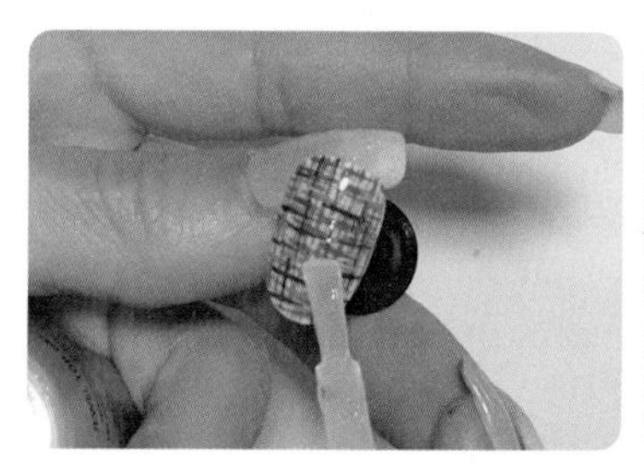

예쁜 트위드 체크 아트가 완성됐습니다.
계절에 따라 컬러를 바꿔가며 표현하는 것도 좋은 방법입니다.

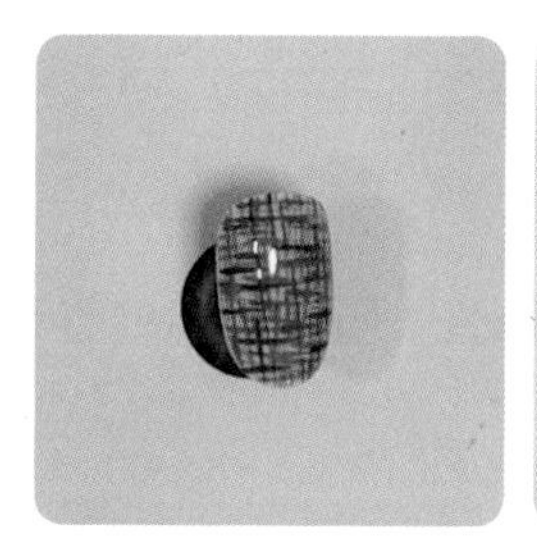

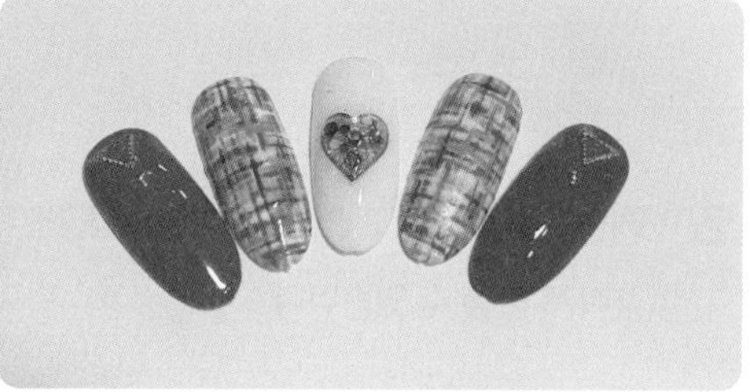

12 라인테이프 아트

젤램프, 젤 클렌저, 아트팁, 아트스탠드, 샌딩, 솜, 트위저, 가위, 탑젤, 베이스젤, 라인테이프 골드, 블랙, 오버레이탑젤, 젤리핏 FW171, 블랙

1 — 팁에 광택을 제거하는 샌딩작업을 합니다. 이 작업은 젤의 유지력에 도움이 됩니다.

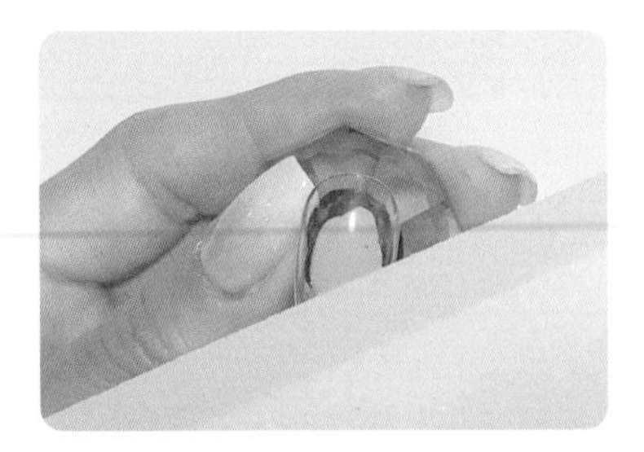

2 — 베이스젤을 바르고 30초 큐어합니다. 베이스젤을 꼼꼼히 발라야 컬러를 깔끔하게 바를 수 있습니다.

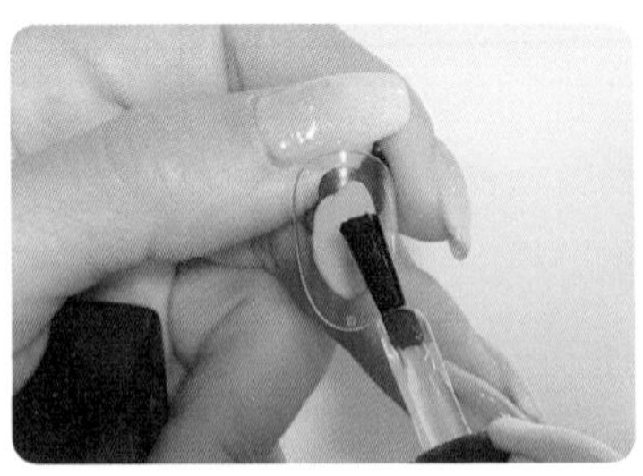

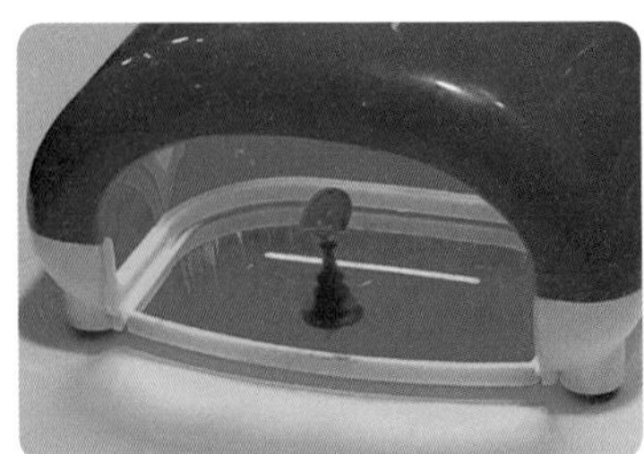

3 — 젤리핏 블랙 컬러젤을 얼룩지지 않게 1coat 해주고 30초 큐어합니다.

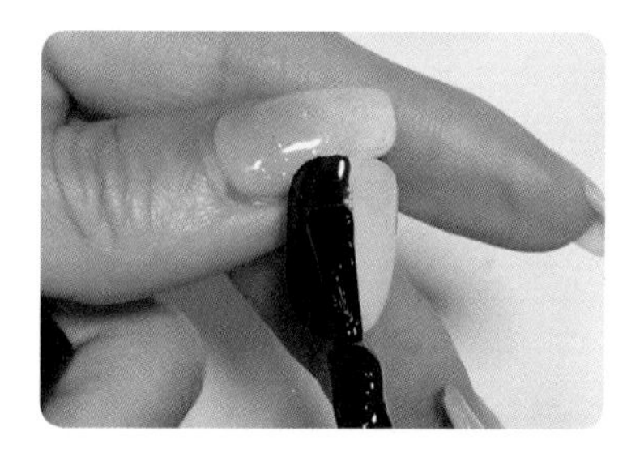

4 — 젤리핏 블랙 컬러젤을 2coat 해주고, 먼지가 있는지 얼룩이 없는지 확인하고 30초 큐어합니다.

5 — 오버레이탑을 바르고 30초 큐어합니다.

라인 테이프를 붙이기 위해 오버레이를 하는 이유는 블랙컬러를 포함한 컬러들은 끈끈함이 있는 스티커 형태는 미경화가 있는 곳에 붙지않고 클리너로 닦아야 하므로 그냥 컬러만 큐어 후 닦아내면 컬러가 닦여 색이 얼룩지기 때문입니다.

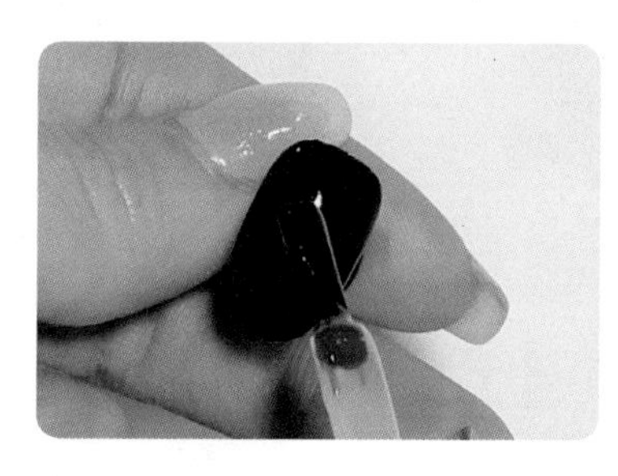

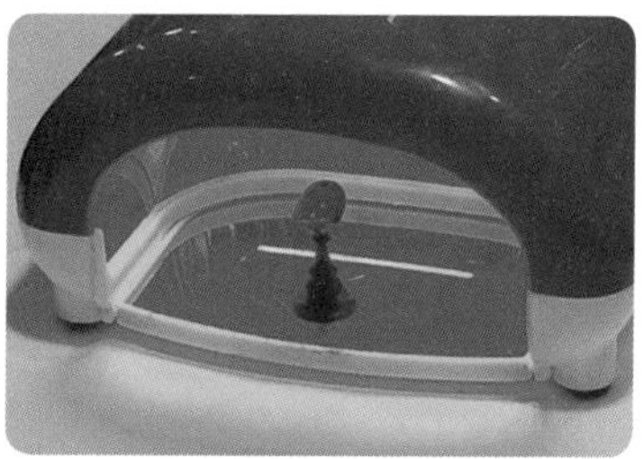

큐어가 끝나면 남아있는 미경화를 젤 클렌저로 닦아냅니다.

6ㅡ 라인 테이프를 준비하고 세로 부분부터 붙여준 후 끝부분은 커팅 해줍니다. 테이프 컷팅 시 끝부분은 살짝 안쪽으로 잘라줘야 들뜨지 않으므로 신경 써서 꼼꼼하게 시술합니다.

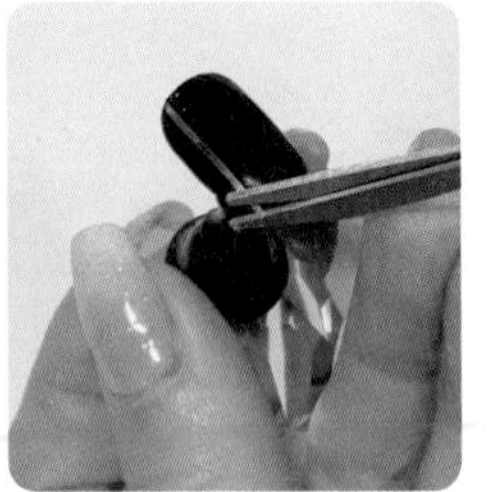

7ㅡ ⑥번부터의 작업을 세로, 가로, 위, 아래를 라인 테이프를 붙여 주고 커팅합니다.

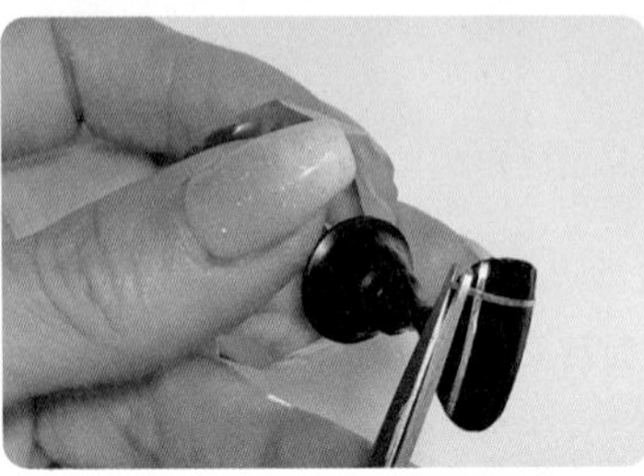

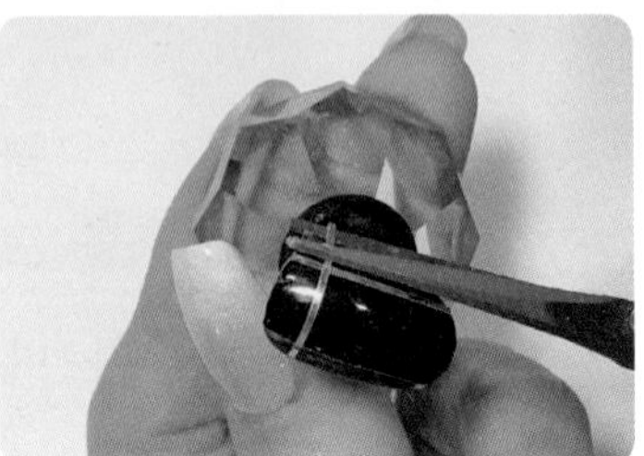

8 ‾ 라인 테이프의 끝부분을 꼼꼼히 눌러 체크하고 오버레이탑 젤을 바른 후 30초 큐어합니다.

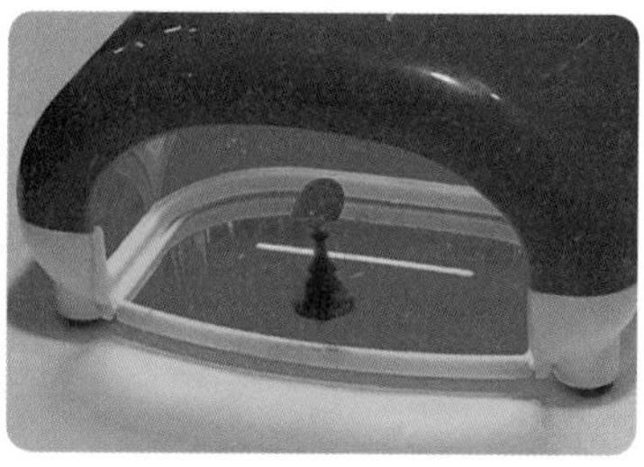

9 ‾ 마무리 탑젤을 바르고 30초 큐어 후 완성합니다.

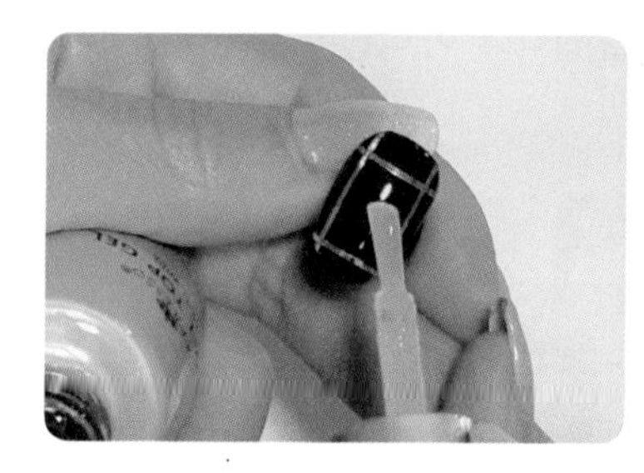

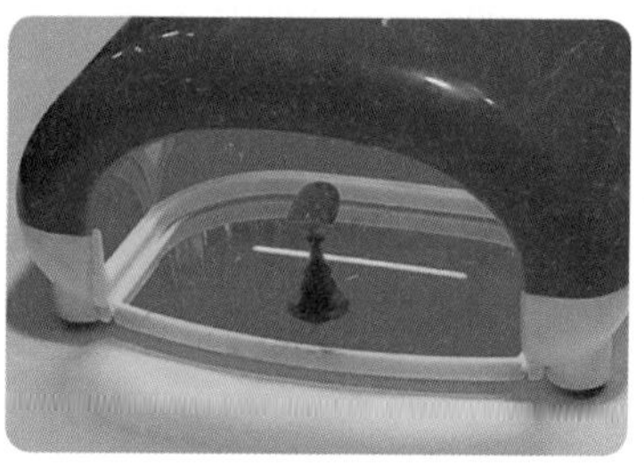

도시적인 느낌의 라인 아트가 완성됐습니다.

컬러마다 느낌이 달라 여러 가지를 응용해보면 더욱 예쁘게 표현할 수 있습니다.

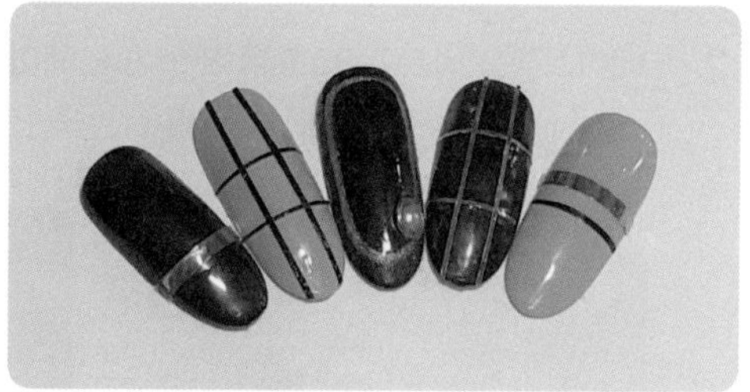

13 금박, 참 아트

젤램프, 젤클렌저, 샌딩, 아트팁, 아트스탠드, 솜, 금박, 우드스틱, 핀셋
베이스젤, 탑젤, 오버레이젤, 픽스젤, 스와로브스키, 여러 모양의 참
젤리핏 GF25 컬러젤

1 — 팁에 광택을 제거하는 샌딩작업을 합니다. 이 작업은 젤의 유지력에 도움이 됩니다.

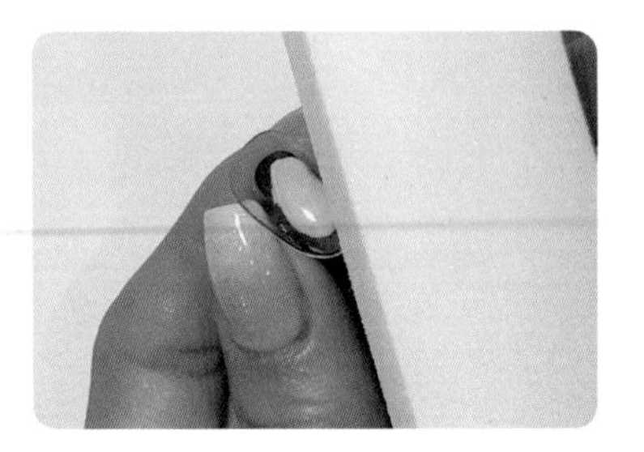

2 — 베이스젤을 바르고 30초 큐어합니다. 베이스젤을 꼼꼼히 발라야 컬러를 깔끔하게 바를 수 있습니다.

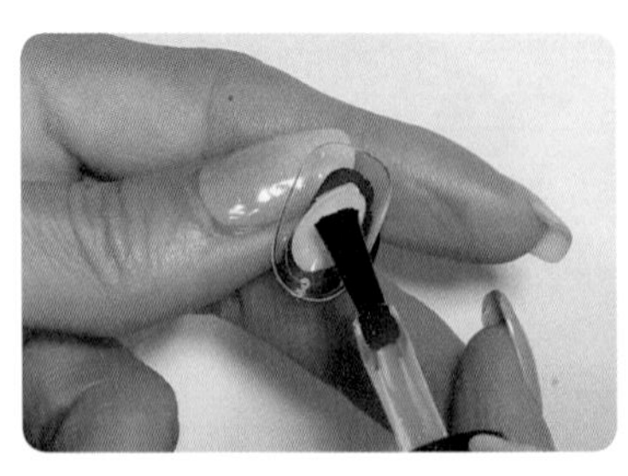

3— 젤리핏 GF25 컬러젤을 글리터 입자가 고루 발라질 수 있도록 1coat 바르고 30초 큐어합니다.

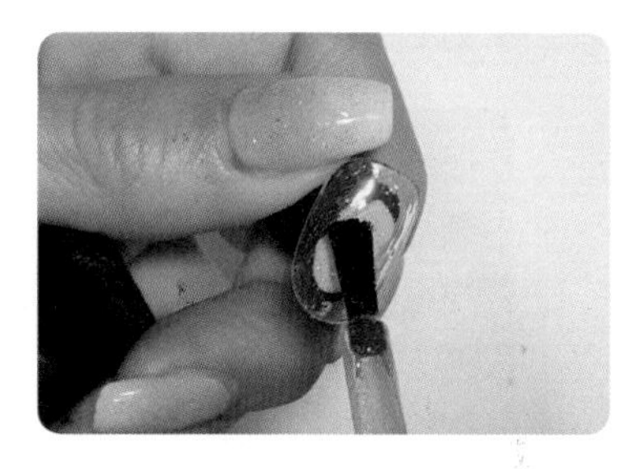

4— 젤리핏 GF25 컬러젤을 좀 더 꼼꼼하게 표면이 매끄럽게 2coat 바르고 30초 큐어합니다.

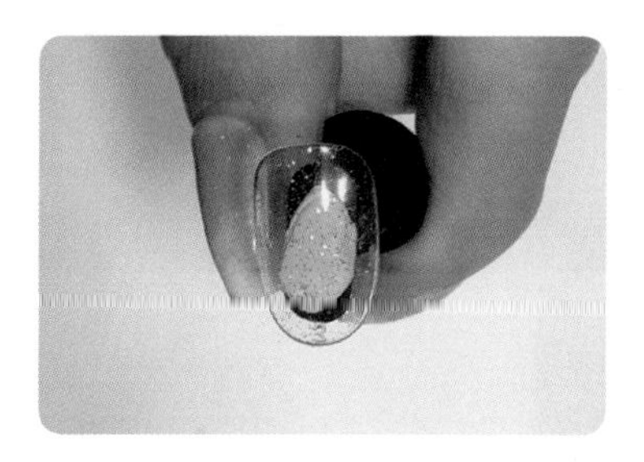

5— 금박을 준비해서 핀셋과 우드스틱을 이용해서 조금씩 작은 크기로 커팅해서 준비합니다.

6 — ④의 작업이 끝난 팁에 금박을 가장자리로 붙여준 후 손으로 살짝씩 튀어나온 부분이 없게 눌러줍니다.

그리고 오버레이탑을 바르고 램프에 10초 큐어합니다.

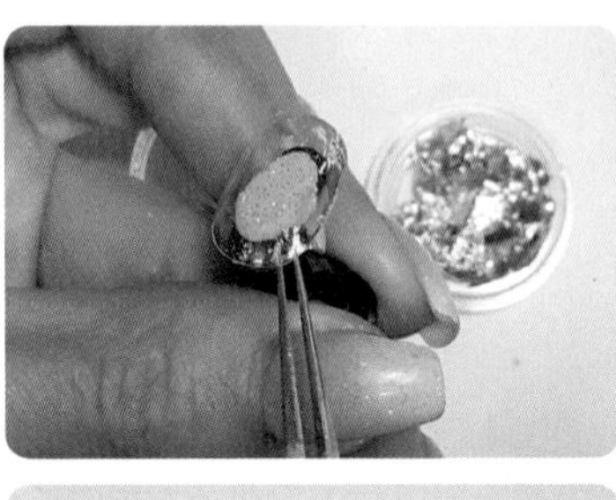
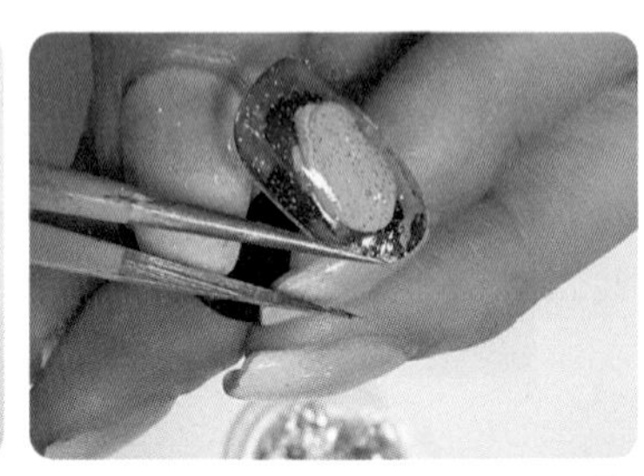

7— ⑥의 작업이 끝나면 (파츠를 붙이는 전용젤) 픽스젤을 바른후 여러 모양의 참들을 올려주고 30초 큐어합니다.

여러 모양의 참들이 움직이지 않게 잘 고정시켜 큐어합니다.

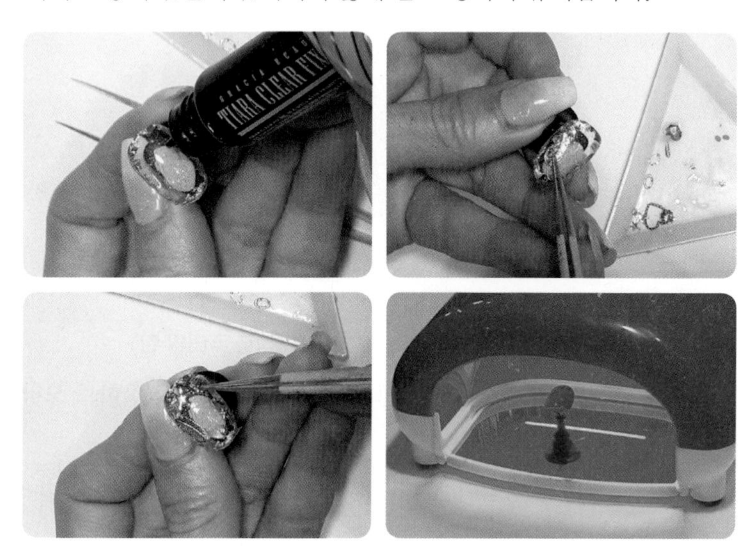

8— 7의 작업이 끝나면 오버레이 탑을 바른후 30초 큐어합니다.

팁위에 붙인 참들과 금박이 잘 붙어있을 수 있게 한 번 더 마무리하는 과정입니다.

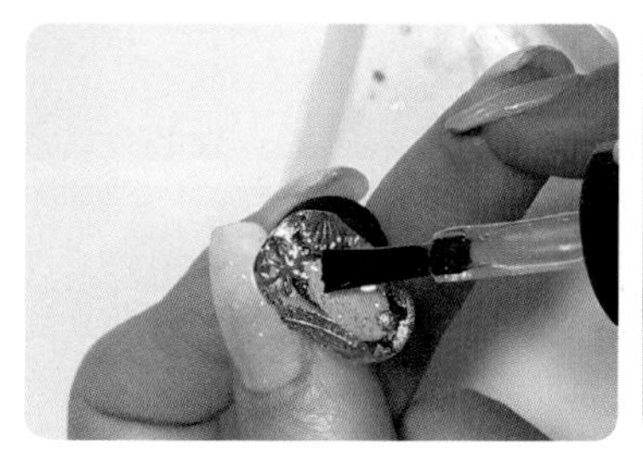

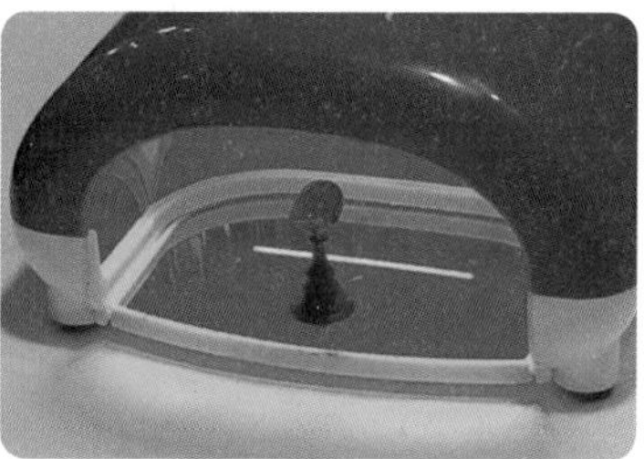

9 — 탑젤을 바른 후 마무리 큐어 30초 하고 완성합니다.

여름에 어떤 컬러와도 잘 어울려 포인트 아트로 활용도가 높으며 시원한 느낌과 깨끗한 느낌을 주는 아트입니다.

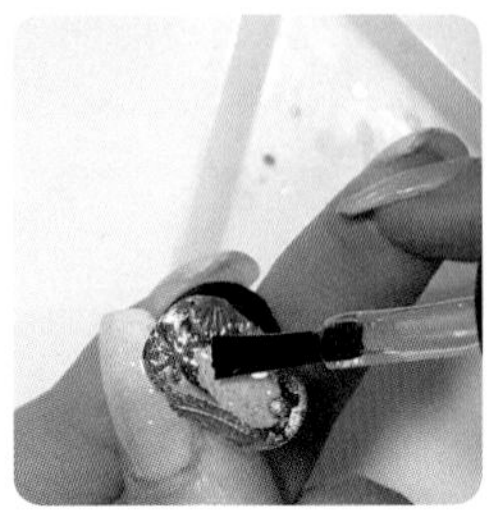

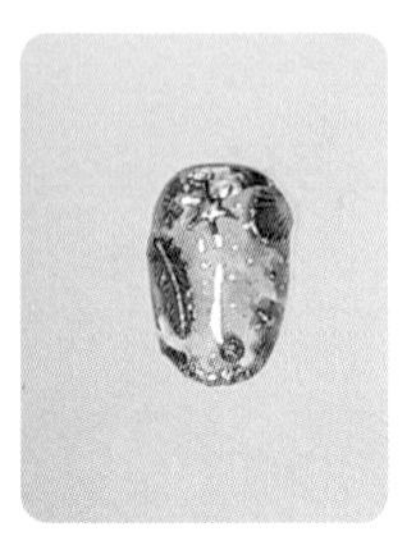

10 — 다음 팁을 준비합니다. (젤리핏 GF25 컬러젤로 준비된 팁)

- 파츠 전용 픽스젤을 바르고 하트 참, 스와로브스키 하트 모양을 올려주고 30초 큐어합니다.
- 픽스젤은 고정력이 뛰어나 파츠를 올렸을 때 움직여지거나 빨리 떨어지지 않게 하는 역할을 합니다.

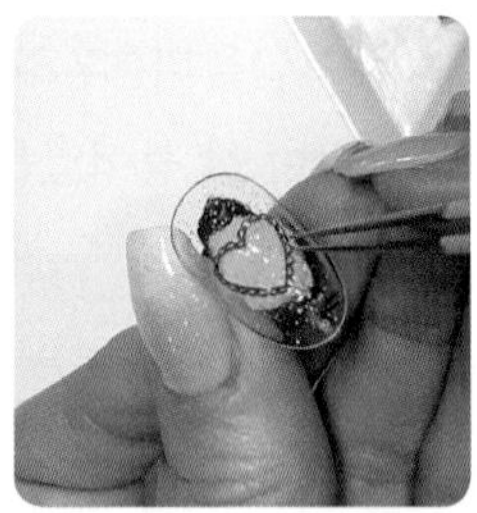
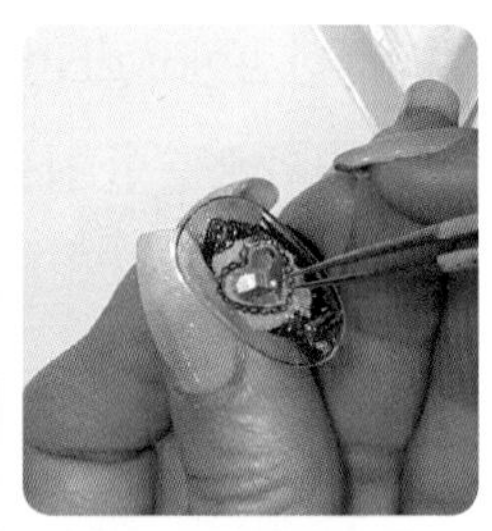
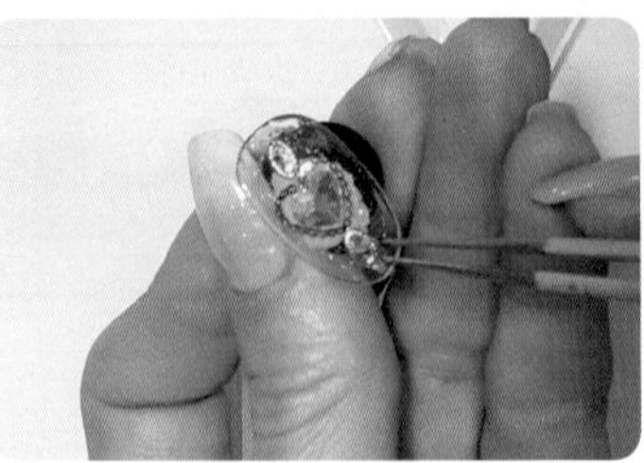

11 — 오버레이 탑젤을 바르고 30초 큐어합니다.

파츠의 가장자리 부분이나 돌출된 부분을 커버해주는 역할도 합니다.

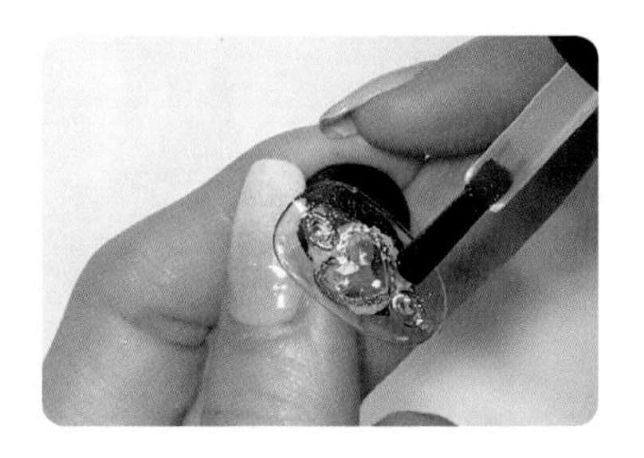

12 — 탑젤을 바른 후 마무리 큐어 30초 하고 완성합니다.

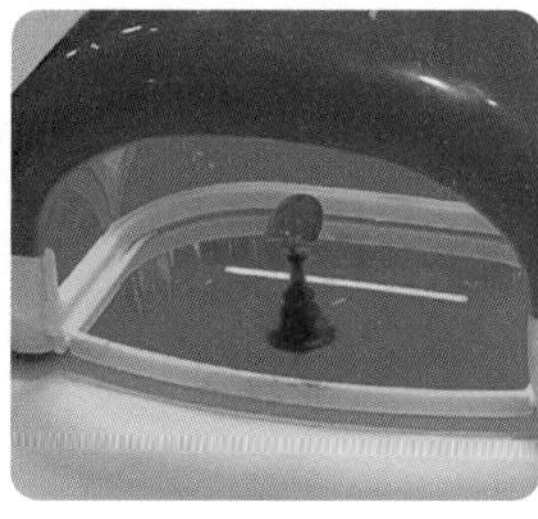

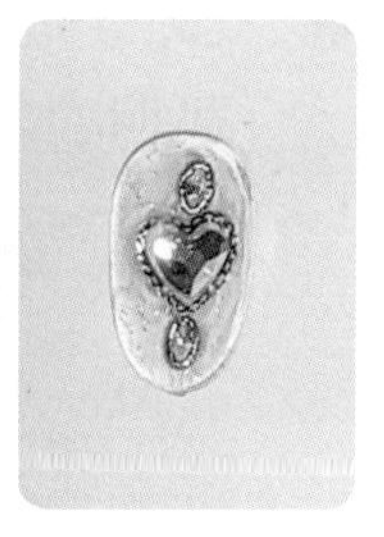

실제 아트는 더 화려하며 반짝이는 파츠 아트입니다.

이 아트 또한 다른 디자인과도 잘 매치가 되며 포인트 아트로 완성도가 높습니다.

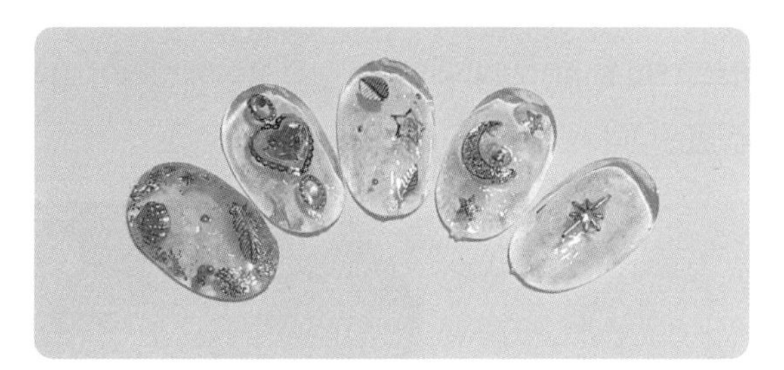

14 호피

젤램프, 아트팁, 아트스탠드, 샌딩, 솜, 젤클렌저, 파렛트, 베이스젤, 무광탑젤, 에스테미오 컬러젤 P04, 젤리핏 CN14, 17, 66, AG49, FW157, 블랙, 라인브러쉬

1 — 팁에 광택을 제거하는 샌딩작업을 합니다. 이 작업은 젤의 유지력에 도움이 됩니다.

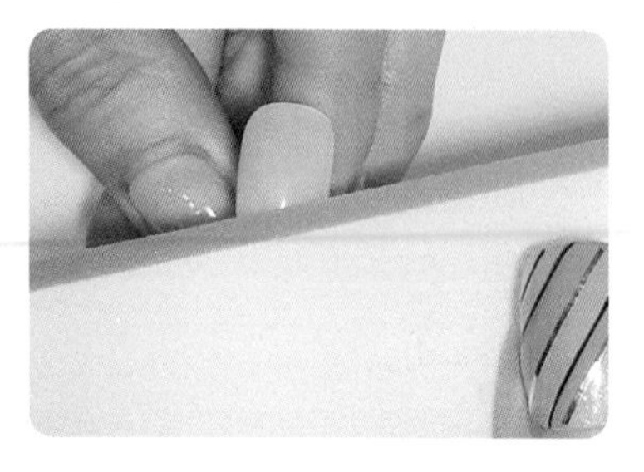

2 — 베이스젤을 바르고 30초 큐어합니다. 베이스젤을 꼼꼼히 발라야 컬러를 깔끔하게 바를 수 있습니다.

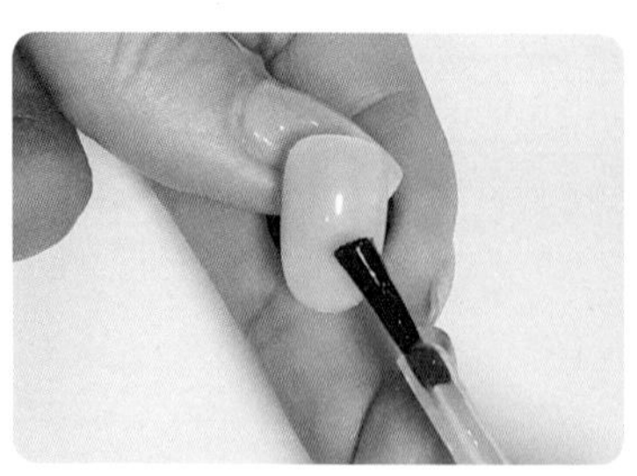

3 — 젤리핏 FW157 컬러는 바르기 약간 어려운 파스텔 느낌의 컬러입니다. 붓 자국이 나지 않게 확인하면서 1coat 바르고 30초 큐어합니다.

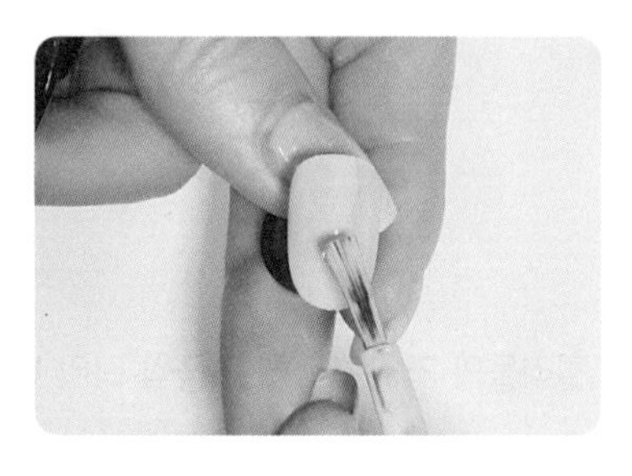

4 — 젤리핏 CN14 컬러를 2coat 바르고 30초 큐어합니다. 먼지나 표면이 매끄러운지 확인을 꼭 한 후에 큐어합니다.

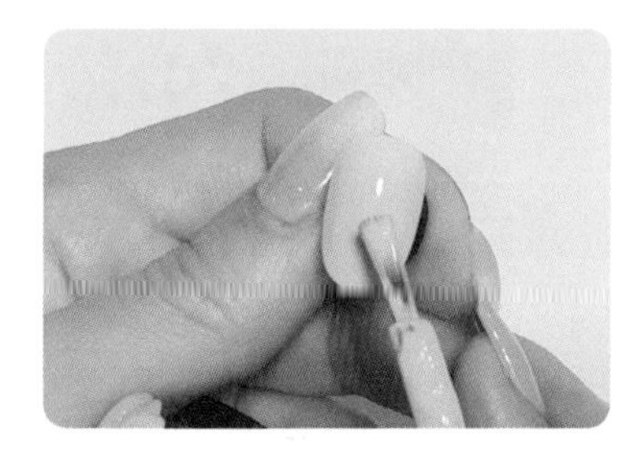

5 — 파렛트에 에스테미오 컬러젤 P04, 젤리핏 CN17, 66, 블랙 컬러젤을 조금씩 덜어준 후 라인브러쉬로 팁위에 골고루 색을 덜어 놓듯이 칠해주고 30초 큐어합니다.

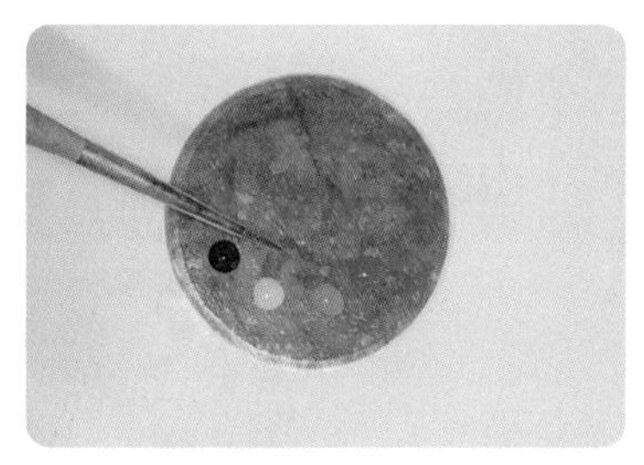

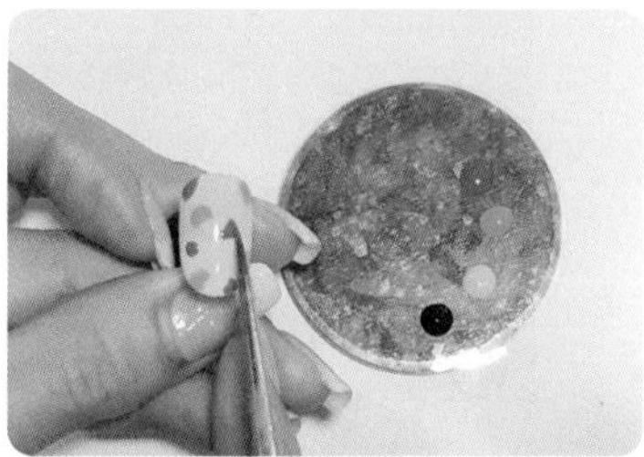

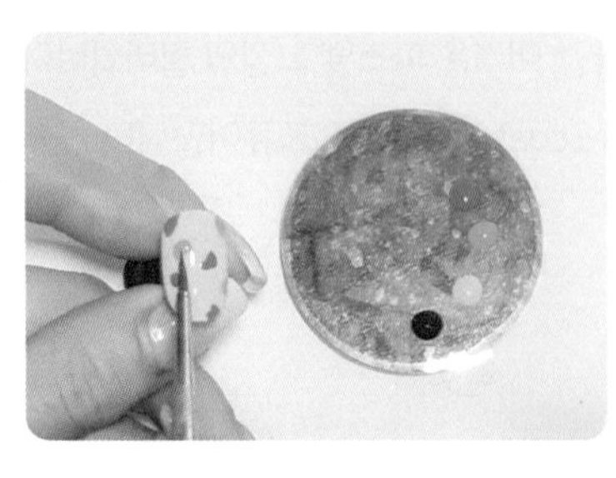
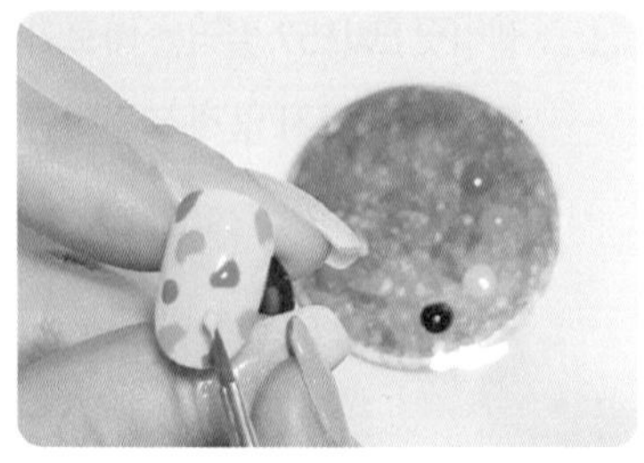

6— 블랙 컬러는 브러쉬를 이용하여 컬러들의 가장자리에 조금씩 띄워 바르고 빈 공간에 몇 개만 점찍듯이 채워줍니다. 너무 가득 채우면 답답해 보이거나 지저분해 보일 수 있어 여백을 살려주고 30초 큐어해줍니다.

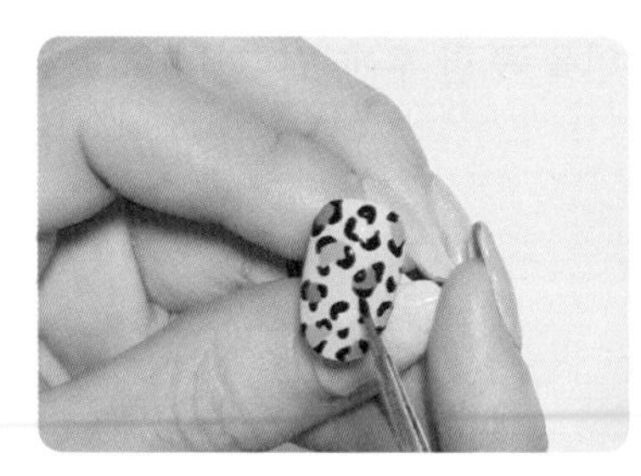
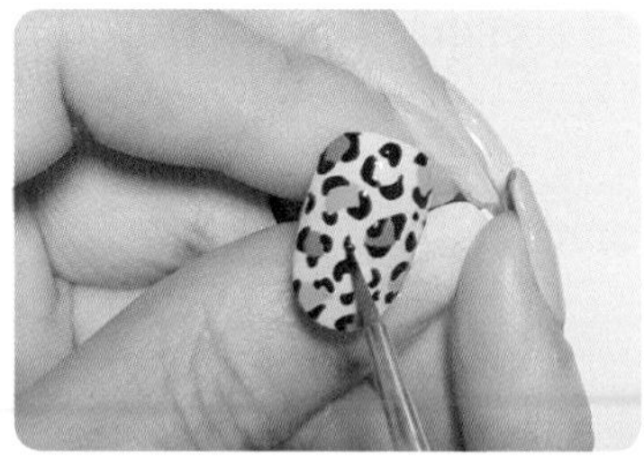

7— 무광탑젤을 바르고 30초 큐어합니다. 큐어가 끝나면 젤클리너로 남아있는 미경화젤을 닦아줍니다.

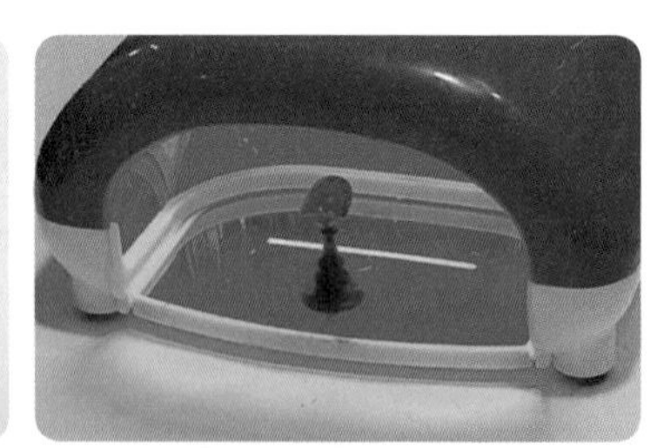
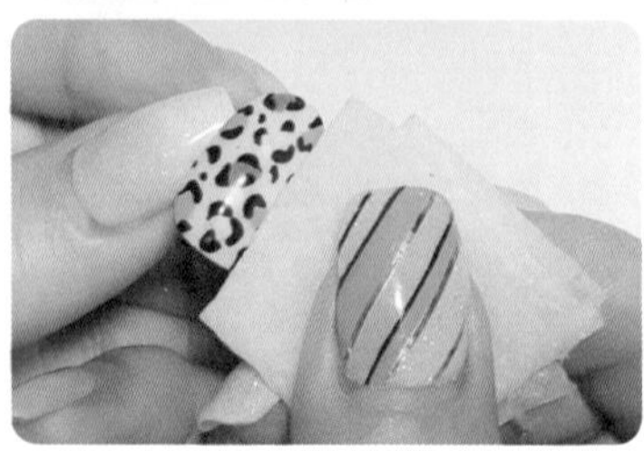

8 — 또 다른 준비된 팁에 젤리핏 CN14번 젤컬러를 1coat하고 30초 큐어합니다.

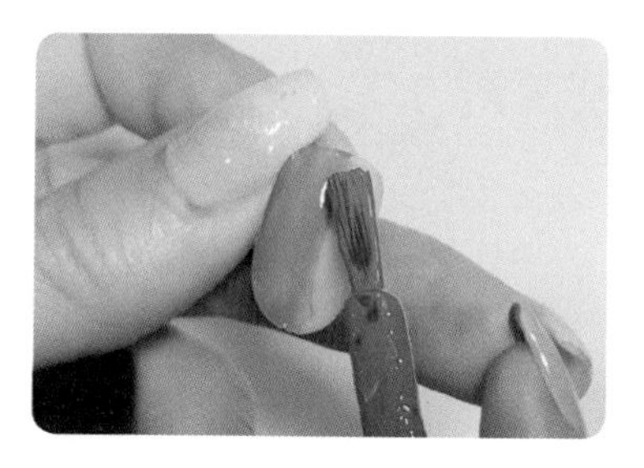

9 — AG49 컬러젤을 ⑧번 작업을 끝낸 팁에 1coat하고 팁의 사이사이에 블랙 컬러를 조그맣게 몇 개만 그린 후 30초 큐어해줍니다.

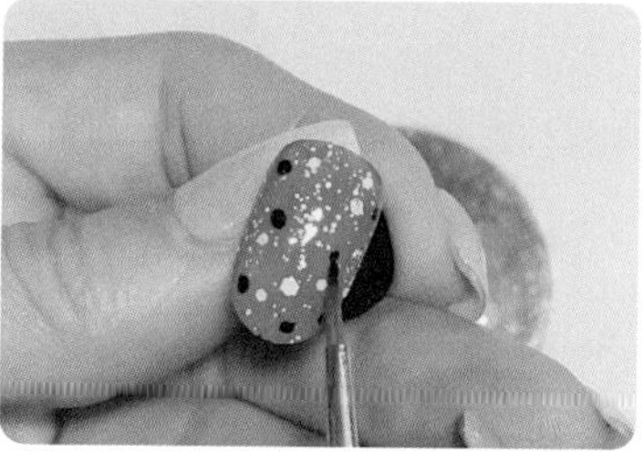

10 — 위의 큐어가 끝나면 무광 탑젤을 바르고 30초 큐어합니다.

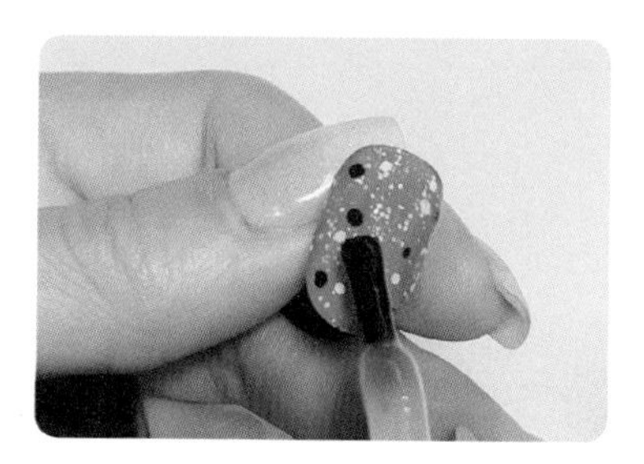

11 ‾ 큐어가 끝난 팁을 젤클린져로 닦아내고 마무리해 줍니다.

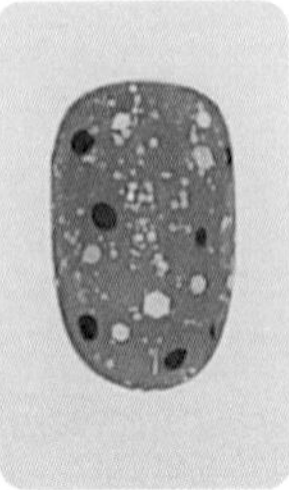

고급스러운 느낌이 나는 무광이지만 호피아트와 잘 어울려 귀여운 느낌과 세련된 느낌으로 완성이 되었습니다.

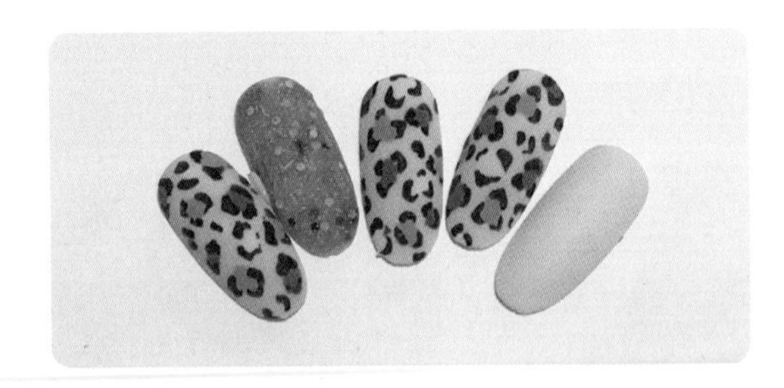

15 생화 1

젤램프, 젤클렌저, 샌딩, 아트팁, 아트스탠드, 생화꽃 오렌지,핑크, 솜 베이스젤, 탑젤, 젤리핏 MA04, 핀셋, 트위져, 랩

1 ― 팁에 광택을 제거하는 샌딩작업을 합니다. 이 작업은 젤의 유지력에 도움이 됩니다.

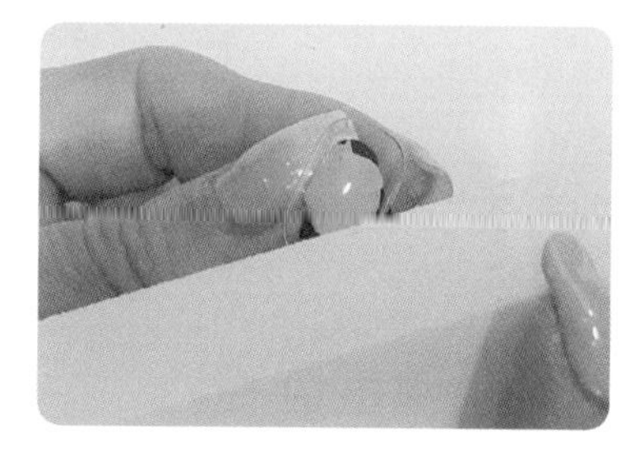

2 ― 베이스젤을 바르고 30초 큐어합니다. 베이스젤을 꼼꼼히 발라야 컬러를 깔끔하게 바를 수 있습니다.

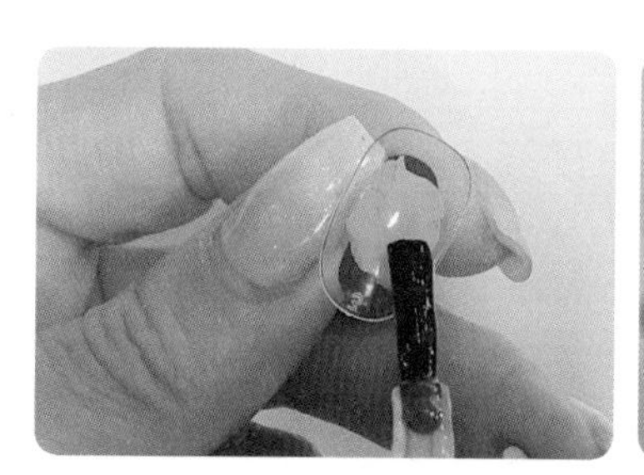

3— 생화 꽃을 트위저로 커팅해서 준비합니다.

4— 위의 팁에 오버레이탑을 바르고 꽃을 그라데이션 느낌으로 오렌지와 핑크색 꽃을 골고루 올려줍니다.

5— 10초 가큐어한 후 랩으로 꾹 눌러 손으로 싸매 큐어합니다.
그래야 꽃잎과 줄기가 뜨지 않고 팁에 밀착이 잘됩니다.

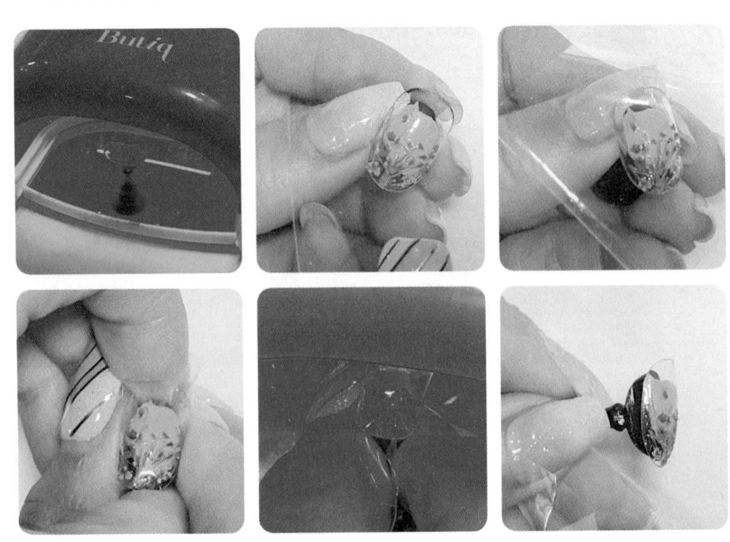

6 — 꽃을 올린 팁 위에 오버레이탑젤을 바르고 30초 큐어합니다.

- 오버레이 할 때 꽃잎이 울퉁 불퉁 하지않은지 확인합니다.
- 꽃잎이 울퉁불퉁하면 클리어젤을 오버레이 한 다음 큐어 후 표면 파일링을 해주어 매끄러운 표면을 만듭니다.

7 — 탑젤을 바르고 30초 큐어한 후 마무리합니다.

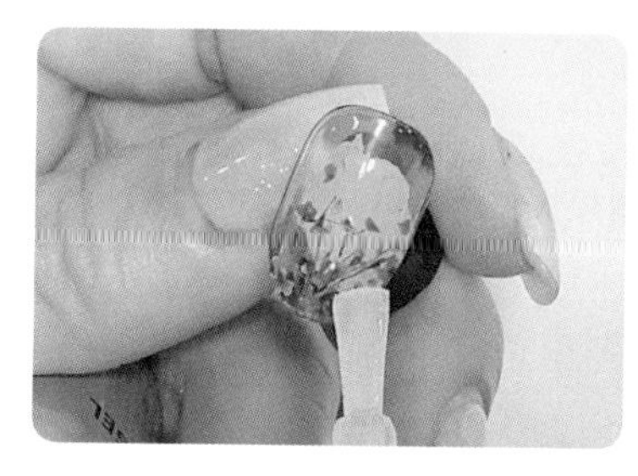

봄, 가을 어울리는 여성스러운 느낌의 아트가 완성되었습니다.
생화 꽃도 여러 가지 모양과 컬러가 있어 다양한 컬러들과 잘 어울리게 아트를 할 수 있습니다.

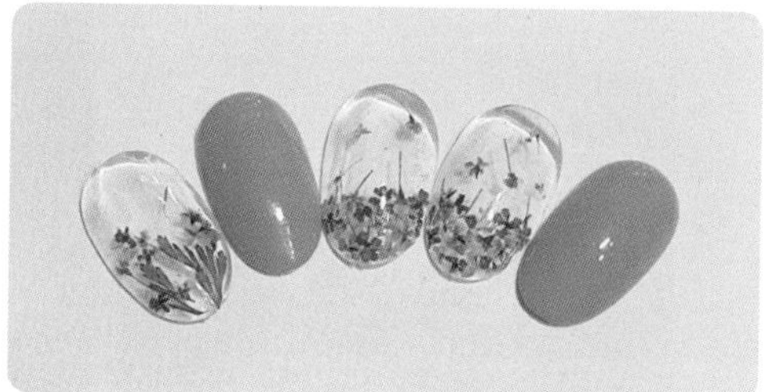

16 생화 2

젤램프, 젤클렌저, 베이스젤, 탑젤, 샌딩, 아트팁, 아트스탠드, 솜 참(여러종류), 피니쉬젤, 생화꽃, 랩, 핀셋, 트위저, 스티커, 젤리핏 G08, MA07, 베리굿 S4 컬러젤

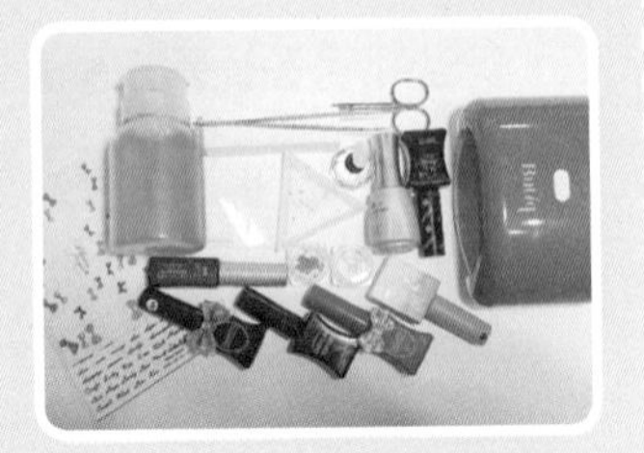

1 — 팁에 광택을 제거하는 샌딩작업을 합니다. 이 작업은 젤의 유지력에 도움이 됩니다.

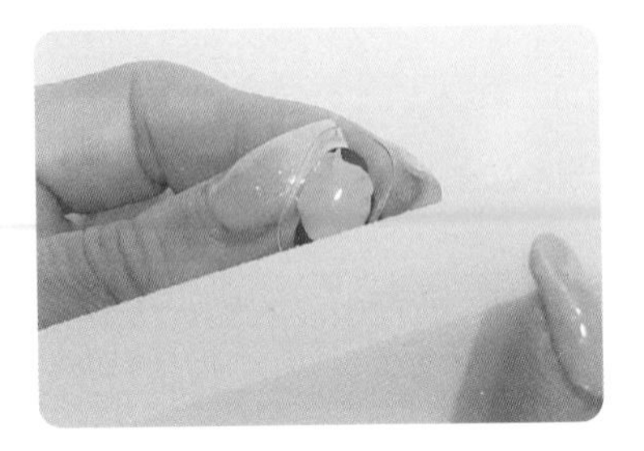

2 — 베이스젤을 바르고 30초 큐어합니다. 베이스젤을 꼼꼼히 발라야 컬러를 깔끔하게 바를 수 있습니다.

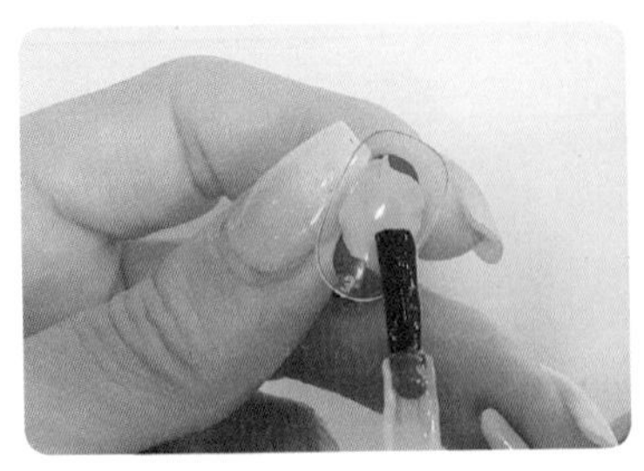

3 ― 베리굿 S4는 시럽 느낌이 조금 있는 컬러라서 양조절을 하면서 1coat 하고 30초 큐어합니다.

4 ― 베리굿 S4 컬러를 2coat 하고 30초 큐어합니다.

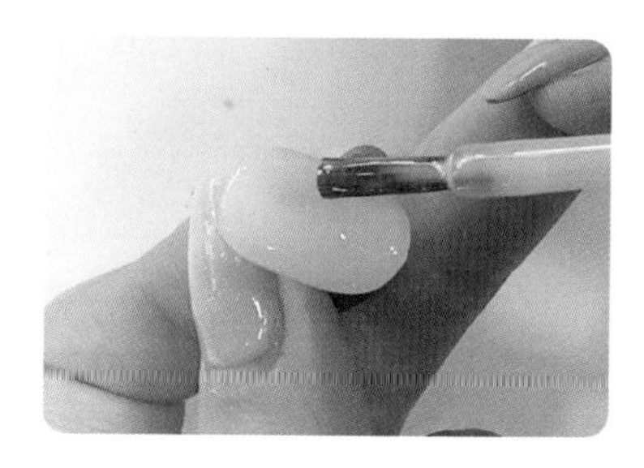

5 ― 큐어가 끝나면 미경화를 젤클렌져로 닦아 스티커를 붙이기 좋은 상태로 준비합니다.

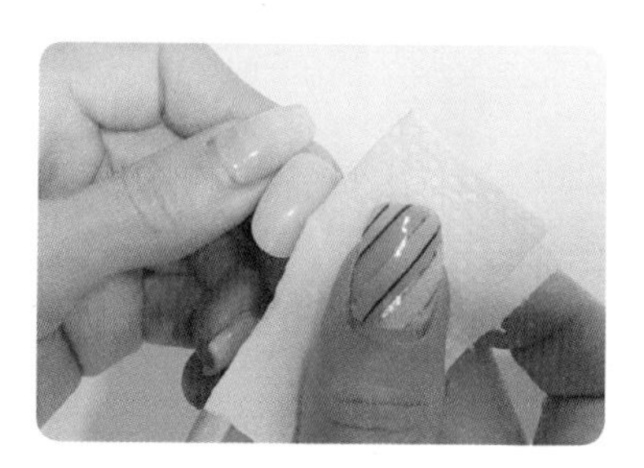

6 — 리본 스티커를 붙여주고 들뜨지 않게 오버레이젤을 바른 후 30초 큐어합니다.

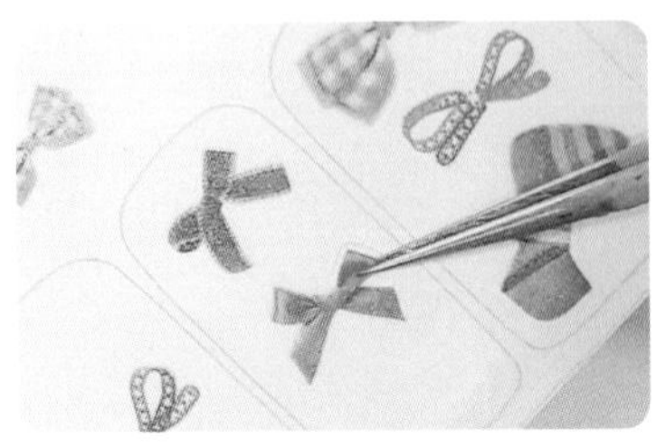

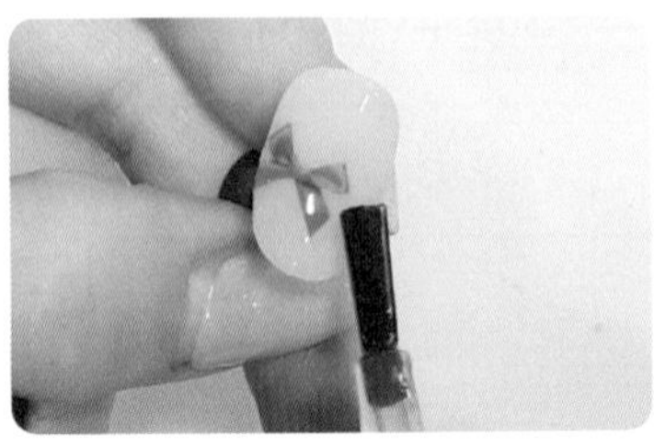

7 — 생화꽃 말린 것을 트위져로 작게 잘라서 준비합니다.

8 — 팁에 다시 오버레이 젤을 바르고 꽃을 다발 모양으로 올려줍니다.

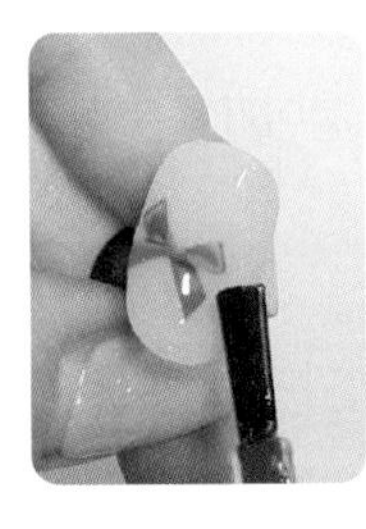

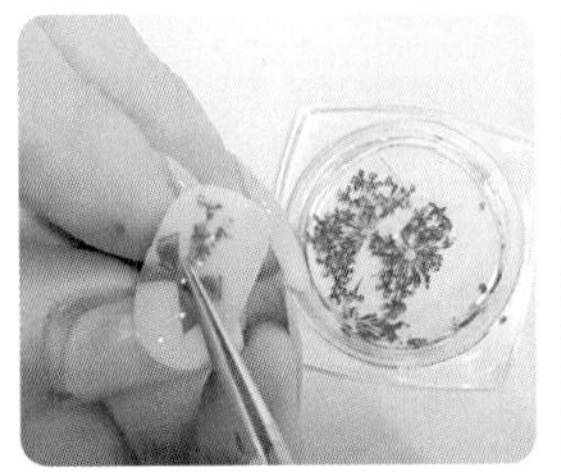

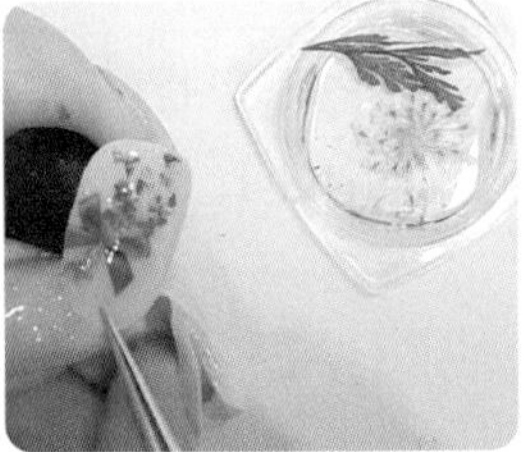

9 — 10초 큐어 후 들뜨지 않고 잘 붙을 수 있게 랩을 손으로 꼭 쥐고 다시 30초 큐어합니다.

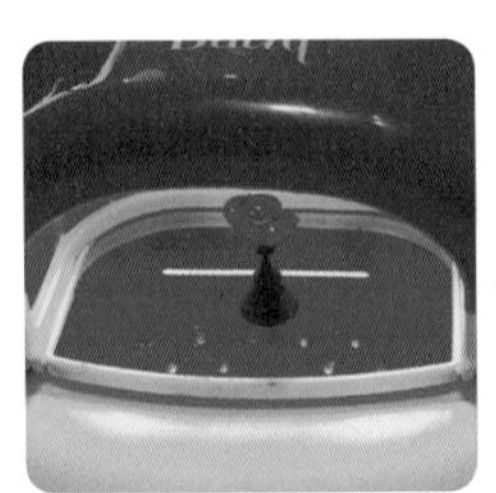

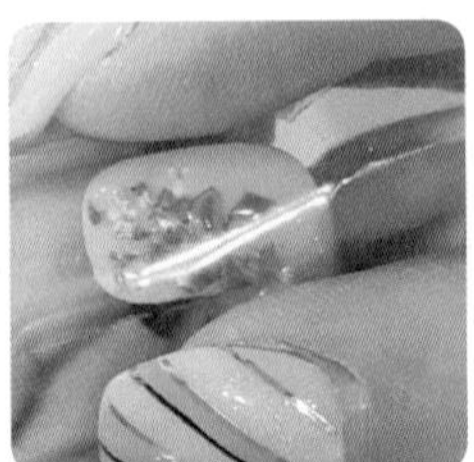

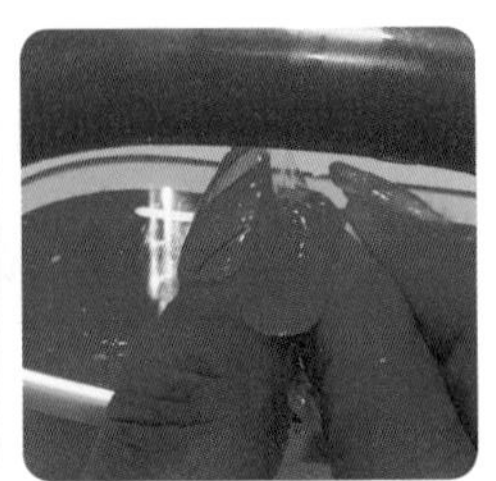

10— 큐어 후 꽃이 팁에 골고루 잘 붙었는지 확인 후에 오버레이 젤을 한 번 더 바르고 30초 큐어합니다.

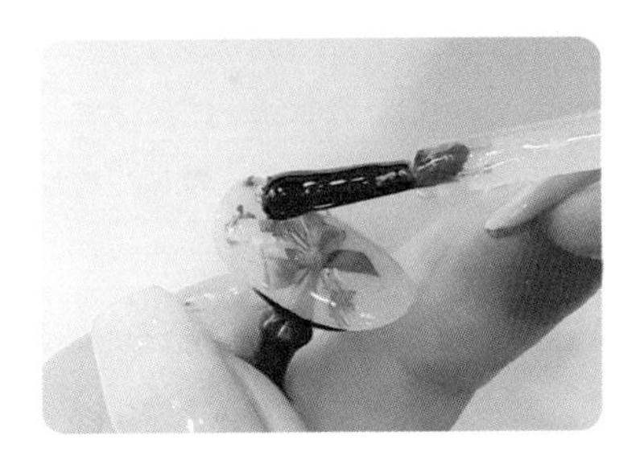

11— 큐어가 끝나면 레터링 데칼을 잘라 물에 담가 글씨가 분리되면 핀셋으로 가져다 팁 리본모양 옆에 붙여줍니다.

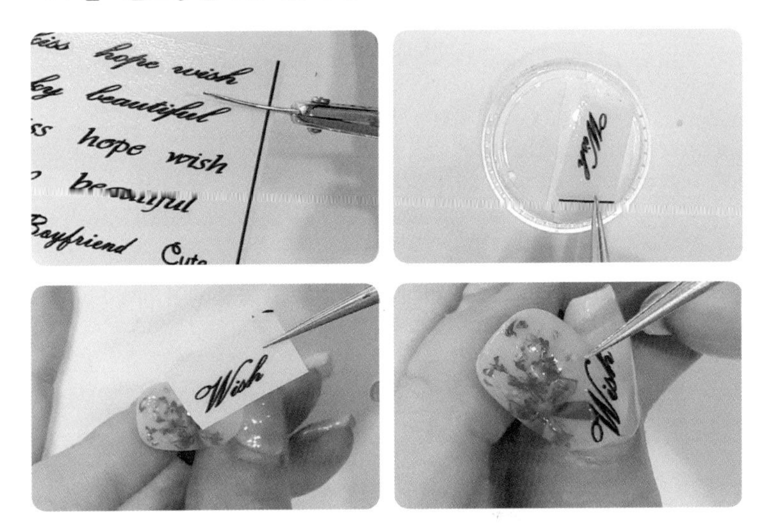

12— 오버레이 젤을 얇게 발라 30초 큐어합니다.

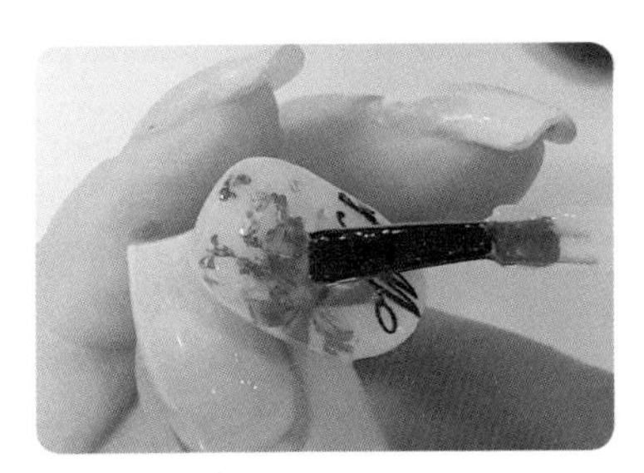

13 ― 탑젤을 바르고 30초 큐어 후 마무리한다.

14 ― 베리굿 S4 컬러를 2coat하고 준비된 팁에 오버레이젤을 바르고 줄 모양의 참을 올려준 후 20초 큐어합니다.

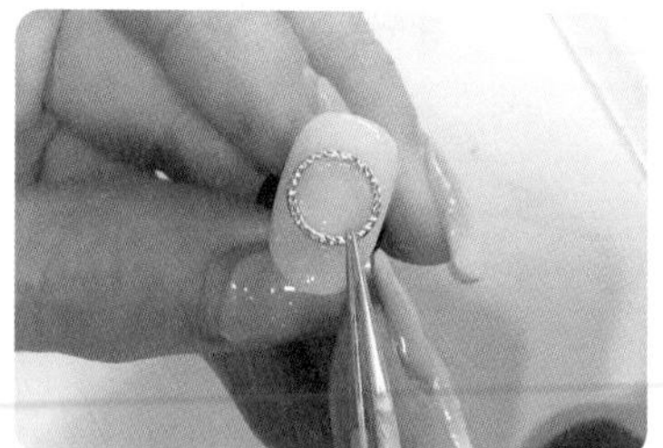

15 ― 줄 모양의 참 안쪽으로 오버레이젤을 바르고 꽃을 넣어 엔틱 느낌을 표현합니다.

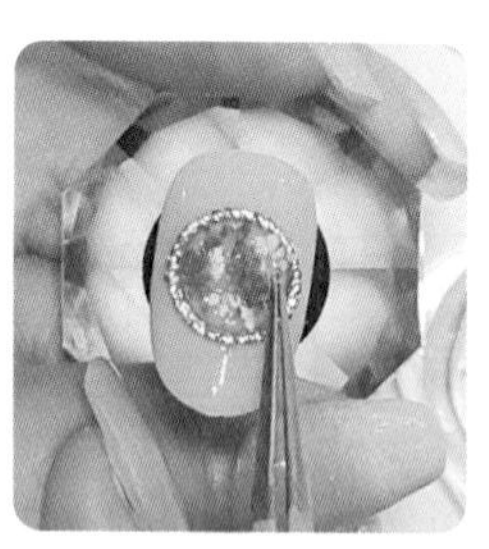

16 — 20초 큐어 후 젤리핏 G08 컬러를 소량만 발라주고 다시 30초 큐어합니다. (글리터가 살짝만 발라져도 빛에 비추어질 때 고급스러움을 더 할 수 있습니다.)

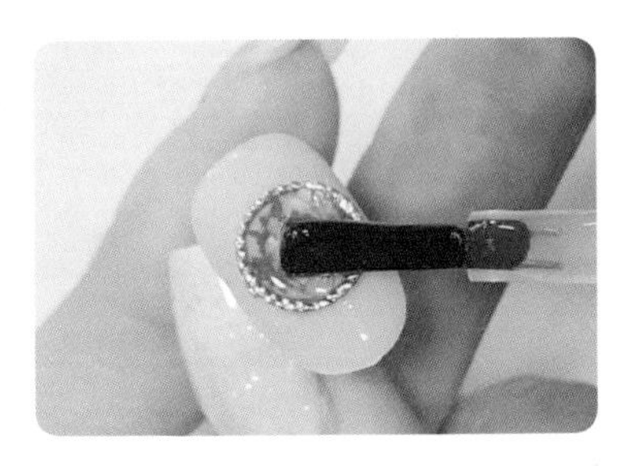

17 — 꽃 파츠 모양을 만든 후 그 주변으로 오버레이 젤을 조금씩 발라준 후 스와로브스키 보석과 작은 참들을 올려주고 큐어해 줍니다.

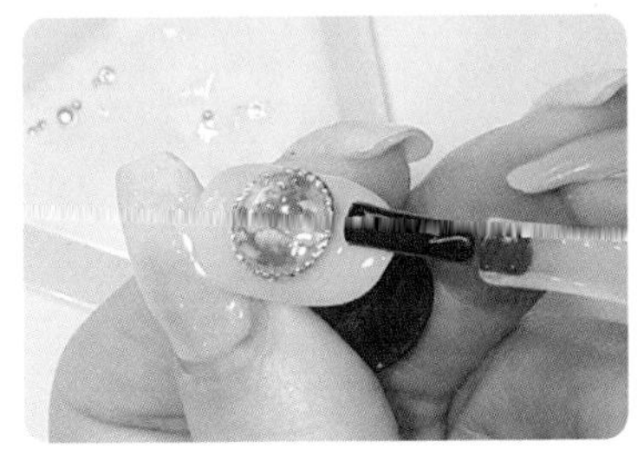

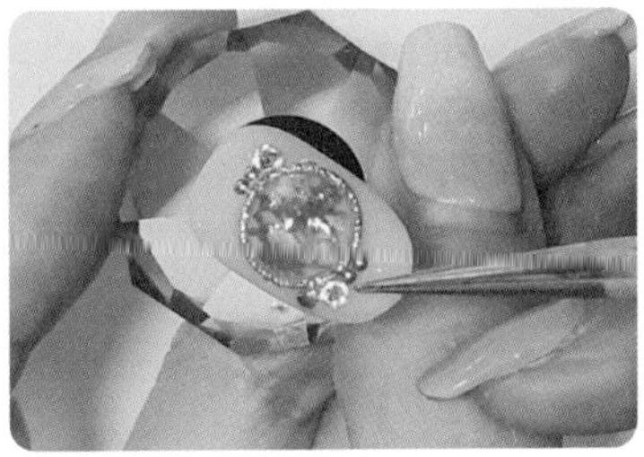

18 — 참을 붙여준 곳에 피니쉬 젤을 발라주고 30초 큐어합니다.

• 파츠나 참 사이사이에는 미경화를 닦을 수가 없기 때문에 미경화가 남지 않는 피니쉬젤을 사용합니다.

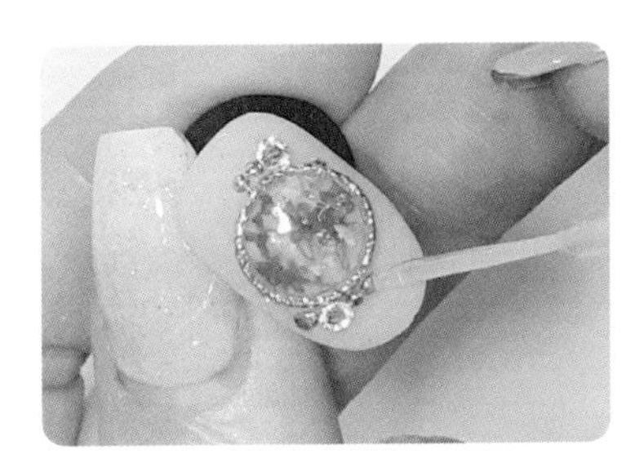

19 — 탑젤을 바르고 30초 큐어 한 후 마무리합니다.

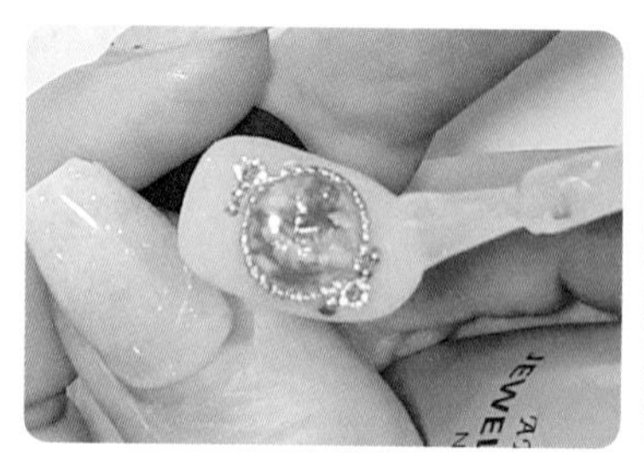

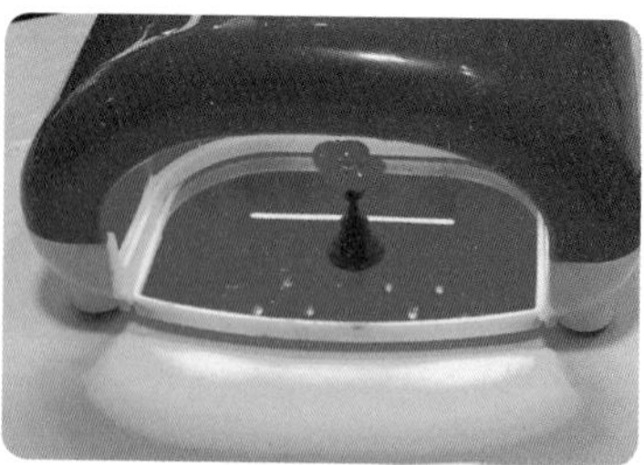

시원한 느낌도 있고 고급스럽기도 하며 귀여운 느낌도 조금 표현이 된 아트로 완성되었습니다.

다른 컬러와도 느낌이 다르게 아트를 표현할 수 있어 매력적인 생화 아트입니다.

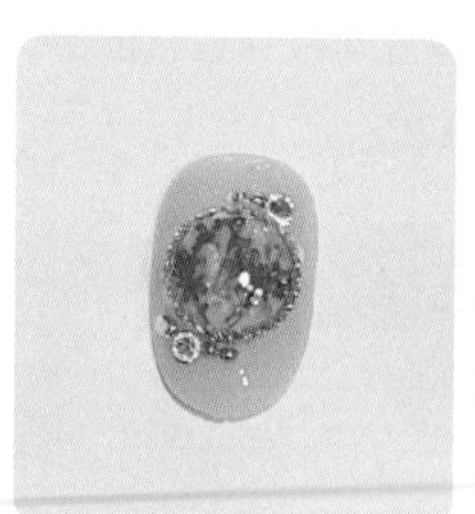

17 생화 몰드

젤램프, 젤클렌저, 샌딩, 아트팁, 아트스탠드, 솜, 참(악세사리), 핀셋, 몰드, 레터링 스티커, 베이스젤, 탑젤, 오버레이젤, 젤리핏 SS256, FW170, 에스테미오 화이트 컬러젤

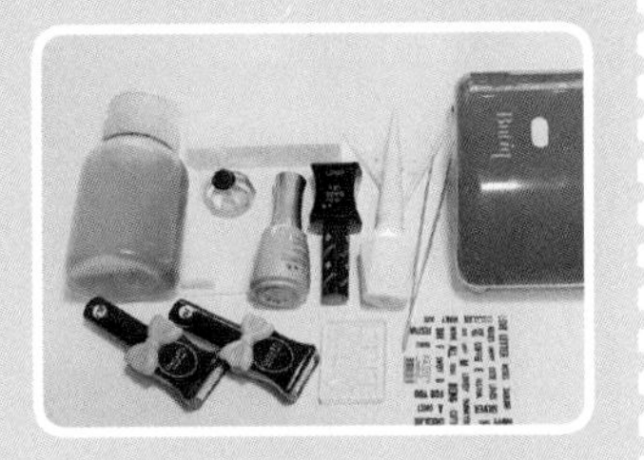

1 ― 팁에 광택을 제거하는 샌딩작업을 합니다. 이 작업은 젤의 유지력에 도움이 됩니다.

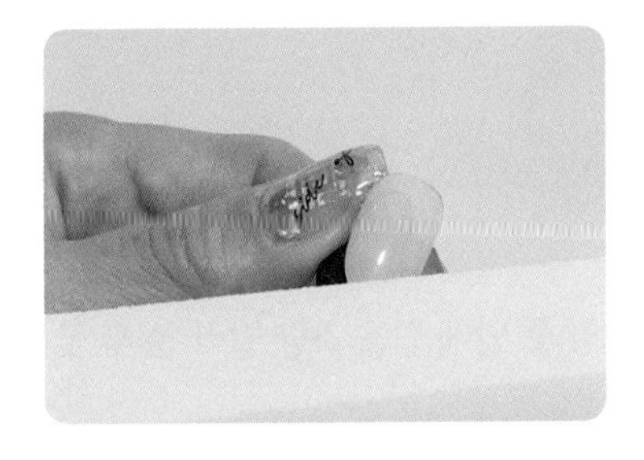

2 ― 베이스젤을 바르고 30초 큐어합니다. 베이스젤을 꼼꼼히 발라야 컬러를 깔끔하게 바를 수 있습니다.

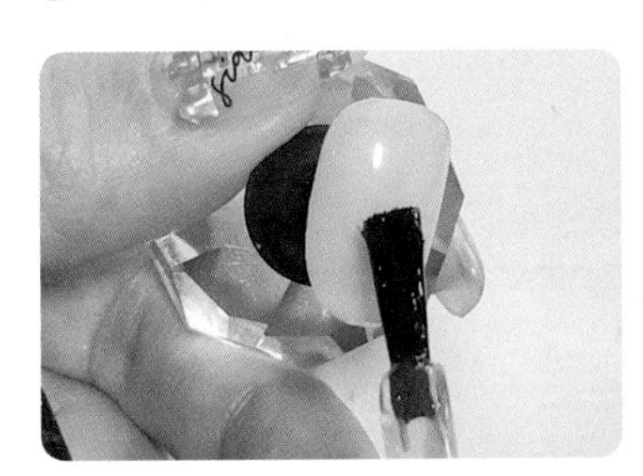

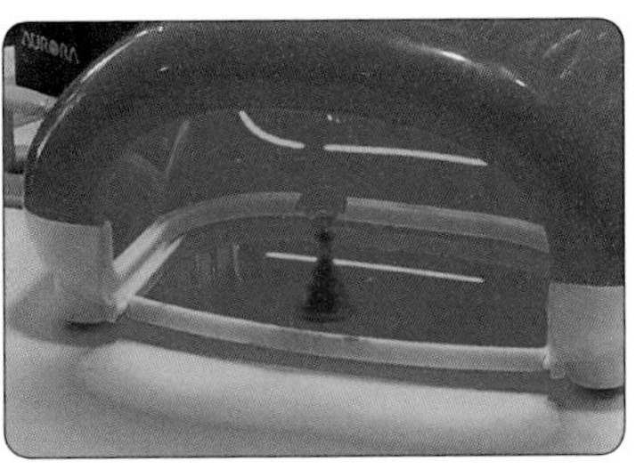

3 — 에스테미오 버터화이트 컬러는 지저분한 먼지 등이 잘보이기 때문에 확인을 꼼꼼히 한 후 1coat하고 30초 큐어합니다.

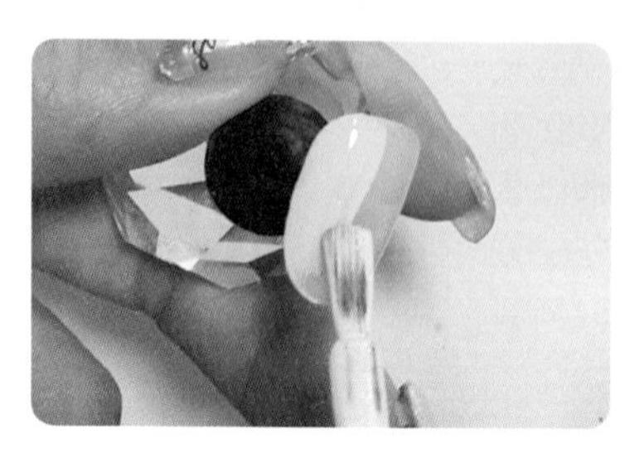

4 — 에스테미오 버터화이트 컬러를 다시 확인하면서 2coat하고 30초 큐어합니다.

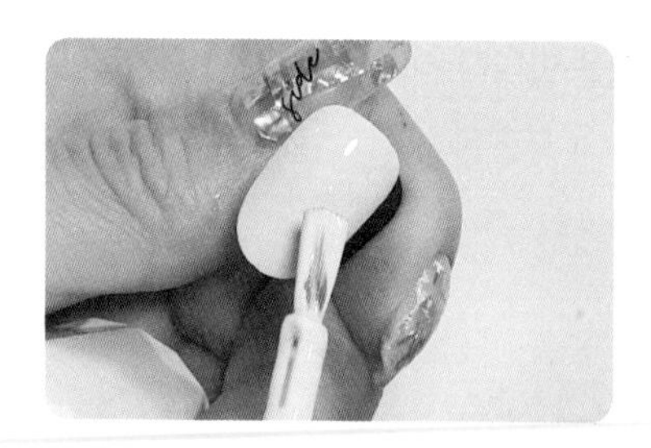

5 — 생화와 몰드를 준비하고 사각모양 틀 안에 탑을 소량 발라 준 후 꽃을 넣어 주고 20초 큐어합니다.

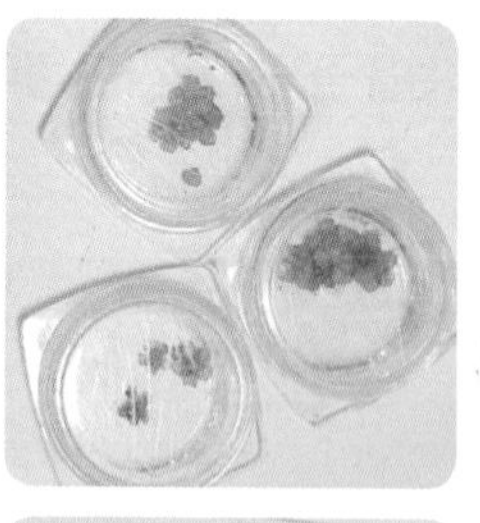
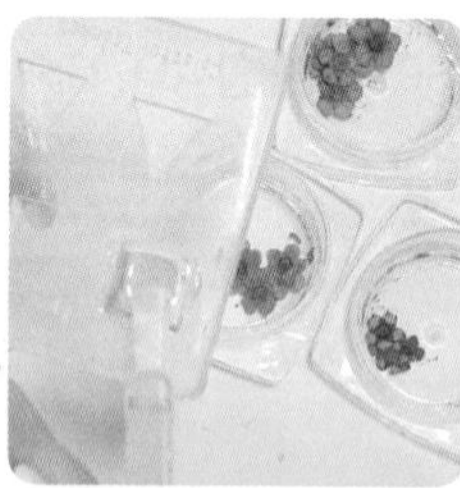

6 — 오버레이 젤을 한 번 더 바르고 작은꽃을 더 넣어줍니다.

7 — 20초 큐어 후 오버레이 젤을 바르고 다시 30초 큐어합니다.

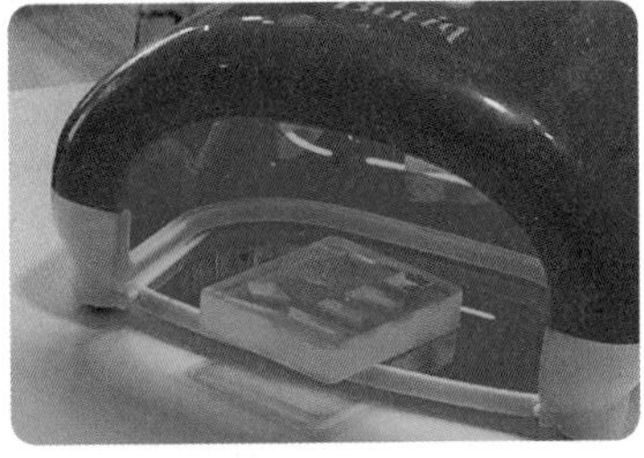

8 — 큐어가 끝난 후 몰드 한쪽을 반대쪽으로 젖힌 후 모형을 꺼내줍니다.

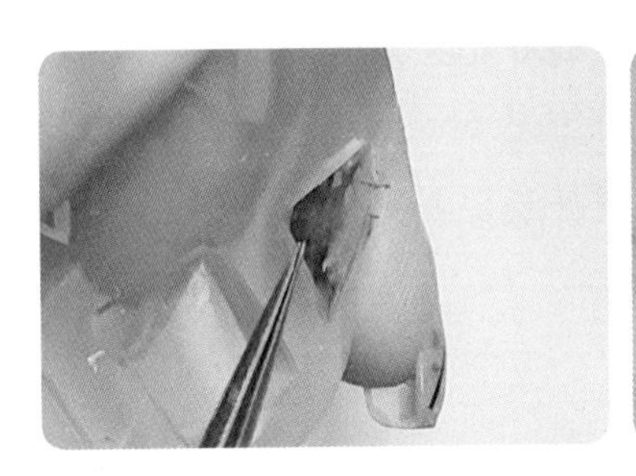
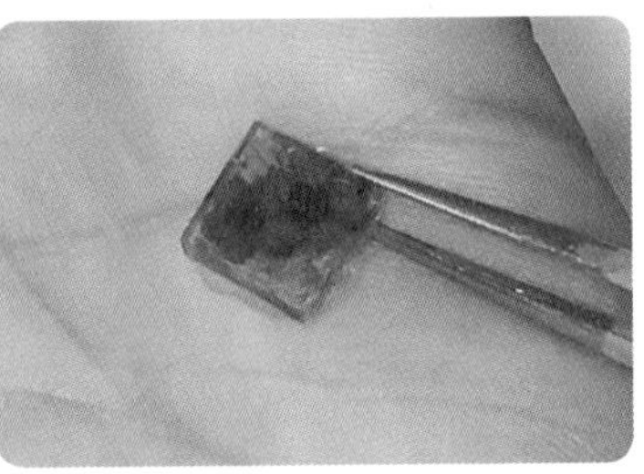

9 — 화이트 컬러를 발라 놓은 팁에 위의 몰드로 만든 꽃을 올려주고 오버레이젤을 이용하여 디자인합니다.

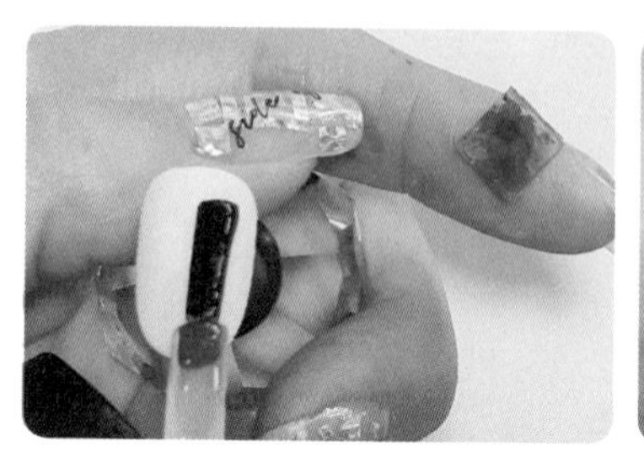

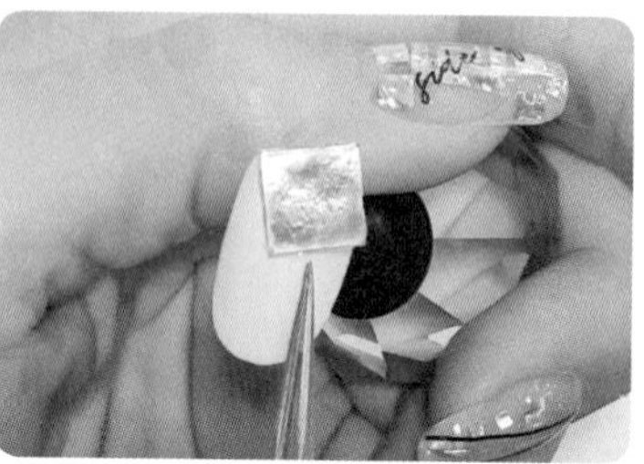

10 — 20초 큐어 후 오버레이젤을 바르고 작은 참들을 이용하여 디자인합니다.

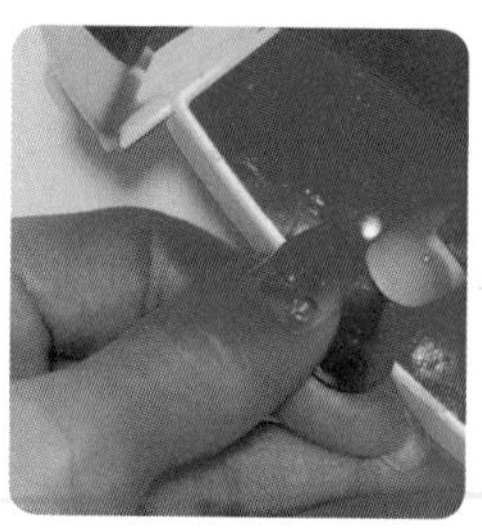

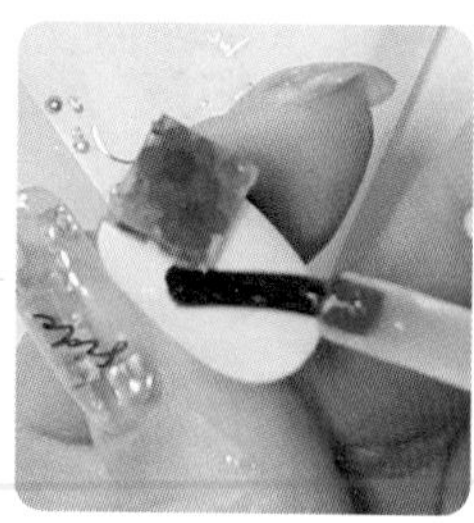

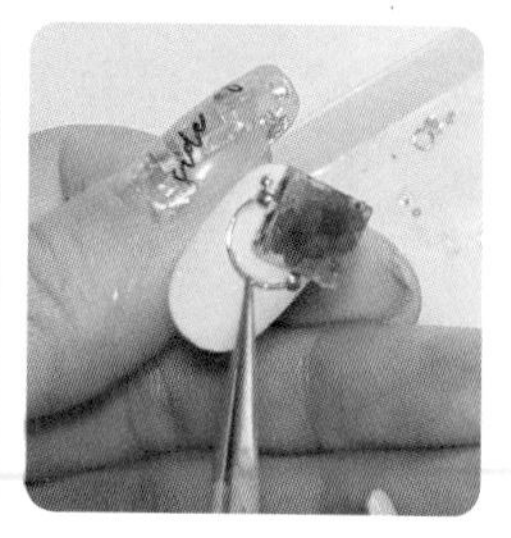

11 — 전체적으로 오버레이젤을 바르고 다시 30초 큐어합니다.

파츠, 스와로브스키, 보석, 참 등등 여러 가지를 붙일때는 파츠 전용 글루, 픽스젤, 파츠젤, 피니쉬젤 등을 사용하여 아트를 할 수 있습니다.

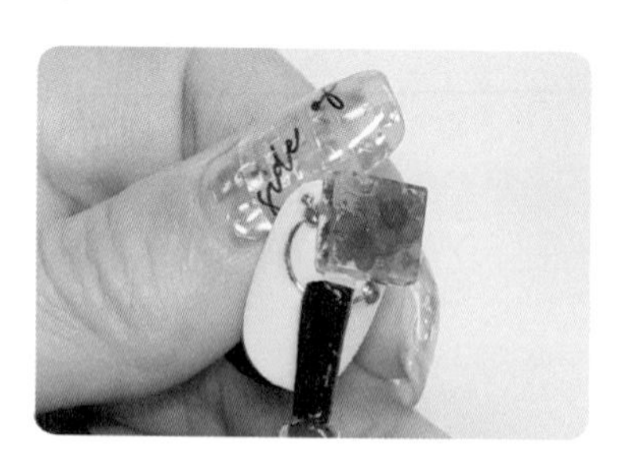

12 — 마무리 탑젤을 바르고 30초 큐어합니다.

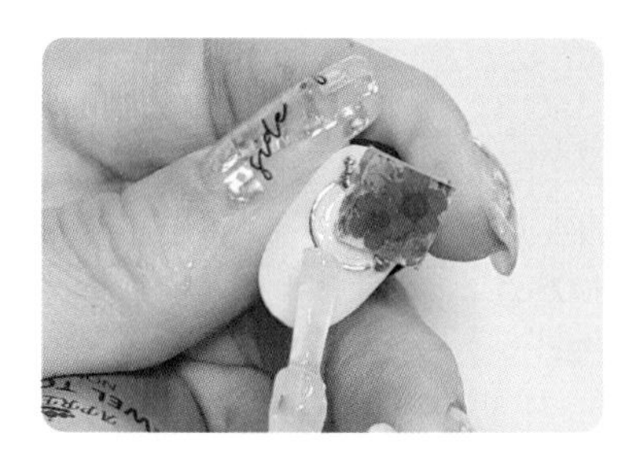

브로치 느낌을 살린 몰드아트가 완성되었습니다.

어떤 스타일에도 잘 어울리는 아트로 시원해 보이는 여름에도 멋 낼 수 있는 아트입니다.

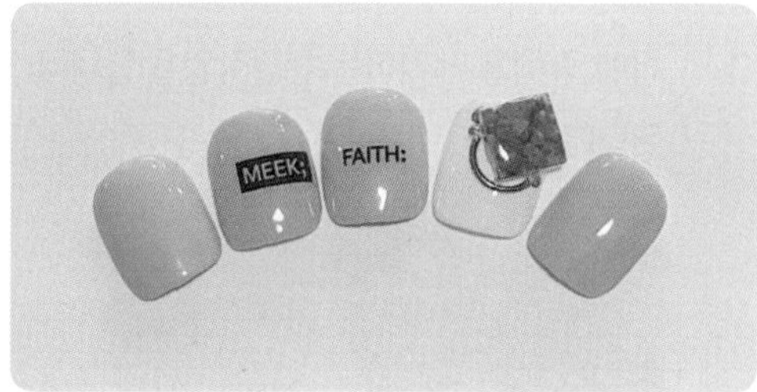

18 미러 파우더 (오로라) 1

젤램프, 리무버, 솜, 아트팁, 아트스탠드, 샌딩, 베이스젤, 탑젤, 에스테미오 화이트, 젤리핏 M06 컬러젤, 미러파우더-지주펄, 보라펄

1 ⁻ 팁에 광택을 제거하는 샌딩작업을 합니다. 이 작업은 젤의 유지력에 도움이 됩니다.

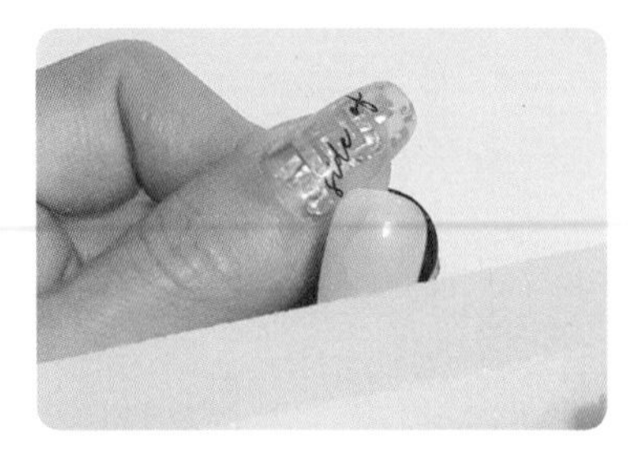

2 ⁻ 베이스젤을 바르고 30초 큐어합니다. 베이스젤을 꼼꼼히 발라야 컬러를 깔끔하게 바를 수 있습니다.

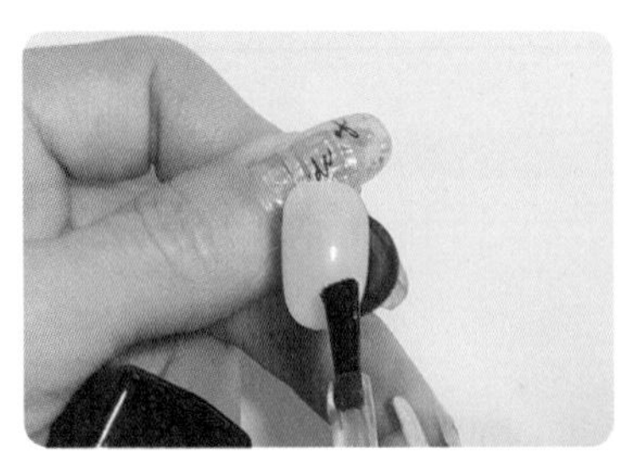

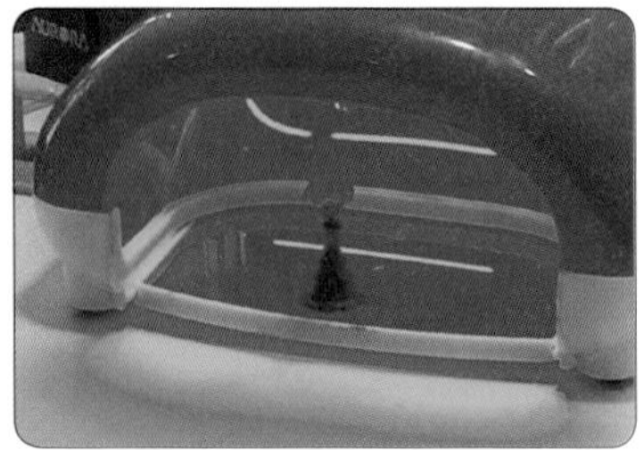

3— 에스테미오 화이트 컬러를 1coat 바르고 30초 큐어합니다.

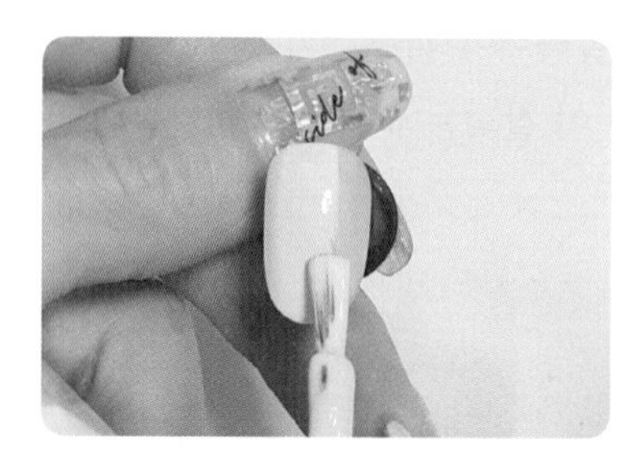

4— 에스테미오 화이트 컬러를 2coat 바르고 30초 큐어합니다.

표면의 먼지나 이물질, 붓 자국등을 체크합니다.

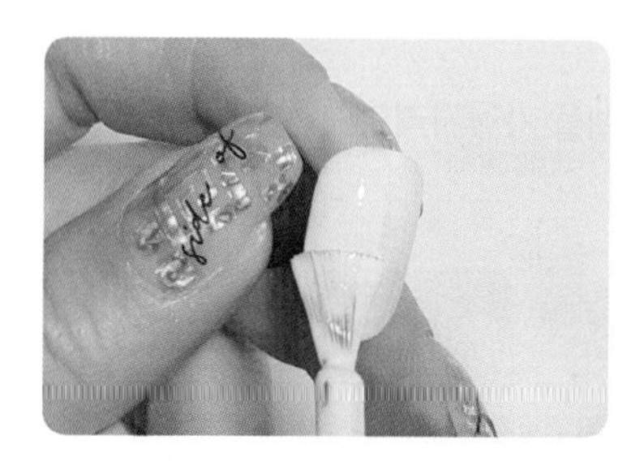

5— 탑젤을 바르고 30초 큐어합니다.

미러 파우더는 미경화가 남지않는 컬러에서 표현을 합니다.

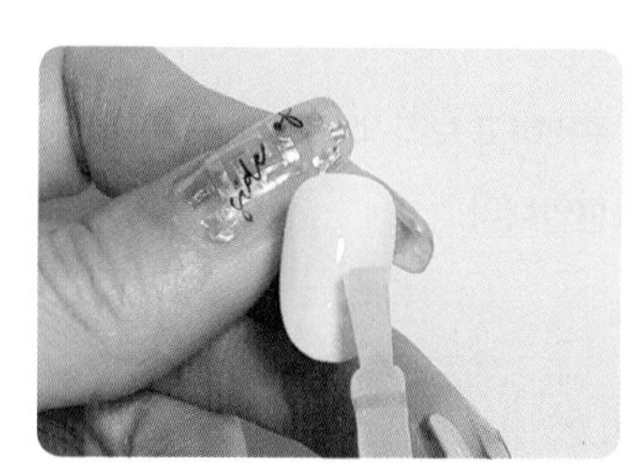

6— 큐어가 끝나면 진주펄을 스틱에 묻혀 문지릅니다.

미경화가 남지 않는 탑젤을 발라줘야 파우더의 광이 잘 표현되며, 유분기 없는 손으로 해도 표현이 잘되는데 손에 묻어나는 펄을 닦아내야 합니다.

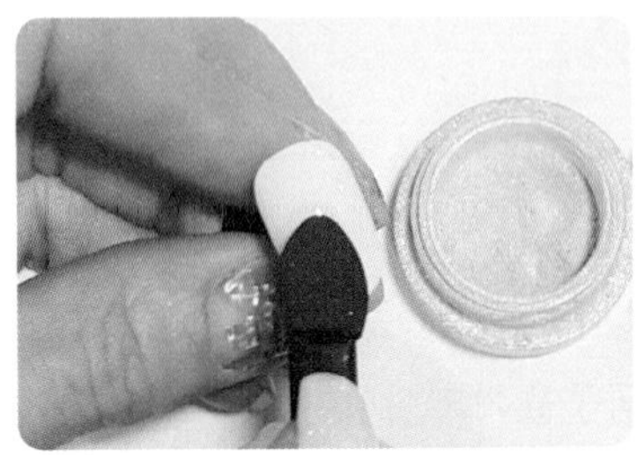

7— ⑥의 작업이 끝나면 마무리 탑젤을 가장자리까지 신경 써서 바르고 30초 큐어합니다.

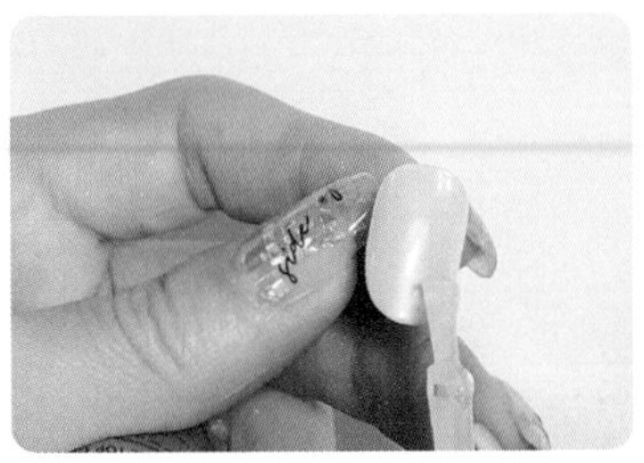

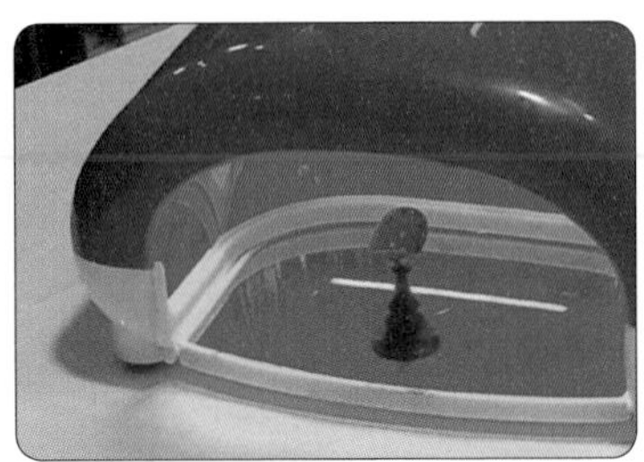

8— 젤리핏 M06번 컬러를 바른 팁을 준비하고 보라색 미러파우더를 위에서처럼 시술한 것대로 한 번 더 문질러 표현합니다.

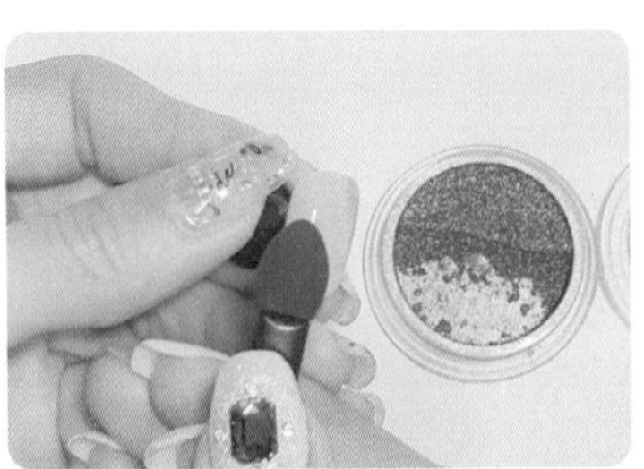

9 — ⑧의 작업이 끝나면 탑젤을 바르고 30초 큐어합니다.

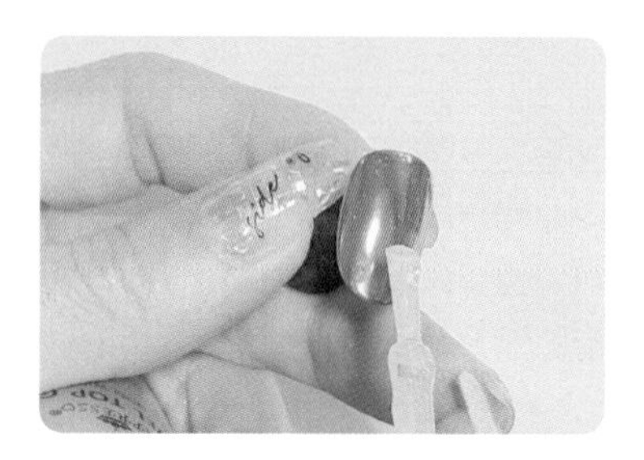

진주 느낌과 조개 느낌이 나는 미러파우더 아트가 완성되었습니다.
다른 컬러도 투톤으로 같이 표현해도 예쁜 아트입니다.

19 미러 파우더 (오로라) 2

젤램프, 리무버, 솜, 아트팁, 아트스탠드, 샌딩, 베이스젤, 탑젤, 젤리핏 NU 812 컬러젤, 미러파우더 – 오로라펄, 보석, 참, 핀셋, 오버레이젤

1 ― 팁에 광택을 제거하는 샌딩작업을 합니다. 이 작업은 젤의 유지력에 도움이 됩니다.

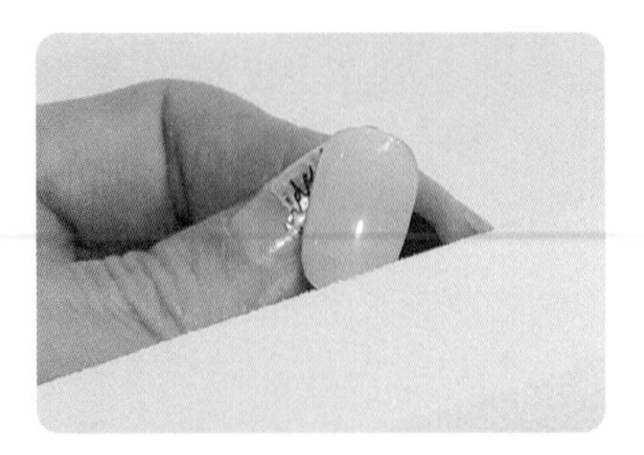

2 ― 베이스젤을 바르고 30초 큐어합니다. 베이스젤을 꼼꼼히 발라야 컬러를 깔끔하게 바를 수 있습니다.

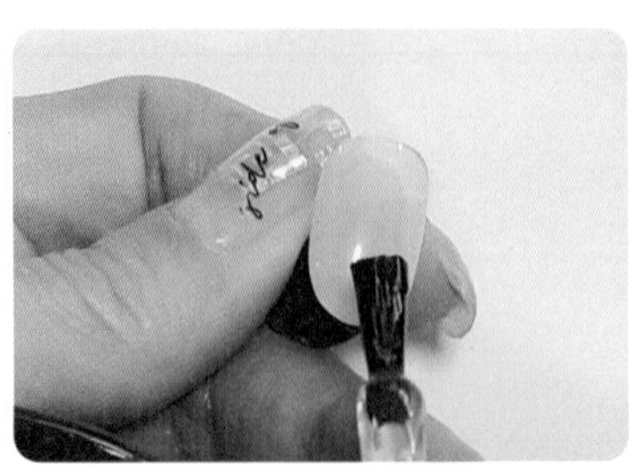

3— 젤리핏 NU 812 컬러젤을 1coat 바르고 30초 큐어합니다.

미러파우더 아트는 컬러표면이 매끄럽게 돼 있어야 예쁘게 표현됩니다. 표면이 울퉁불퉁하면 파일링 후 베이스젤과 컬러를 다시 발라야 합니다.

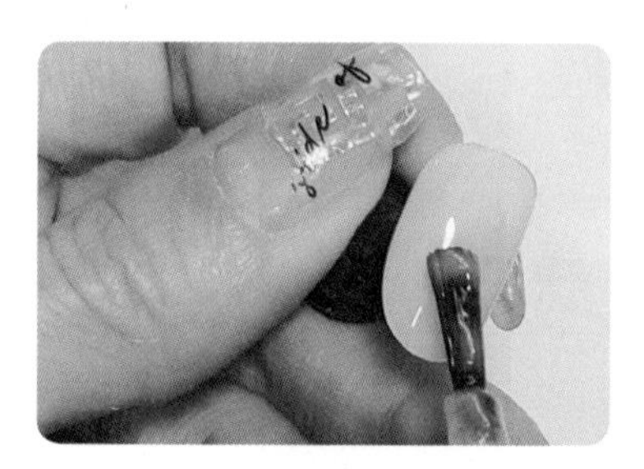

4— 젤리핏 NU812 컬러젤을 먼지나 이물질 확인 후 2coat 바르고 30초 큐어합니다.

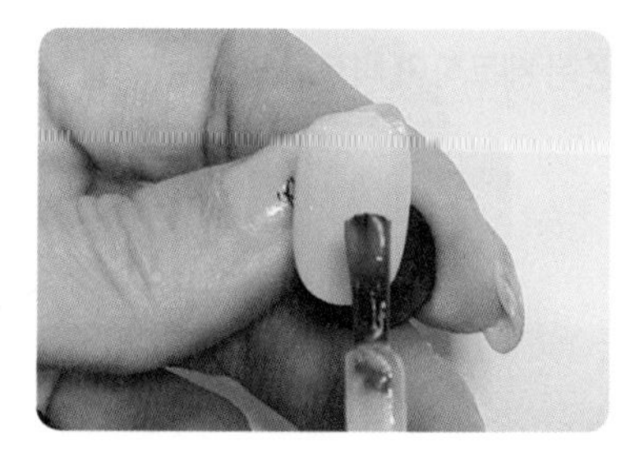

5— 미경화가 남지 않는 탑젤을 바르고 30초 큐어합니다.

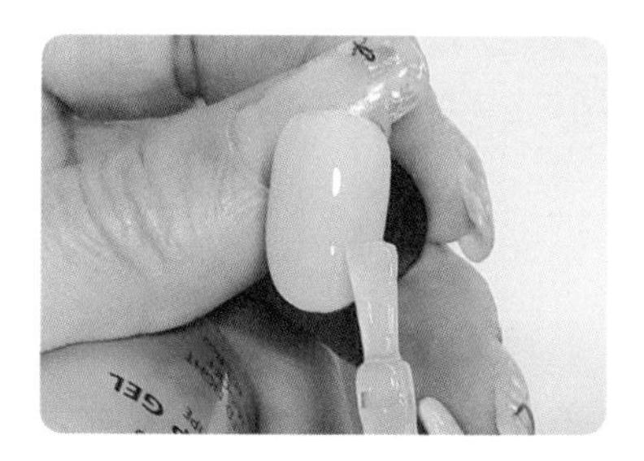

6 — 오로라 파우더를 준비하고 스틱에 묻혀 문지릅니다.

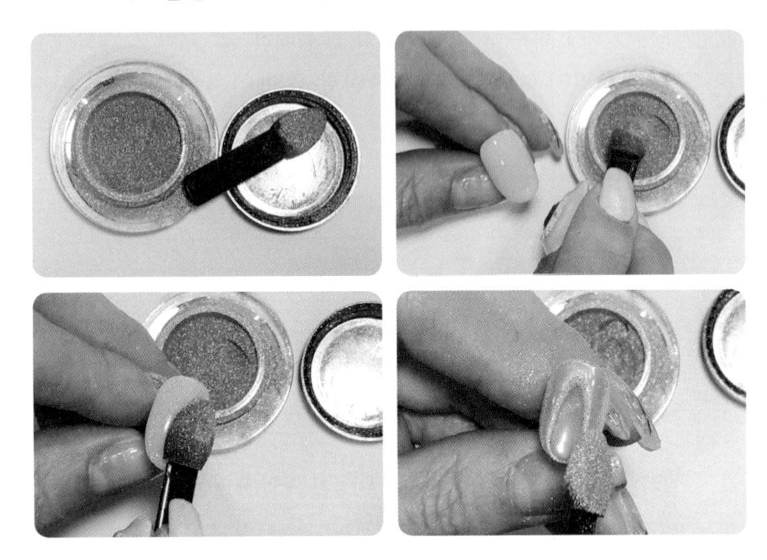

7 — 마무리 탑젤을 가장자리까지 꼼꼼히 체크하며 바르고 30초 큐어합니다.

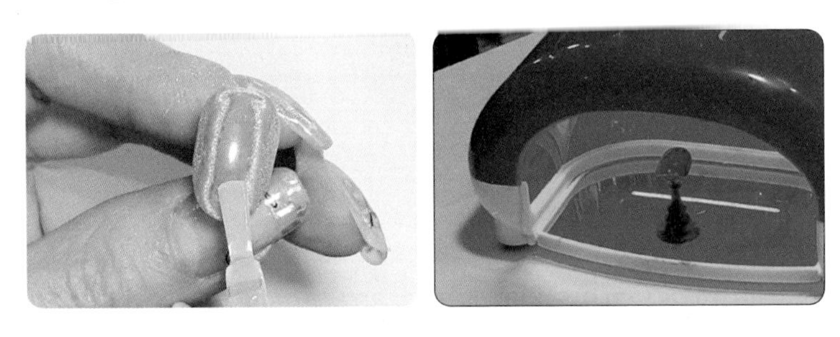

오로라 빛이 매력적 느낌의 아트가 완성되었습니다.
메탈의 느낌보단 약하지만 일반 컬러의 포인트 아트나 패디 아트로도 매우 잘 어울리는 아트입니다.

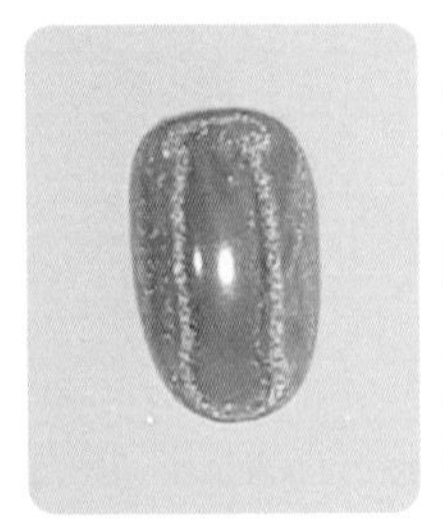

20 라인(레이스) 아트 1

젤램프, 젤클렌저, 샌딩, 아트팁, 아트스탠드, 솜, 라인브러쉬, 베이스젤, 오버레이젤, 무광탑젤, 스와로브스키 ab, 핀셋, 다이아미 PN001 화이트 라인젤, 젤리핏 CN13, M01컬러젤

1 — 팁에 광택을 제거하는 샌딩작업을 합니다. 이 작업은 젤의 유지력에 도움이 됩니다.

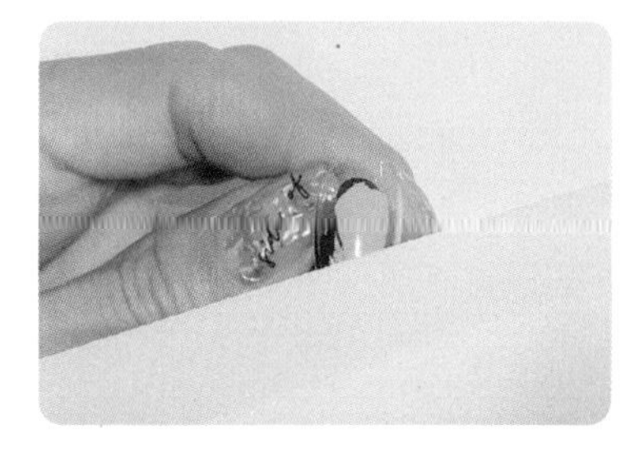

2 — 베이스젤을 바르고 30초 큐어합니다. 베이스젤을 꼼꼼히 발라야 컬러를 깔끔하게 바를 수 있습니다.

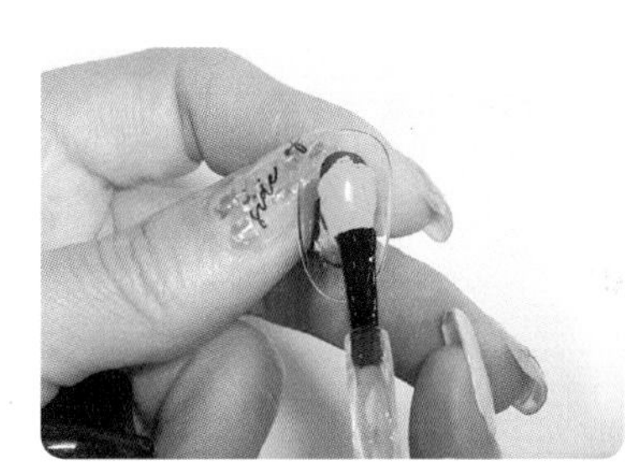

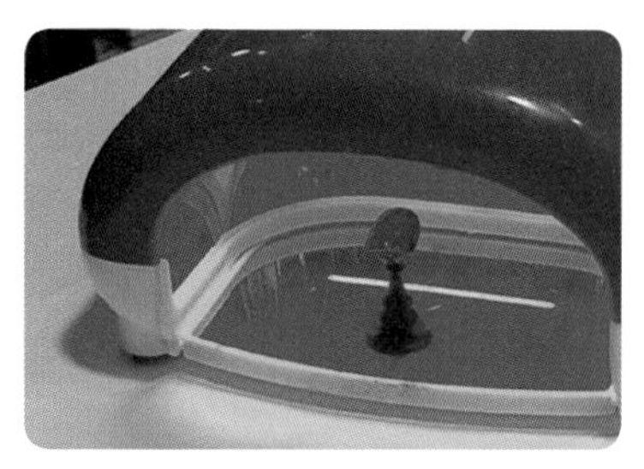

3— 젤리핏 CN13 컬러젤을 1coat 바르고 30초 큐어합니다.

컬러의 양이 너무 많이 바르게 되면 큐어후 표면이 울퉁불퉁해 질 수 있어 적당량으로 매끄럽게 발라야 합니다.

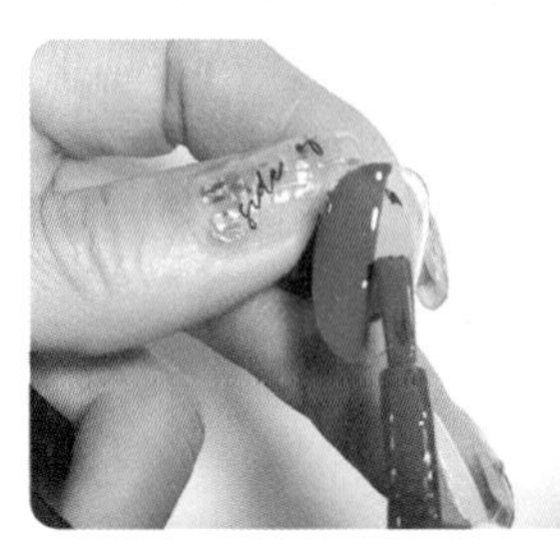

4— 젤리핏 CN13 컬러젤을 2coat 바르고 30초 큐어합니다.

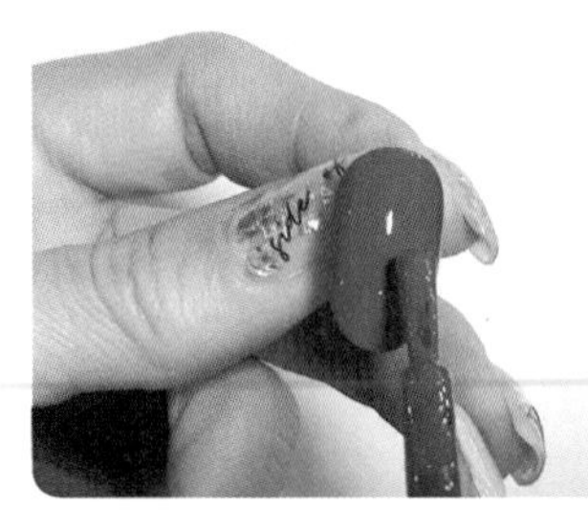

5— 무광 탑젤을 바르고 30초 큐어가 끝나면 남아있는 미경화를 젤클렌저로 닦아냅니다.

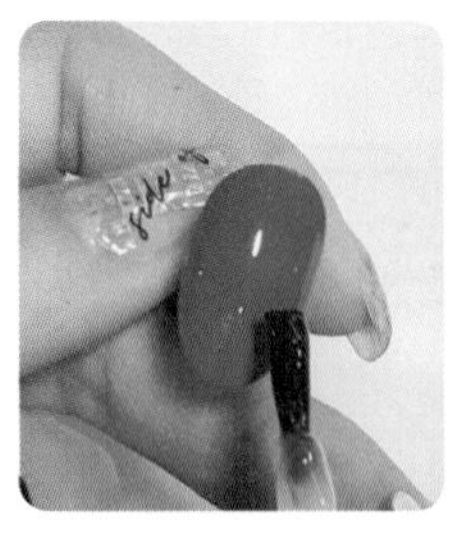

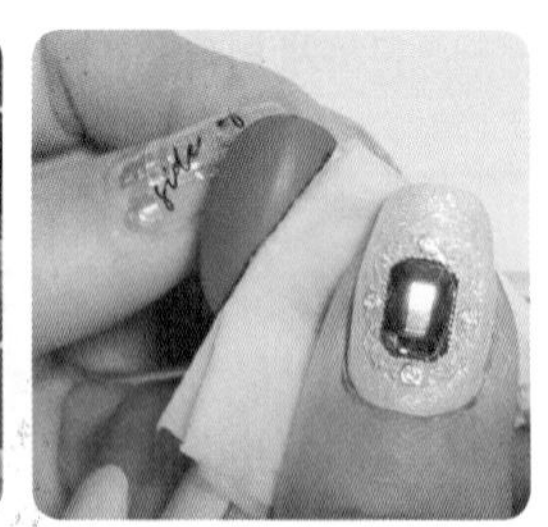

6 — 다이아미 PN001 화이트 라인젤을 라인 브러쉬로 순서대로 그려줍니다.

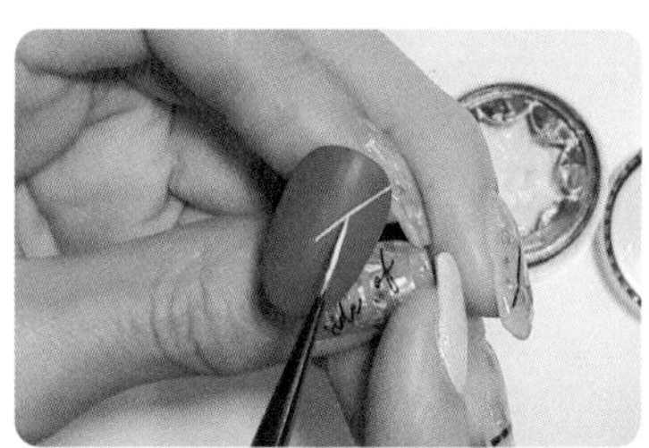
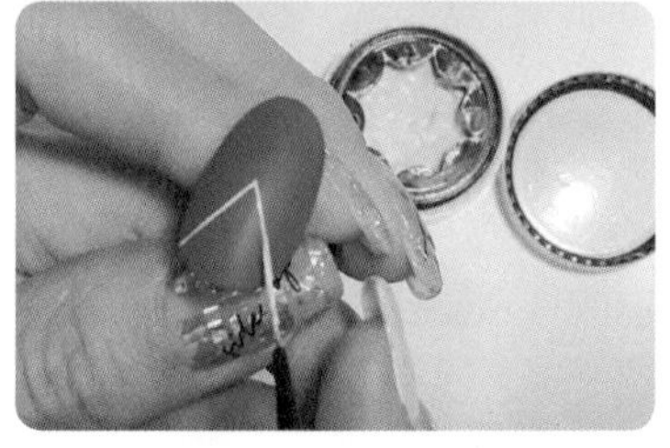

선이 망가질 수 있으니 중간에 한 번 씩 가큐어 10초 정도씩 해주면 깔끔하게 마무리할 수 있습니다.

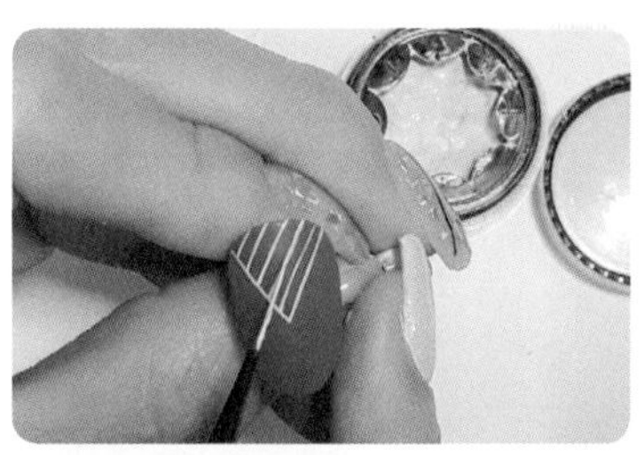

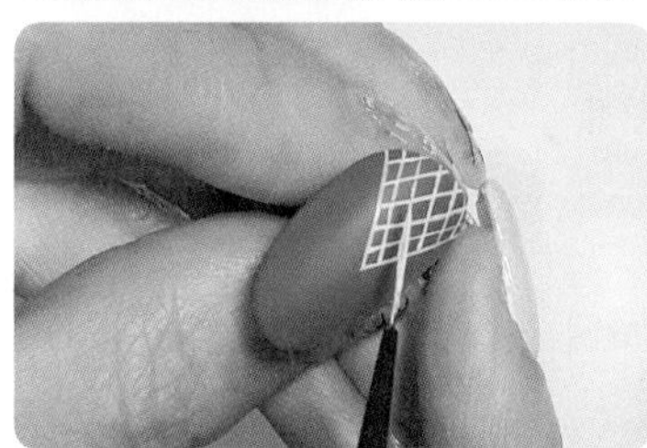
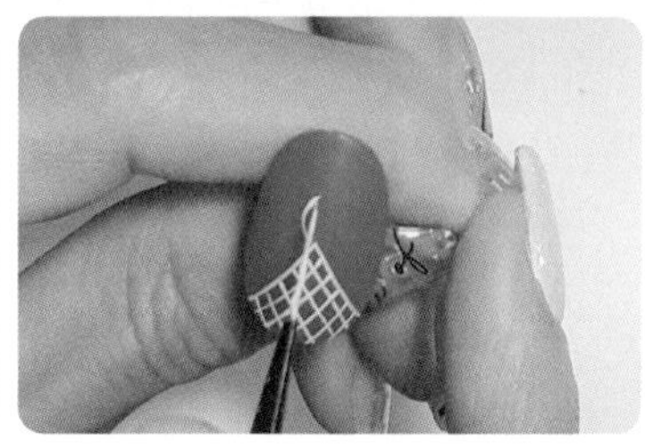

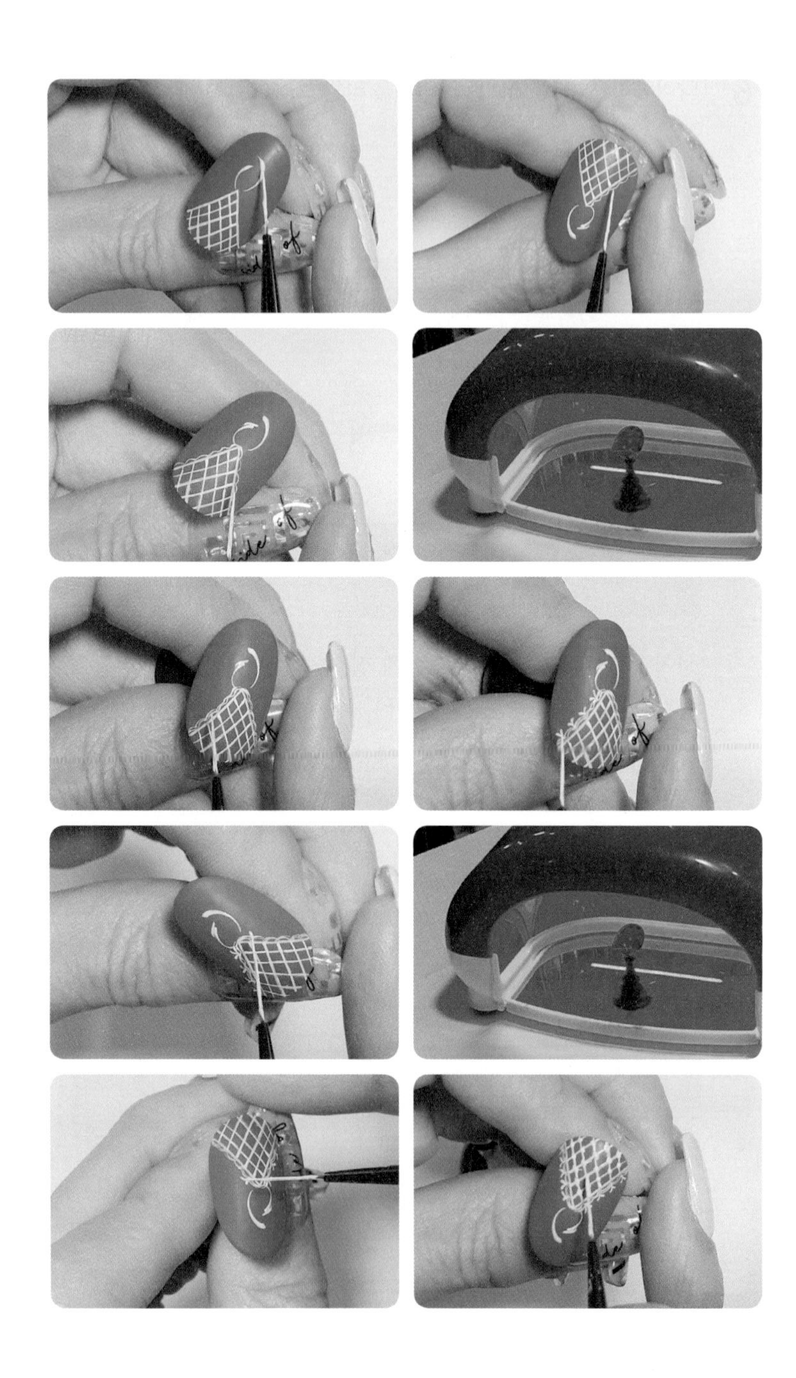

7 — 30초 큐어하고 라인 사이에 픽스젤을 올려주고 스와로브스키 파츠를 붙여주고 다시 30초 큐어합니다.

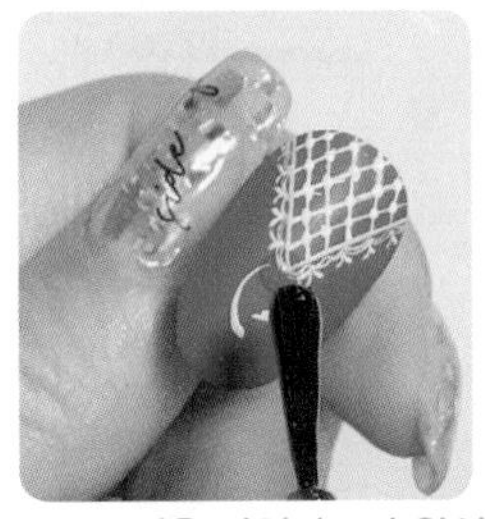

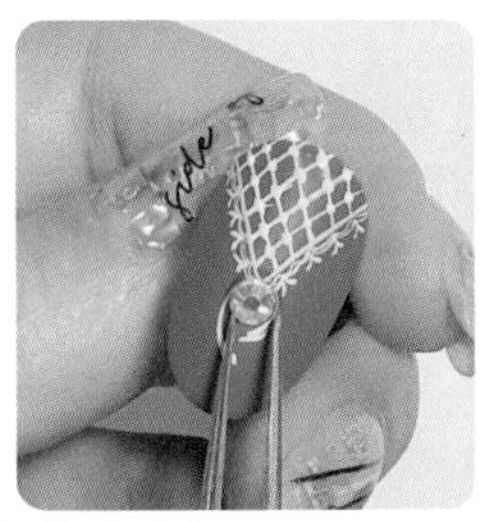

고급스러운 라인아트가 완성 되었습니다.

여성스러운 핑크컬러로 디자인해도 예쁘게 표현되는 라인아트입니다.

계절에 따라 컬러를 바꿔가며 색다른 아트도 느낄 수 있습니다.

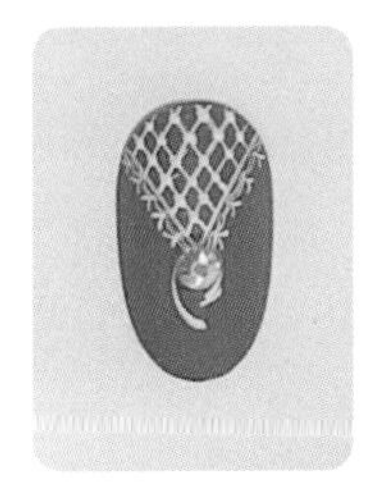

21 라인(레이스) 아트 2

젤램프, 젤클렌저, 아트팁, 아트 스탠드, 샌딩, 솜, 베이스젤, 탑젤, 무광탑젤, 리본파츠, 타이니 TGG 066, 003, 픽스젤, 피니쉬젤, 다이아미 포니젤 PN001화이트, 핀셋, 라인브러쉬

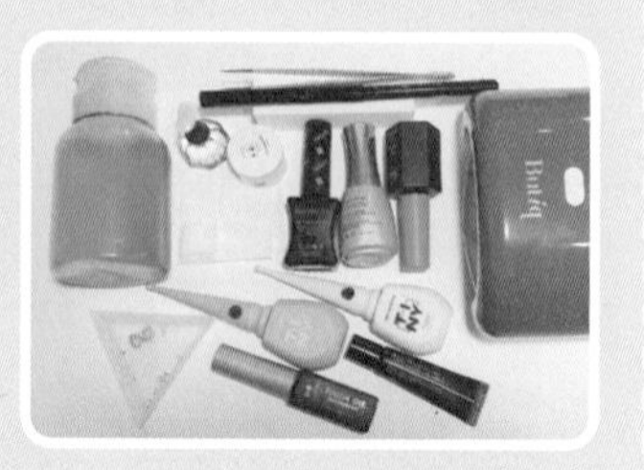

1 ― 팁에 광택을 제거하는 샌딩작업을 합니다. 이 작업은 젤의 유지력에 도움이 됩니다.

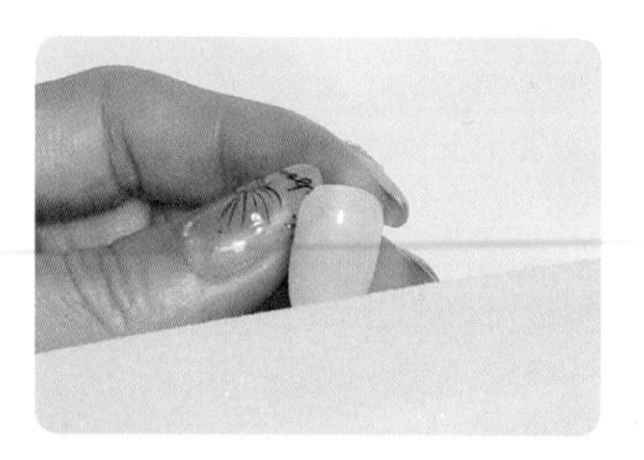

2 ― 베이스젤을 바르고 30초 큐어합니다. 베이스젤을 꼼꼼히 발라야 컬러를 깔끔하게 바를수 있습니다.

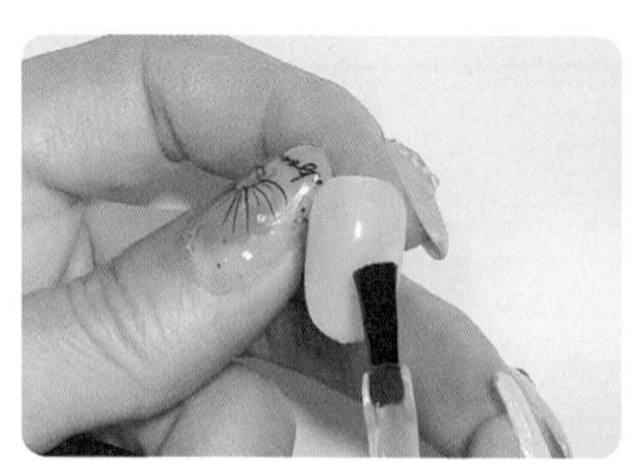

3⁻ 타이니TGG 066 컬러를 1coat하고 30초 큐어합니다.

이 컬러는 묽은 타입이라 양조절을 잘 해야 얼룩지지않게 큐어가 됩니다.

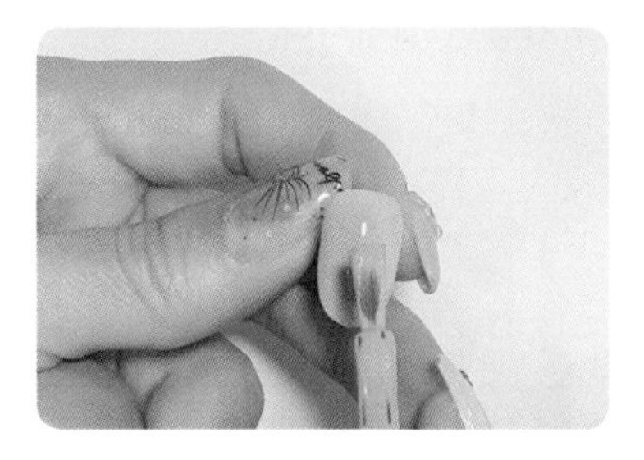

4⁻ 타이니TGG 066 컬러를 2coat하고 30초 큐어합니다. 1coat에서 얼룩이 졌다면 2coat에서 컬러 양을 조절해가며 바릅니다.

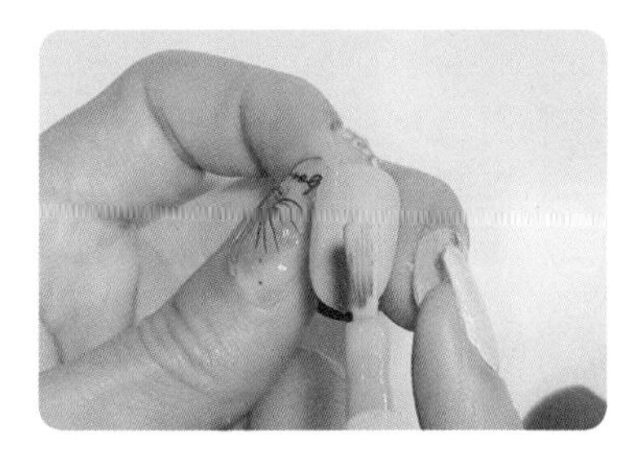

5⁻ 무광 탑젤을 바르고 30초 큐어후 젤클렌져로 미경화젤을 닦아냅니다.

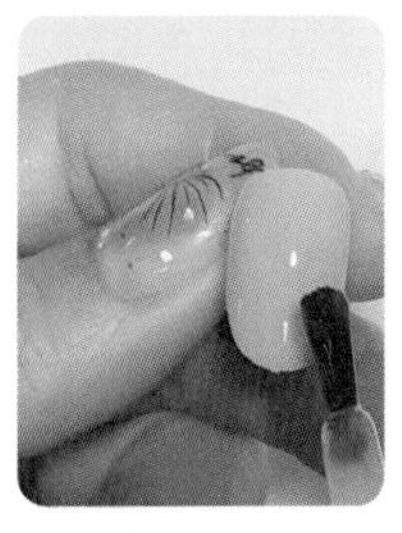
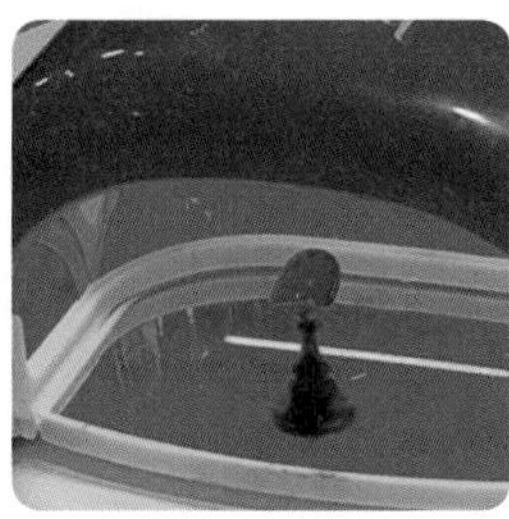
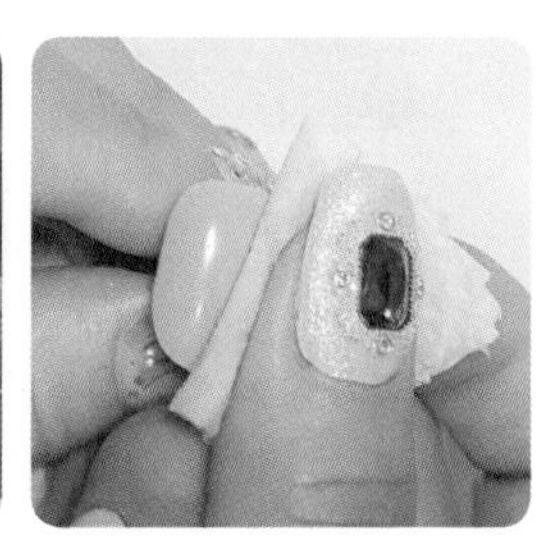

6 — 다이아미 포니젤 PN001화이트 젤을 라인브러쉬를 이용하여 레이스 모양을 그려주고 작업 중간에 10초씩 가큐어를 한후 마무리는 30초 큐어합니다.

다이아미 포니젤 PN001화이트 젤은 큐어후 닦지 않아도 미경화가 남지않아 끈적임 없이 마무리가 가능한 젤입니다.

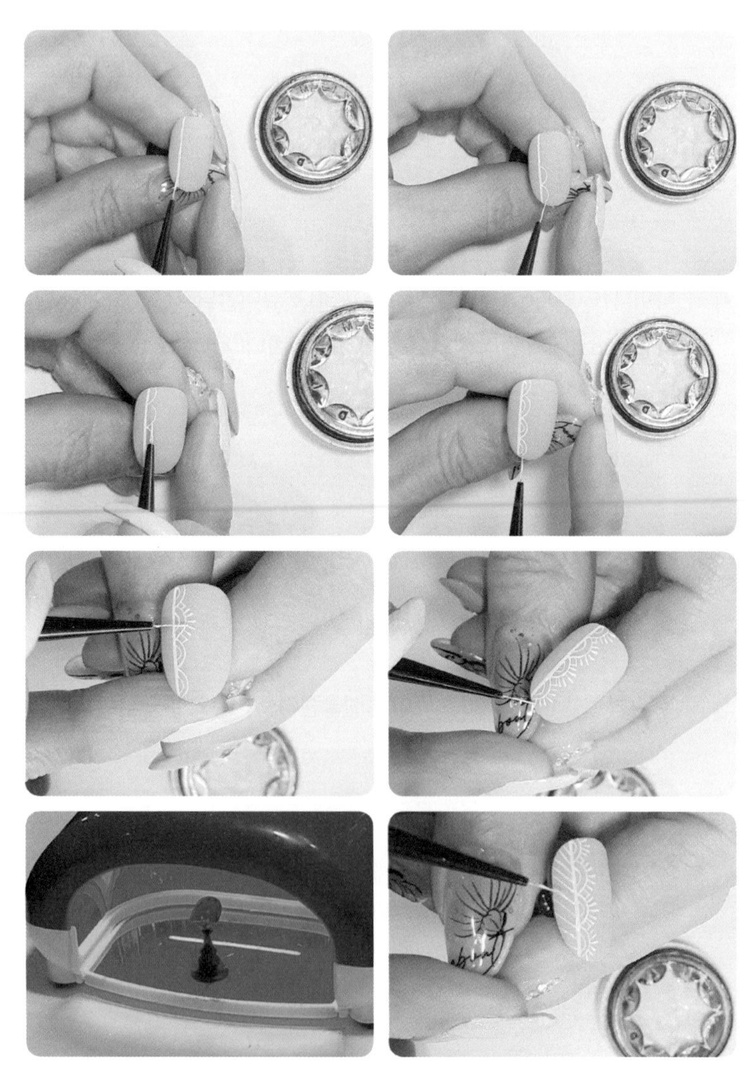

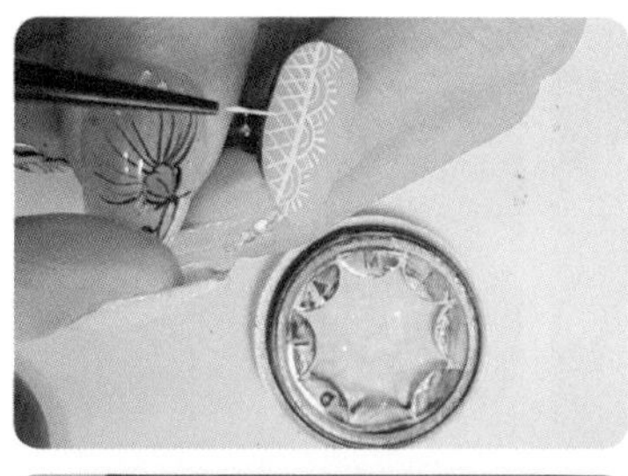

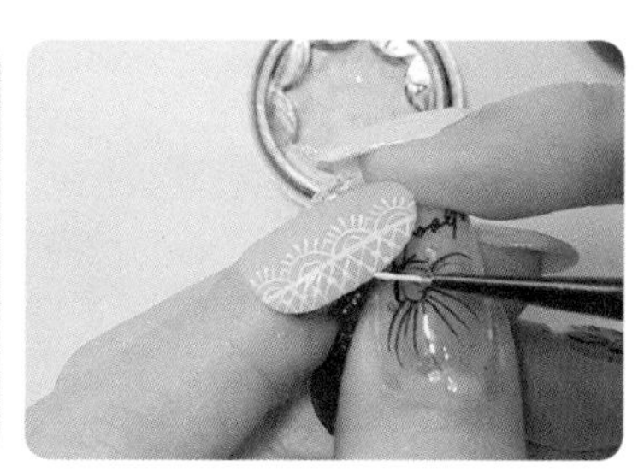

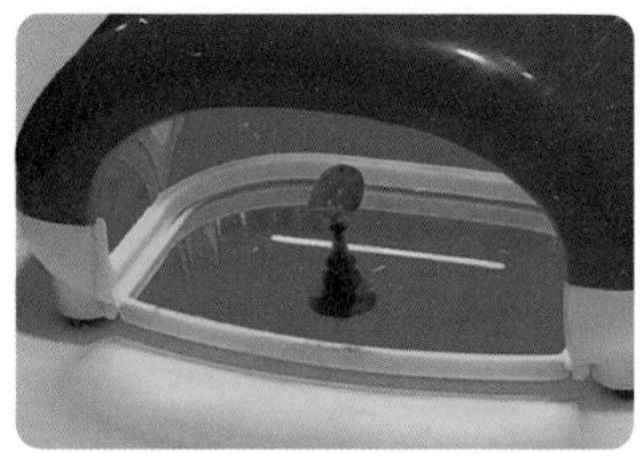

7— 타이니TGG 003 컬러젤 바른 팁을 준비하고 리본파츠를 준비합니다. 픽스젤을 이용해 리본파츠를 큐어하여 고정시키고 픽스젤로 사이사이를 메워준 후 가큐어를 진행해줍니다.

그리고 피니쉬젤로 미세한 부분까지 꼼꼼히 발라주어 생활할 때 머리카락 등이 걸리지 않게 마무리합니다.

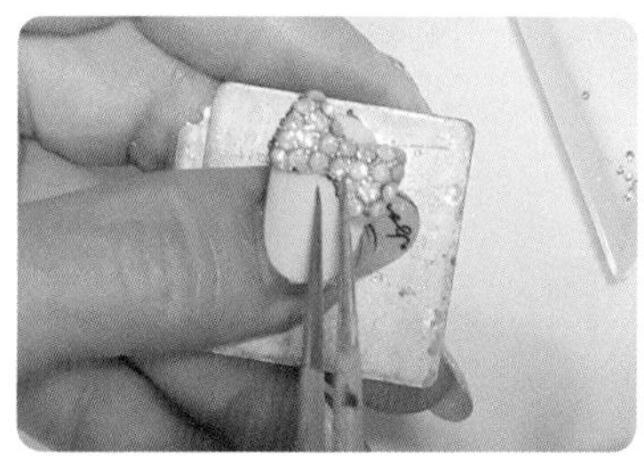

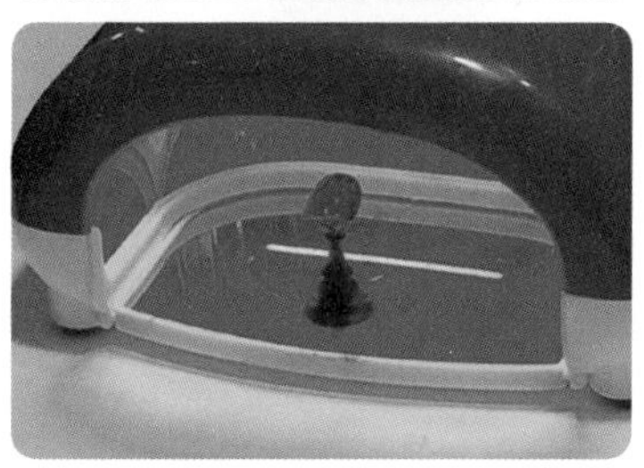

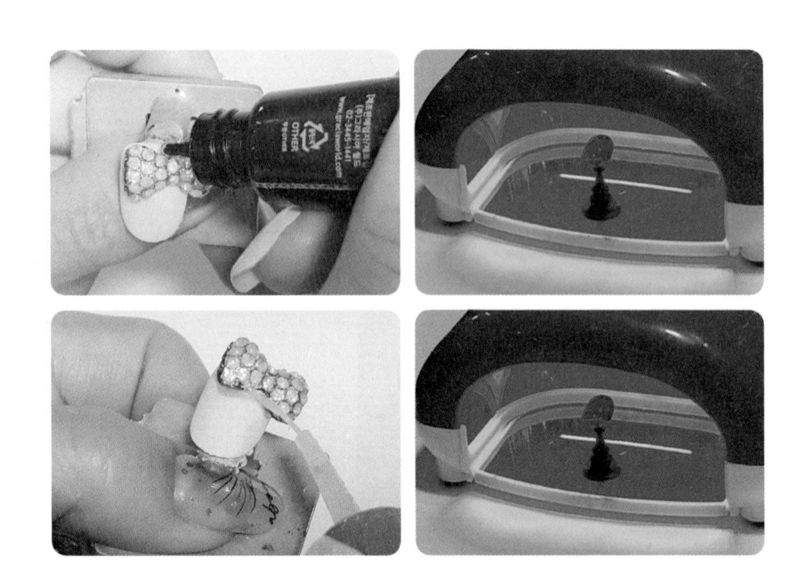

우아한 레이스아트에 큐빅 파츠가 어우러져 여성스러운 아트가 완성되었습니다.
다른 컬러와의 믹스로 다른 느낌의 아트도 가능합니다.

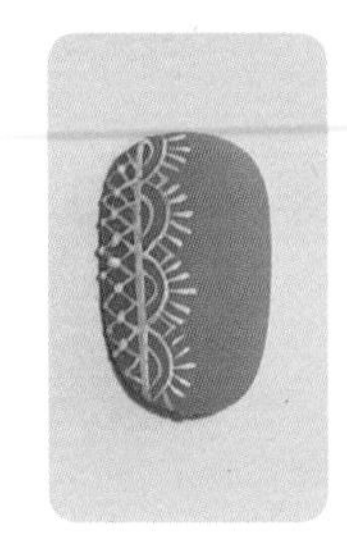

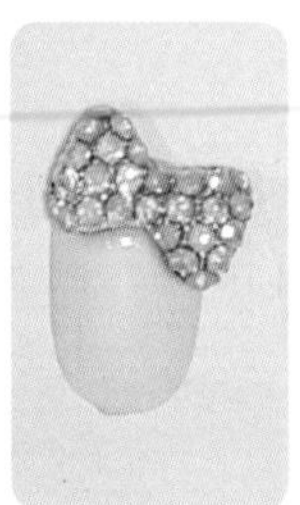

22 데이지

젤램프, 젤클렌저, 아트팁, 아트 스탠드, 샌딩, 솜, 베이스젤, 탑젤, 무광탑젤, 라인브러쉬, 젤리핏 MA01, 03, 04, 09, 파렛트, 도트스틱

1 ― 팁에 광택을 제거하는 샌딩작업을 합니다. 이 작업은 젤의 유지력에 도움이 됩니다.

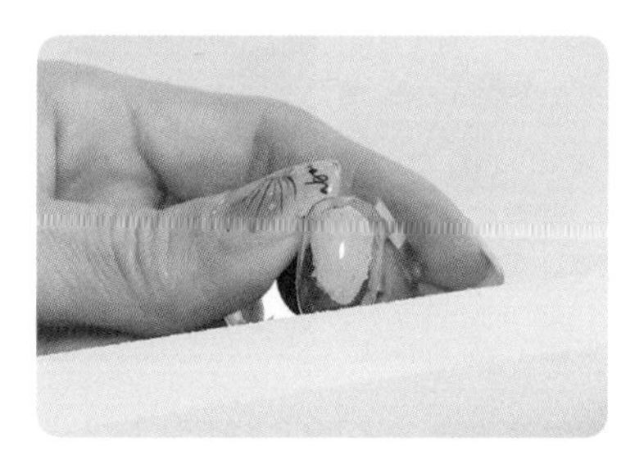

2 ― 베이스젤을 바르고 30초 큐어합니다. 베이스젤을 꼼꼼히 발라야 컬러를 깔끔하게 바를 수 있습니다.

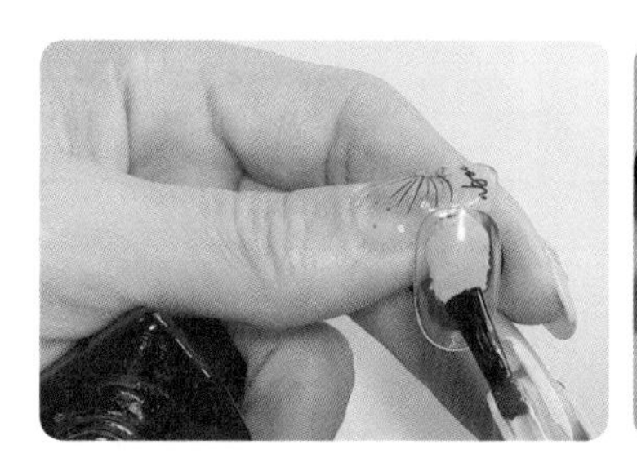

3⁻ 파렛트에 젤리핏 MA04, 09 컬러를 조금씩 덜어 놓고 준비합니다.

4⁻ 젤리핏 MA09 컬러를 먼저 도트에 묻혀 꽃잎의 위치에 점처럼 찍어줍니다.도트를 찍을때는 꽃의 중심을 염두해두고 해야 꽃의 모양이 중심이 틀어지지않습니다.

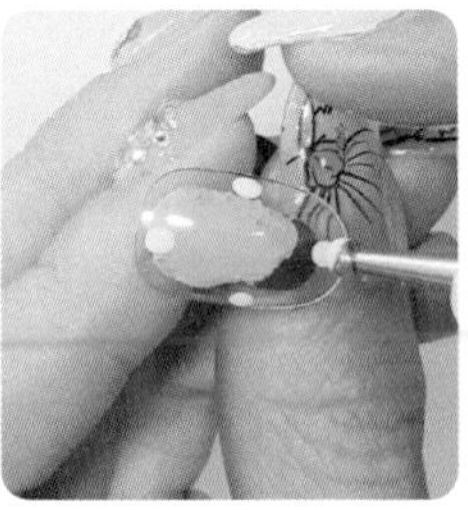
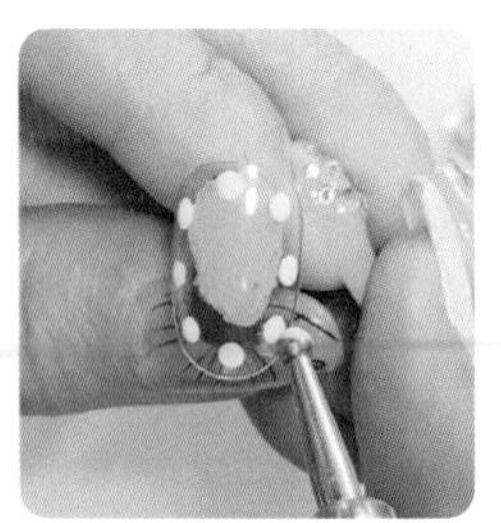

• 도트에 라인브러쉬로 꽃잎의 안쪽으로 라인을 그려줍다.

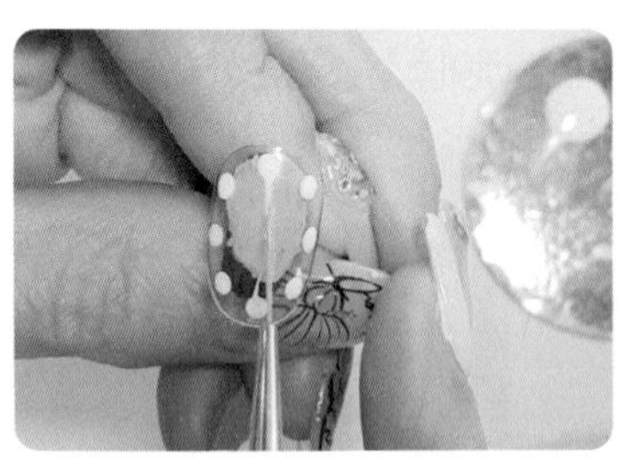

• 라인을 그린후 ①, ②를 따라 꽃잎을 크게 그려나갑니다.

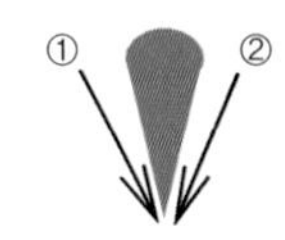

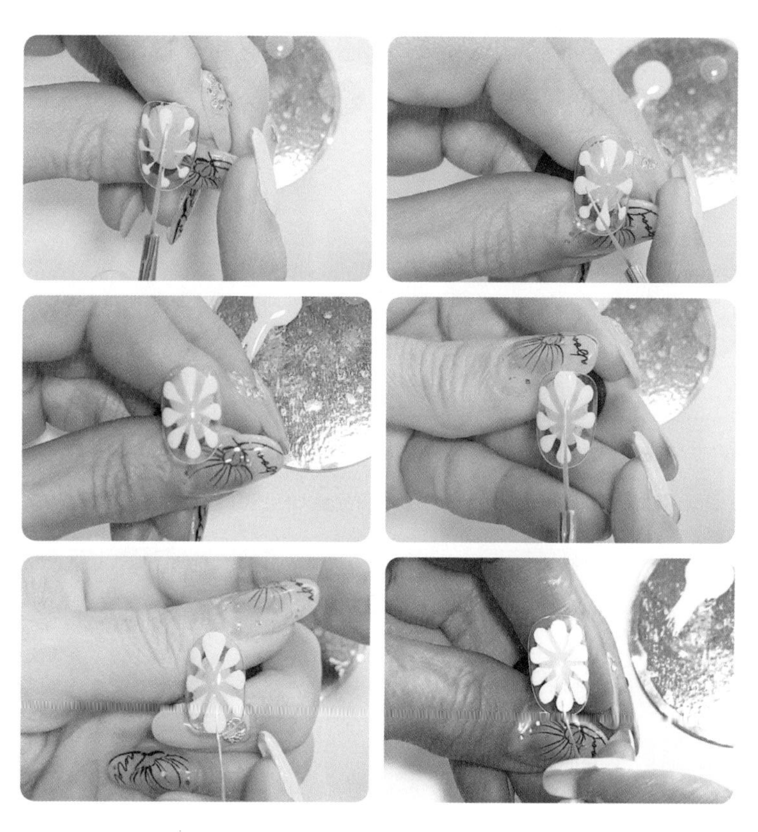

꽃잎과 꽃잎 사이사이 공백과 전체 밸런스를 보며 꽃잎을 점점 크게 그려 준 후 20초 큐어합니다.

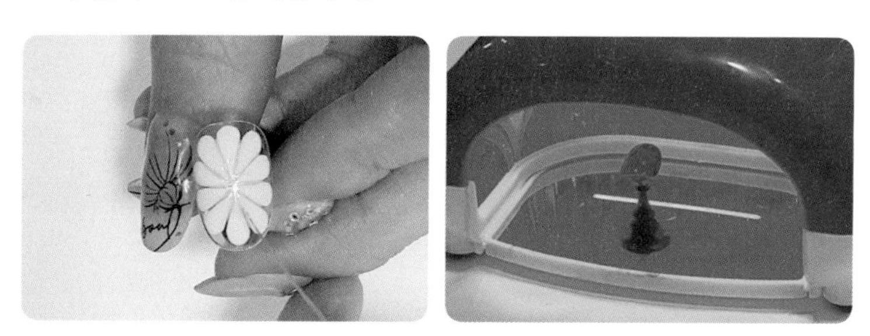

5— 큐어가 끝나면 젤리핏 MA04 컬러를 도트에 묻혀 꽃의 가운데 찍어준 후 30초 큐어합니다.

6— 젤리핏 MA04 컬러로 꽃이 그려진 팁을 준비하여 유광 탑젤을 30초 큐어 후 완성하고 꽃은 라인 브러쉬로 무광으로 바르고 다시 30초 큐어합니다.

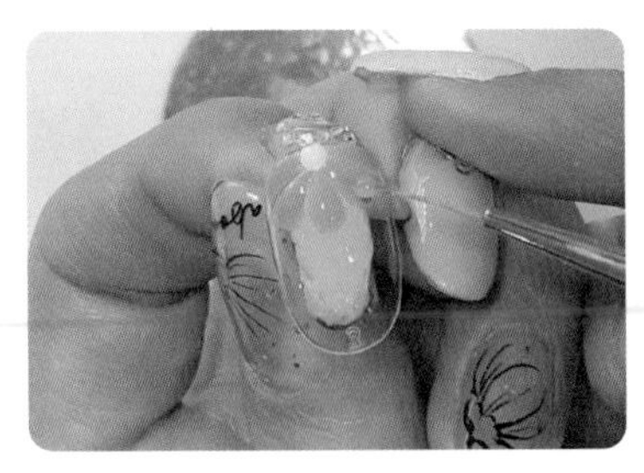

무광 느낌의 꽃이 완성되었습니다. 유광과 다르게 포근하고 귀여운 느낌의 아트입니다. 스카이 블루의 컬러도 여름에도 예쁜 무광 아트가 될 것 같습니다.

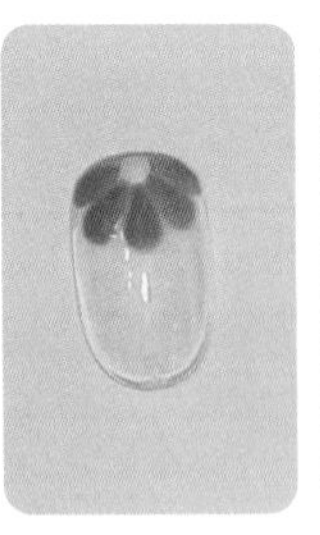

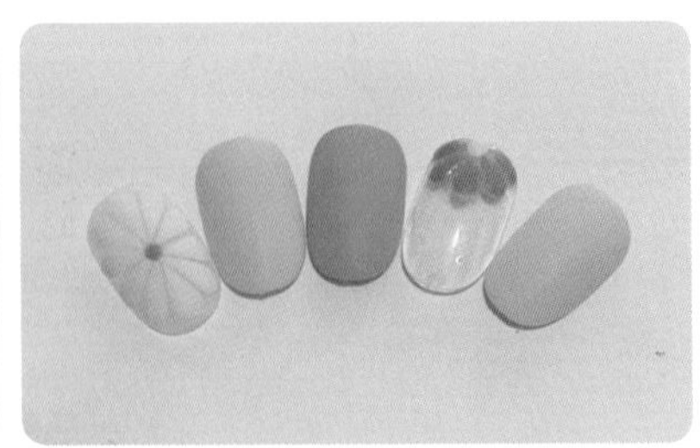

23 수채화 꽃 1

젤램프, 아트팁, 아트스탠드, 젤클렌저, 샌딩, 솜, 베이스젤, 탑젤, 픽스젤, 피니쉬젤, 클리퍼, 라인브러쉬, 둥근브러쉬, 클리어젤, 블랙 라인젤, 젤리핏 FW193, 199, 에스테미오 SY4, 스와, 참, 줄참

1 — 팁에 광택을 제거하는 샌딩작업을 합니다. 이 작업은 젤의 유지력에 도움이 됩니다.

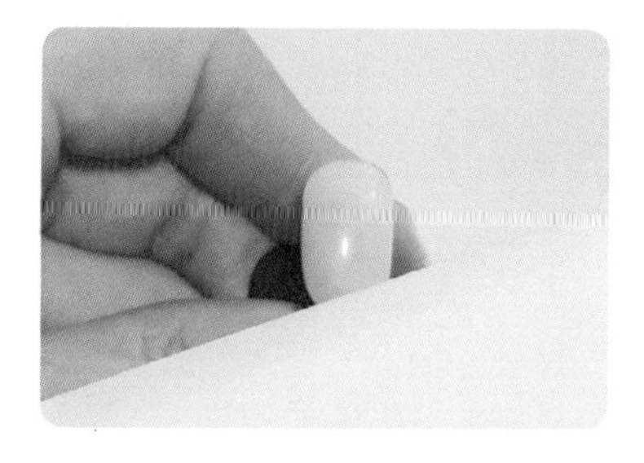

2 — 베이스젤을 바르고 30초 큐어합니다. 베이스젤을 꼼꼼히 발라야 컬러를 깔끔하게 바를 수 있습니다.

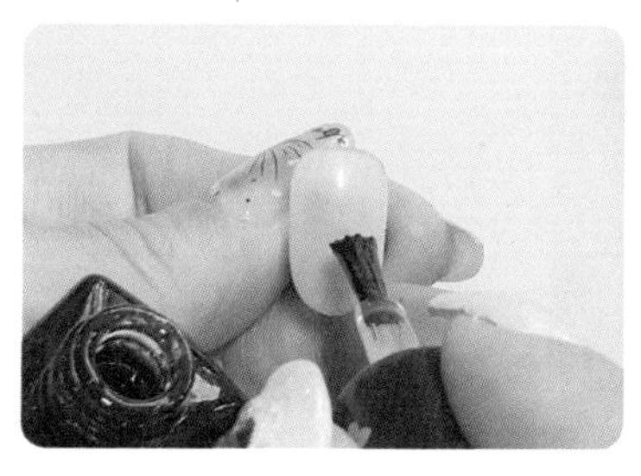

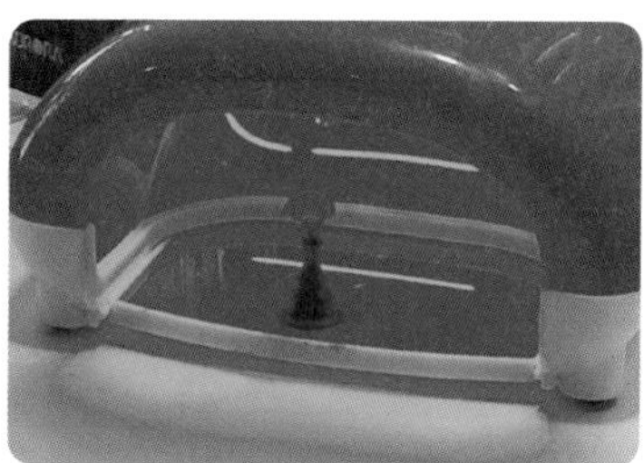

3 — 에스테미오 SY4,젤 컬러를 1coat하고 30초 큐어합니다.

묽은 타입의 누드 느낌의 컬러이며 소량만 발라도 느낌을 원하는 데로 표현할 수 있습니다.

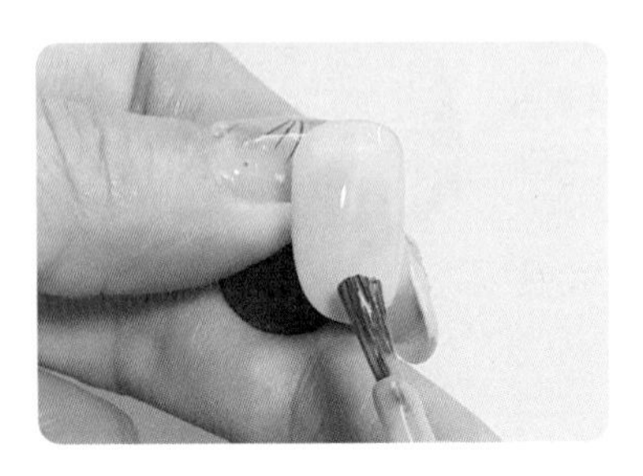

4 — 에스테미오 SY4, 젤 컬러를 2coat하고 30초 큐어합니다.

양 조절로 컬러가 연하거나 진하게 표현할 수 있습니다.

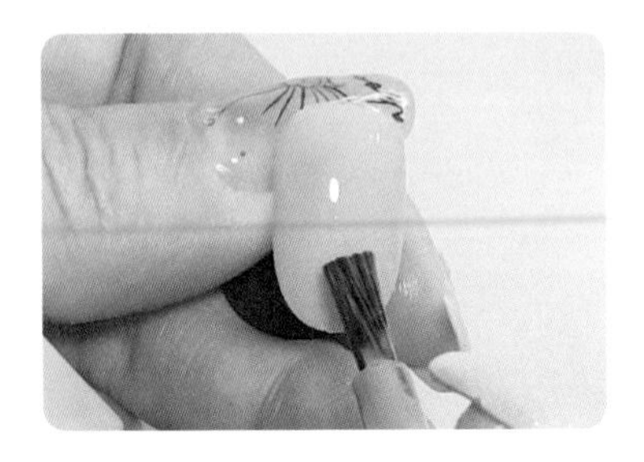

5 — 젤리핏 FW193, 199 젤 컬러를 파렛트에 덜어 준비합니다.

6 — 컬러가 발려진 팁에 둥근 브러쉬로 젤리핏FW 199 컬러를 묻혀 은은한 느낌으로 엷게 꽃잎 모양으로 발라줍니다.

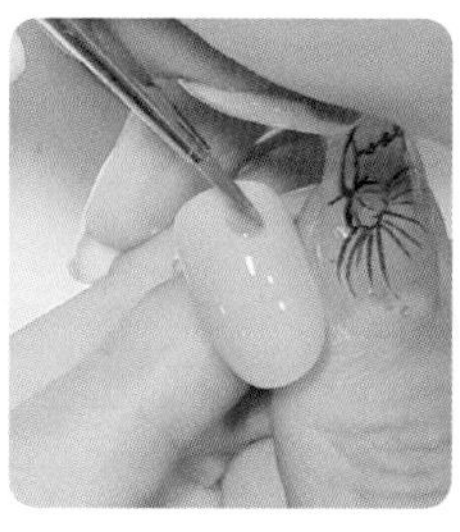

- 꽃잎 가장자리 부분들은 그라데이션하여 선을 지우듯 발라줍니다.
- 젤리핏 FW193 컬러를 꽃잎 아랫부분에 은은하게 발라줍니다.

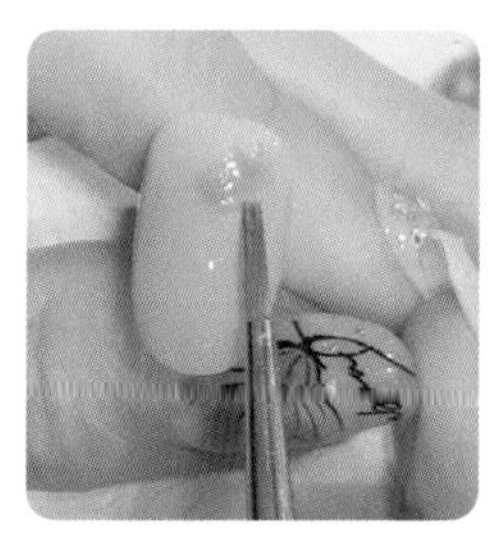
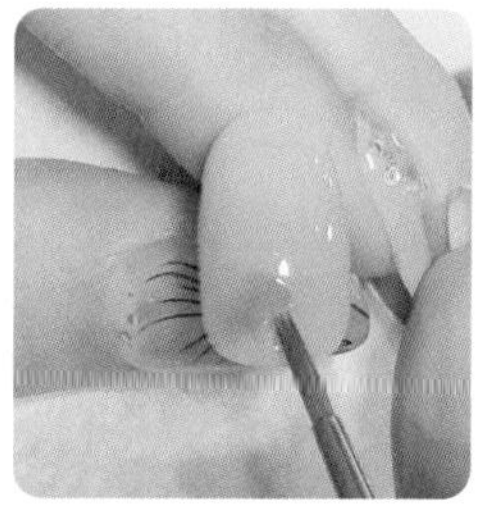
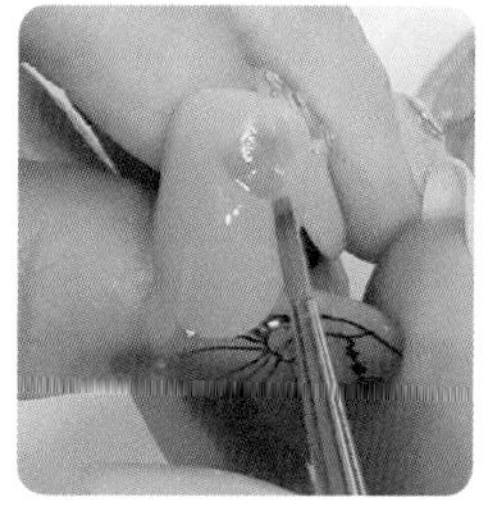

- 꽃잎과 꽃 아래 봉우리 부분도 선이 생기지않게 그라데이션 합니다.
- 20초 가큐어 해줍니다.

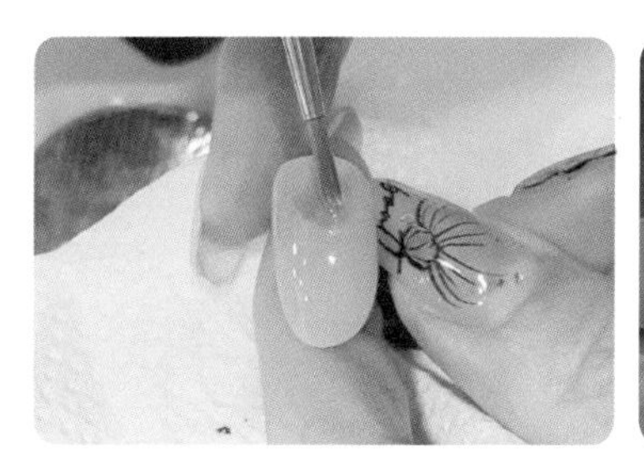

7— 블랙 라인젤을 이용하여 꽃잎과 줄기를 그려준 다음 30초 큐어합니다.

- 꽃송이는 둥근 느낌이 나게 곡선으로 그려줍니다.

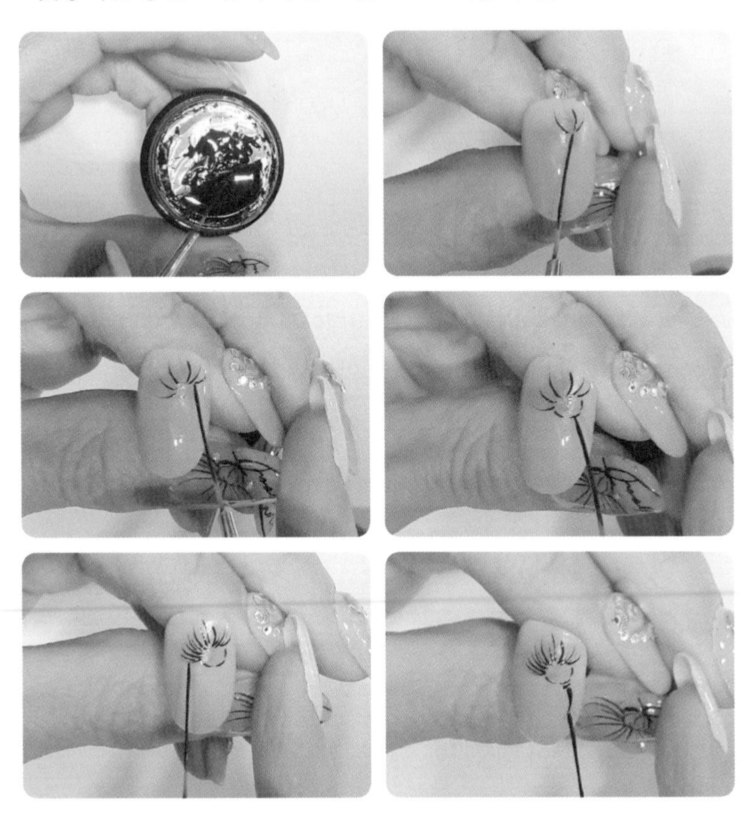

8— 클리어젤(빌더젤-젤이 아트를 할 동안 흘러내리지 않습니다)을 꽃을 그려놓은 부분에 올려줍니다.

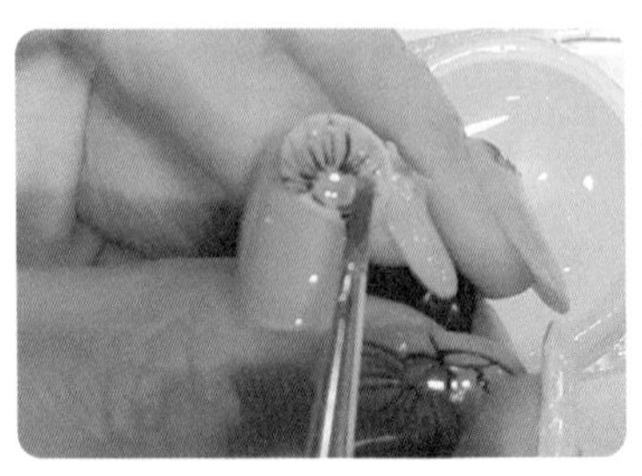

9 ⑧의 팁 위에 필름지를 올려줍니다.

랩(필름지) 아래 클리어젤이 모양이 잘 잡히게 살살 눌러준 후 30초 큐어합니다.

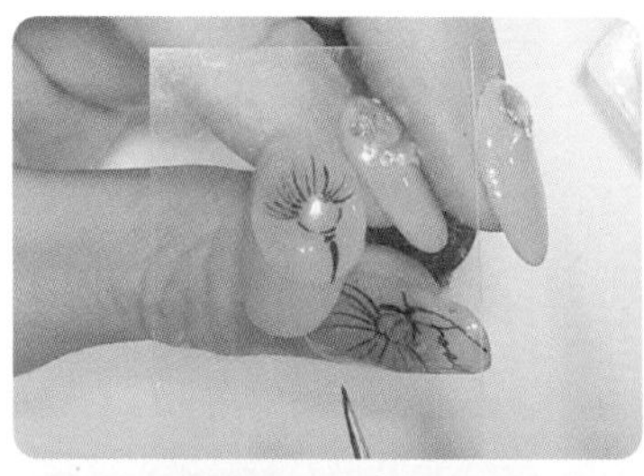

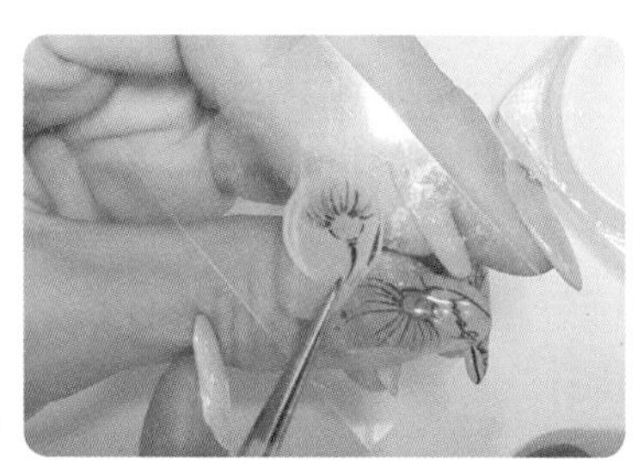

10 ⑨의 큐어가 끝나면 랩을 제거합니다.

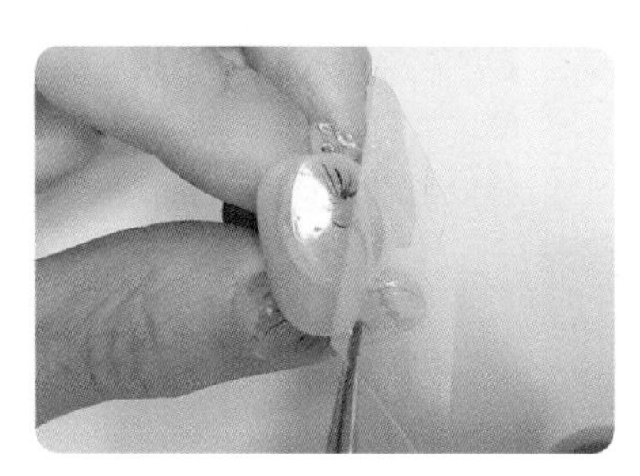

11 — 만들어진 볼에 줄참과 스와로브스키 파츠를 붙여 모양을 만듭니다.

줄참은 클리퍼로 자른 후에 붙여주고 30초 큐어합니다.

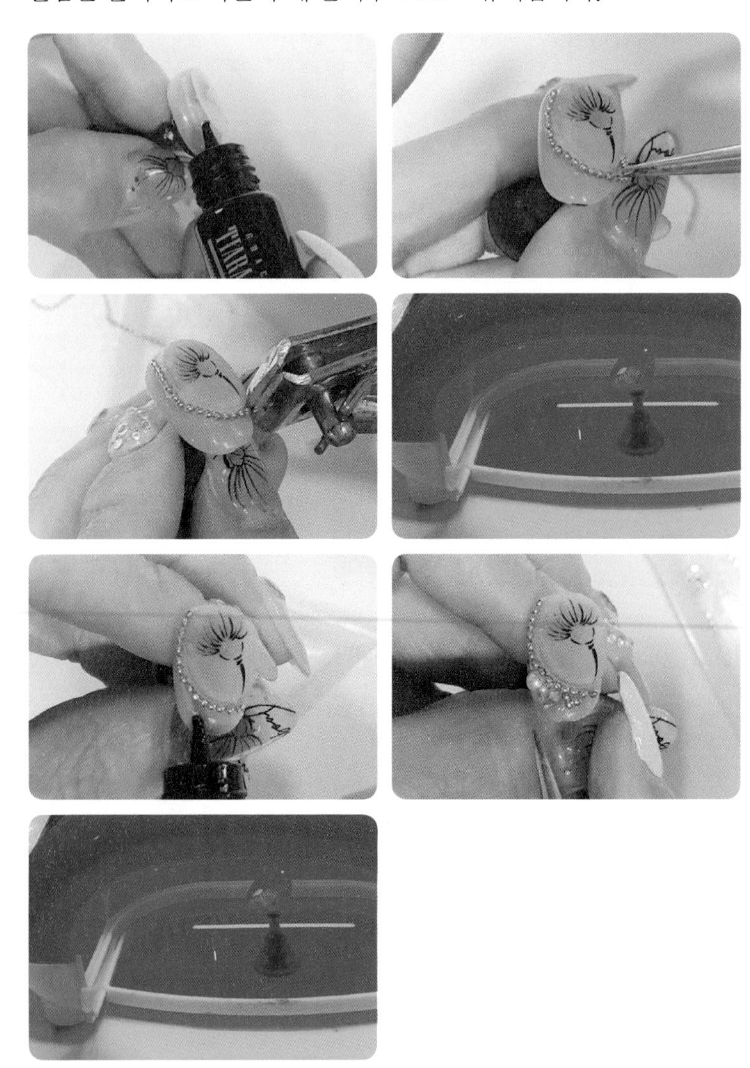

12 — 파츠 사이사이 피니쉬젤을 바르고 30초 큐어합니다.

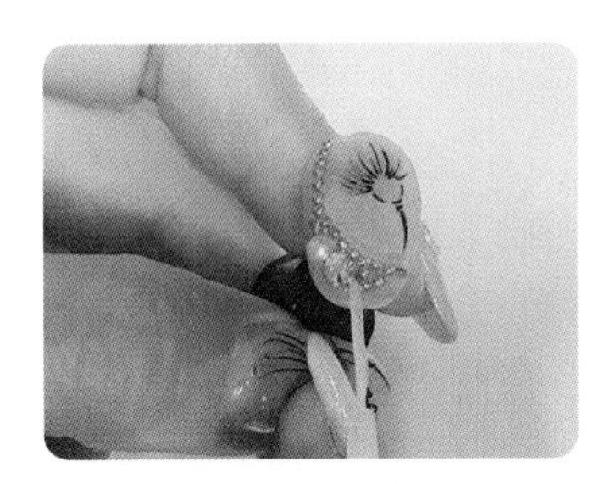

13 — 탑젤을 바르고 마무리 30초 큐어합니다.

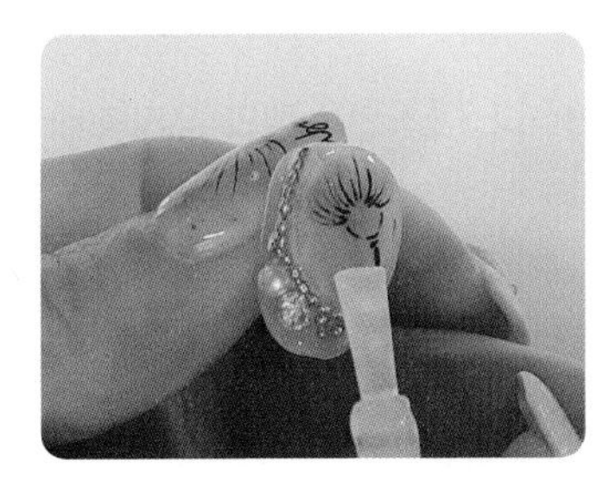

액자 모티브 디자인으로 완성이 되었습니다. 필름지를 사용할 때 클리어젤의 양과 누름의 강도 조절로 사이즈를 조절할 수 있습니다.

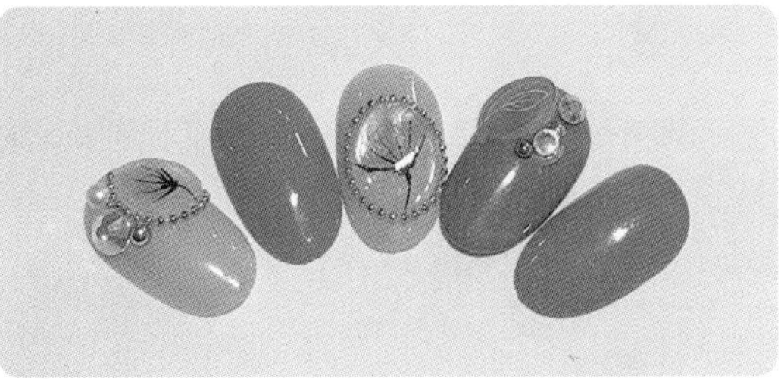

24 수채화 꽃 2

젤램프, 아트팁, 아트스탠드, 보석, 물, 워터물감, 블랙라인젤, 샌딩, 베이스젤, 탑젤, 픽스젤, 브러쉬, 핀셋, 젤리핏 FW170, 171 컬러젤

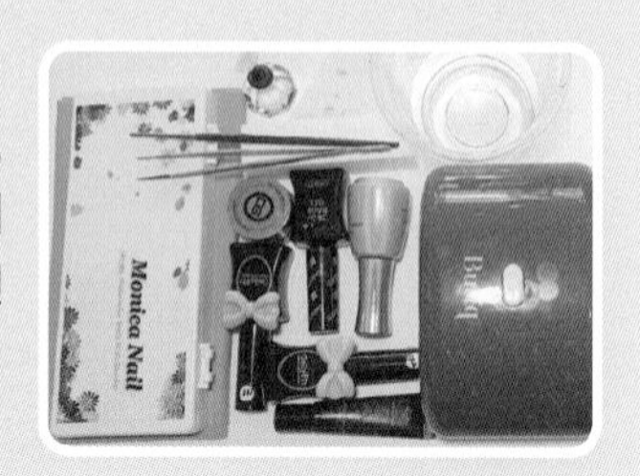

1 — 팁에 광택을 제거하는 샌딩작업을 합니다. 이 작업은 젤의 유지력에 도움이 됩니다.

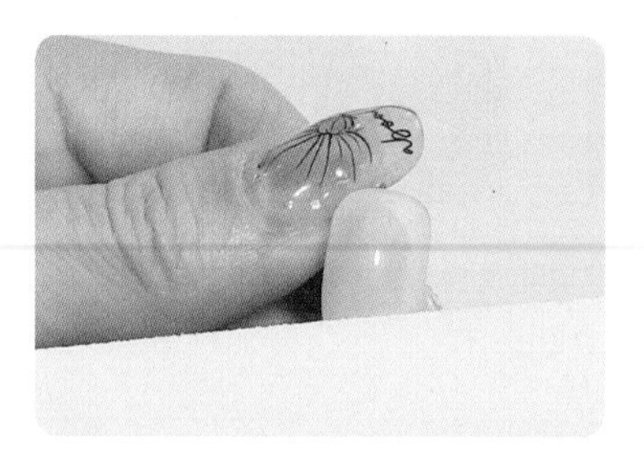

2 — 베이스젤을 바르고 30초 큐어합니다. 베이스젤을 꼼꼼히 발라야 컬러를 깔끔하게 바를 수 있습니다.

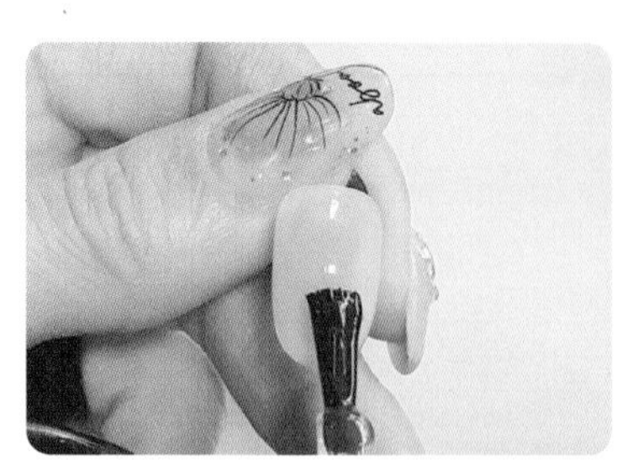

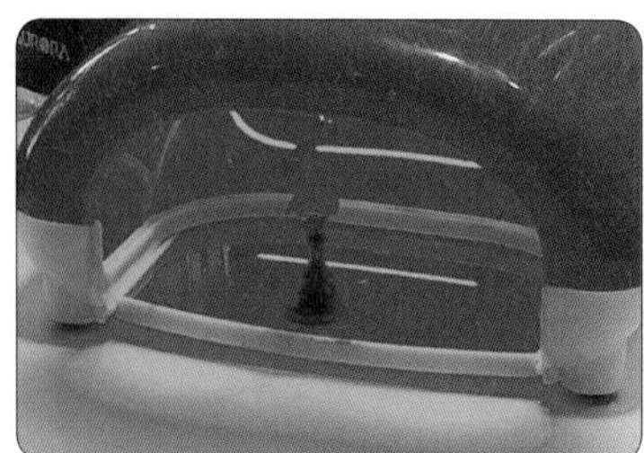

3— 젤리핏 FW 171 컬러젤을 1coat 바르고 30초 큐어합니다.

누드톤의 컬러는 얼룩이 생기지 않게 바르는 것이 중요합니다.

4— 젤리핏 FW 171 컬러젤을 2coat 바르고 30초 큐어합니다.

큐어가 끝나면 탑젤 또는 오버레이젤을 바르고 30초 큐어 후 미경화가 남으면 닦아내고 샌딩을 꼼꼼히 하여 광택을 모두 제거해야 합니다.

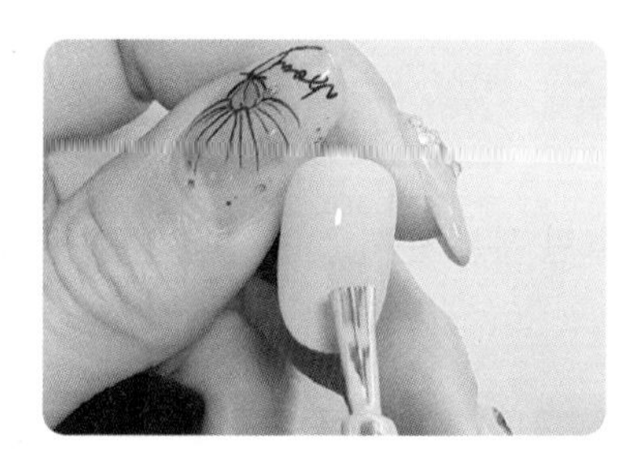

5— 워터 물감을 물과 준비합니다.

아트를 할 컬러를 물을 묻힌 브러쉬로 믹스합니다.

6— 팁에 꽃의 가운데 부분에 삼각형 모양으로 컬러를 칠해줍니다.

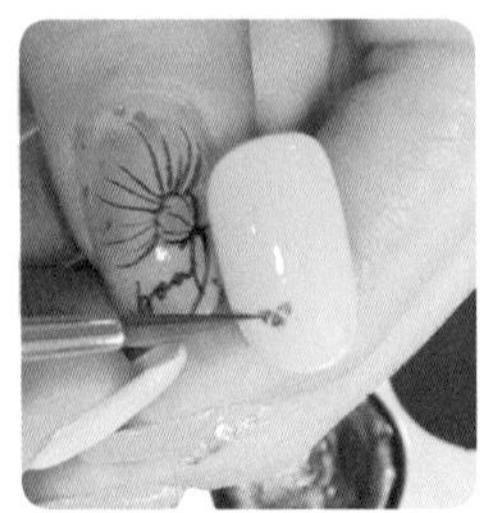
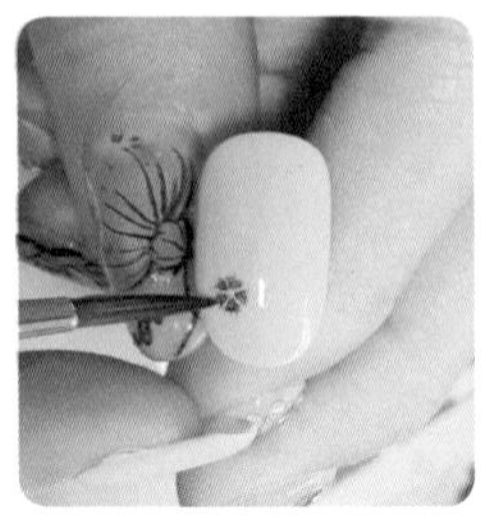

삼각형 모양의 꽃잎을 물을 묻힌 브러쉬로 조금씩 색을 퍼트려 은은하게 그라데이션 표현을 합니다.

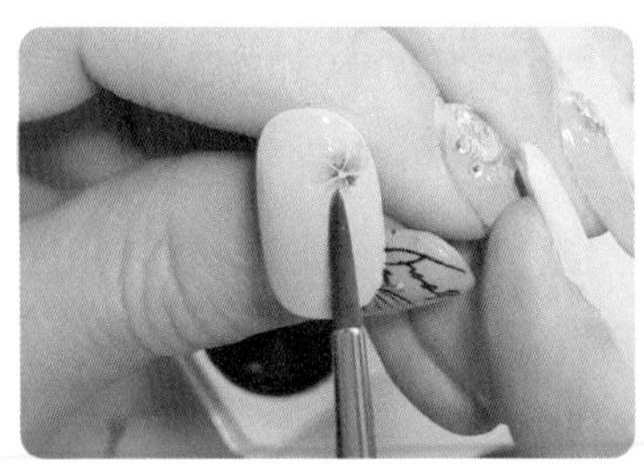
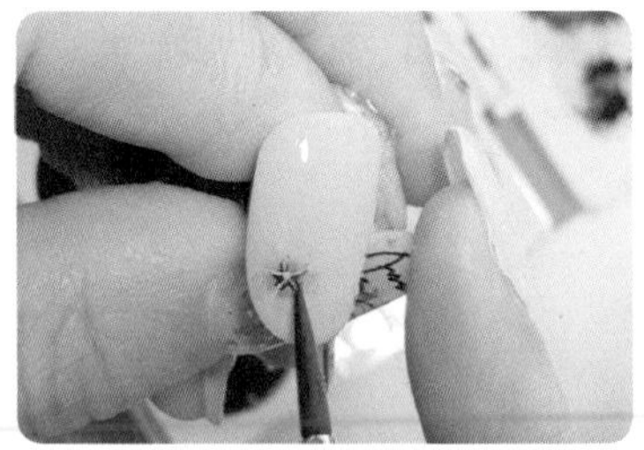

전체적으로 한번 그려준 후 흐린 부분 순서로 한 번씩 더 또렷하게 칠해줍니다.

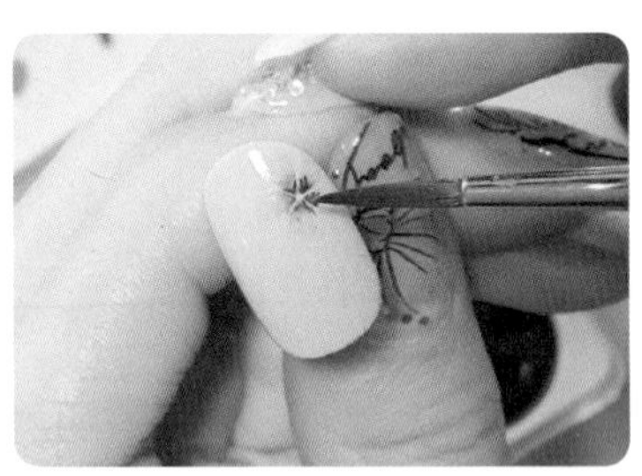
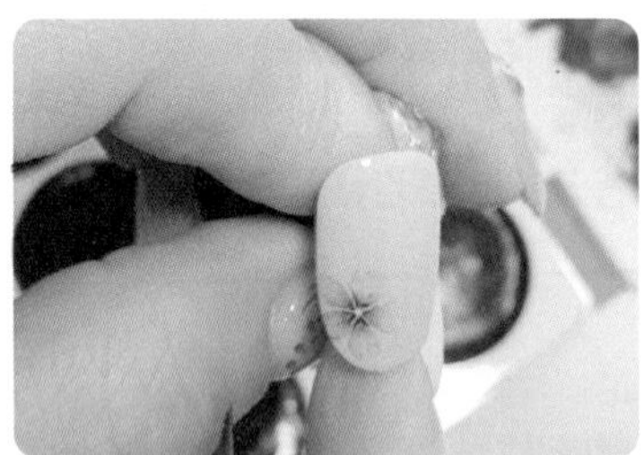

7— 블랙 라인젤로 꽃잎에 라인으로 스케치하듯 그려줍니다.

너무 또렷하게 그리면 수채화 느낌이 없을 수 있습니다.

오히려 선을 흐리고, 진하게 그려 표현하는 것이 자연스럽습니다.

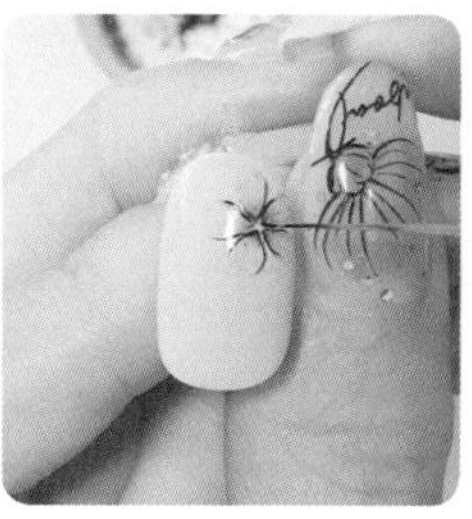

마지막 라인이 그려지면 10초 가큐어후 꽃잎에 중앙에 픽스젤을 이용해 스톤이나 참을 올려주고 20초 가큐어합니다.

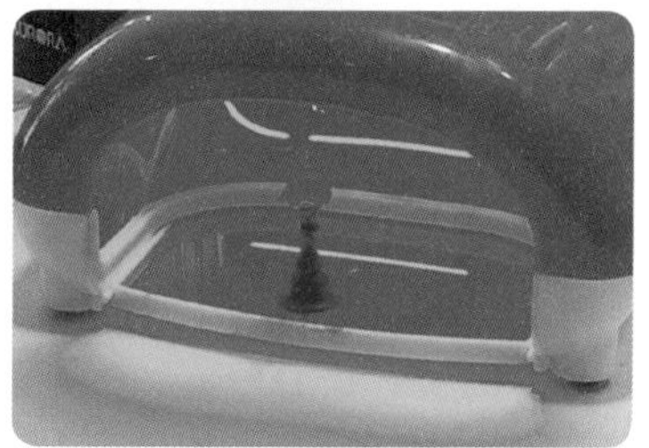

8 — 탑젤을 바르고 30초 큐어합니다.

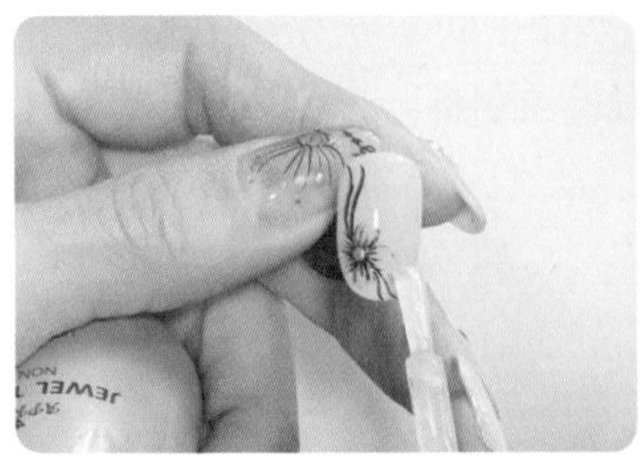

은은하고 투명한 느낌의 수채화 꽃이 완성되었습니다.
베이스 컬러를 다르게 표현해도 좋으며, 꽃의 컬러도 다른 컬러로 표현해도 여리여리한 느낌의 수채화 아트를 디자인할 수 있습니다.

25 수채화 꽃 3

젤램프, 아트팁, 아트스탠드, 샌딩, 물, 워터물감, 브러쉬, 탑젤, 베이스젤, TINY 015, 에스테미오 SY 1 컬러젤

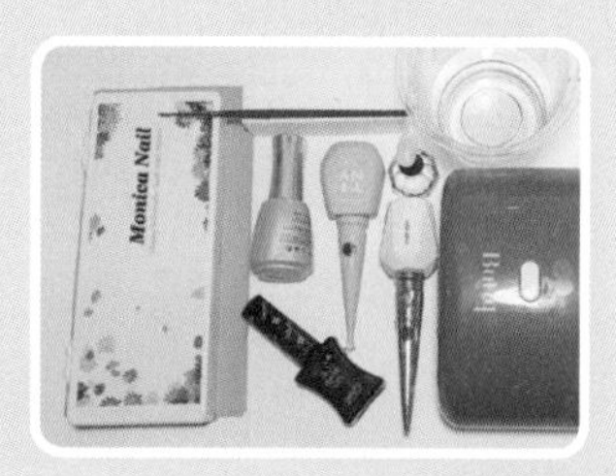

1 ‾ 팁에 광택을 제거하는 샌딩작업을 합니다. 이 작업은 젤의 유지력에 도움이 됩니다.

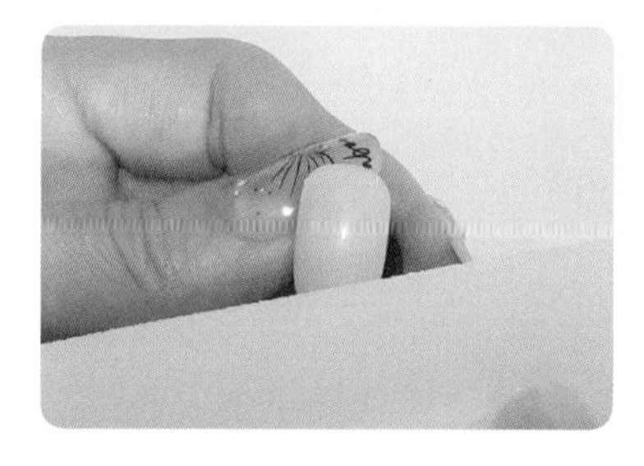

2 ‾ 베이스젤을 바르고 30초 큐어합니다. 베이스젤을 꼼꼼히 발라야 컬러를 깔끔 하게 바를 수 있습니다.

3— 에스테미오 SY 1 컬러젤을 1coat하고 30초 큐어합니다.

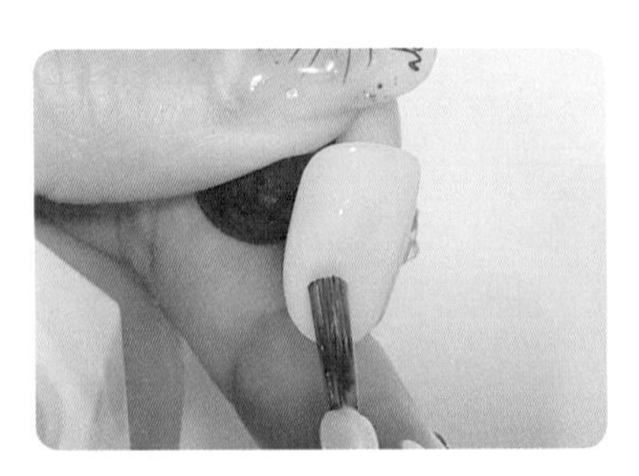

4— 에스테미오 SY 1 컬러젤을 2coat하고 30초 큐어합니다.

묽은 컬러일수록 얼룩이 생기지 않게 바르는 것이 중요합니다.

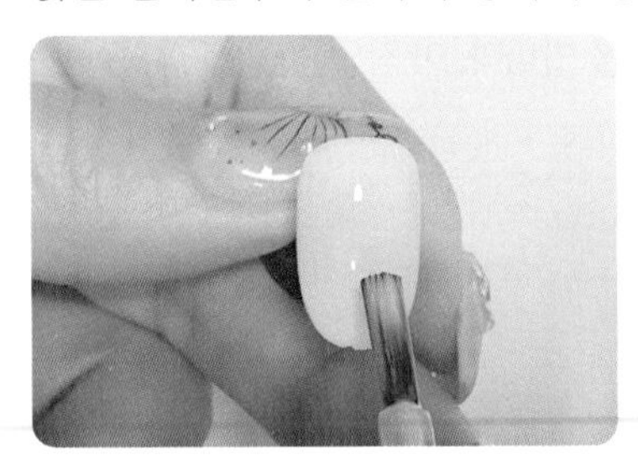

5— 탑젤을 바르고 30초 큐어합니다.

미경화가 남지 않는 탑젤을 바르며, 닦아내지 않고 샌딩 작업을 할 수 있습니다.

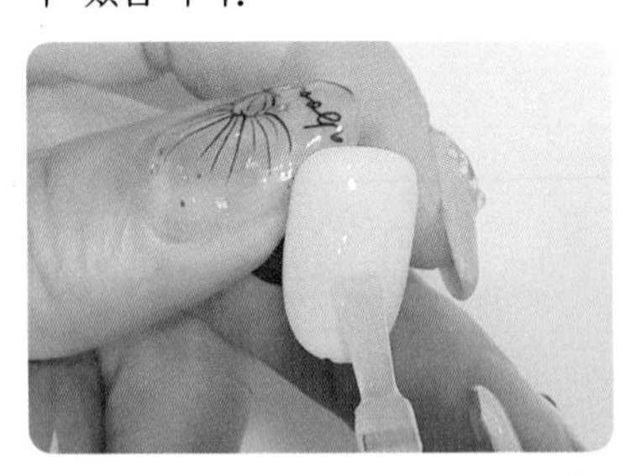

6 — 샌딩으로 광택이 조금도 남아있지 않게 꼼꼼히 문질러줍니다.

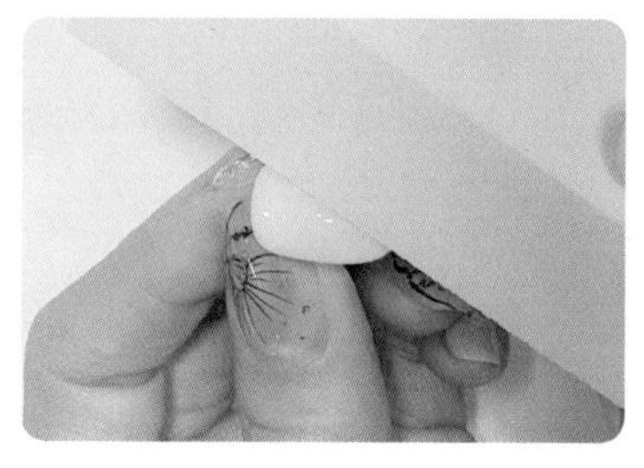

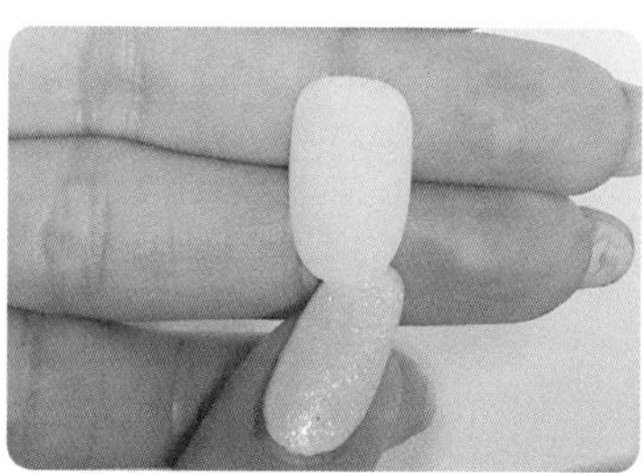

7 — 워터 물감을 준비합니다.

8 — 무광으로 준비된 팁에 핑크빛 컬러를 물을 믹스하여 은은하게 여러 겹을 그려줍니다.

- 점점 조금씩 진한 컬러로 반복해서 겹치게 그려줍니다.
- 은은한 표현과 농도는 물로 조절합니다.

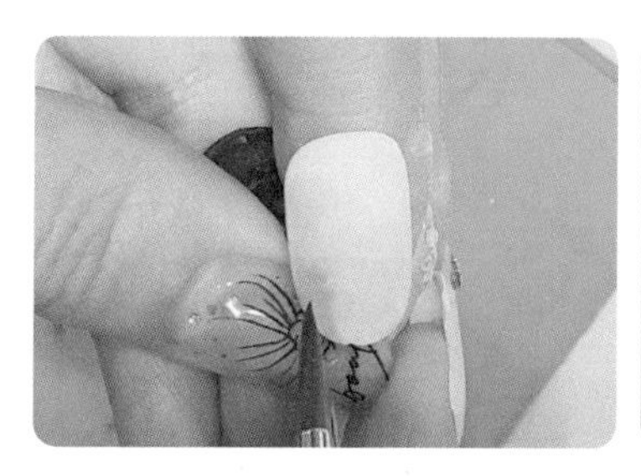

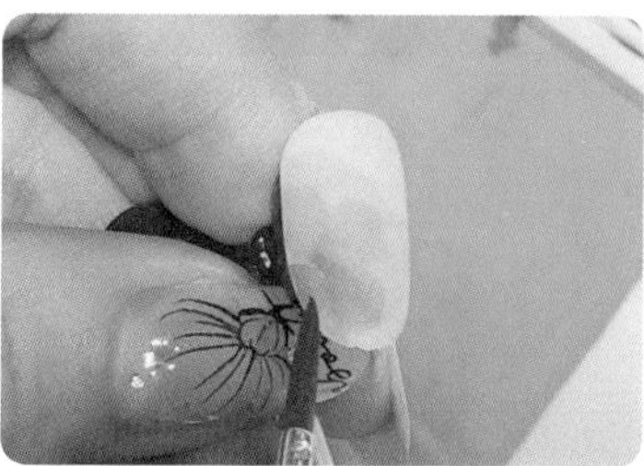

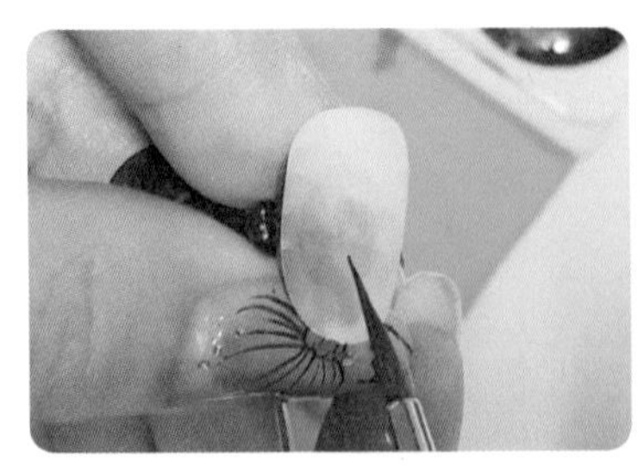
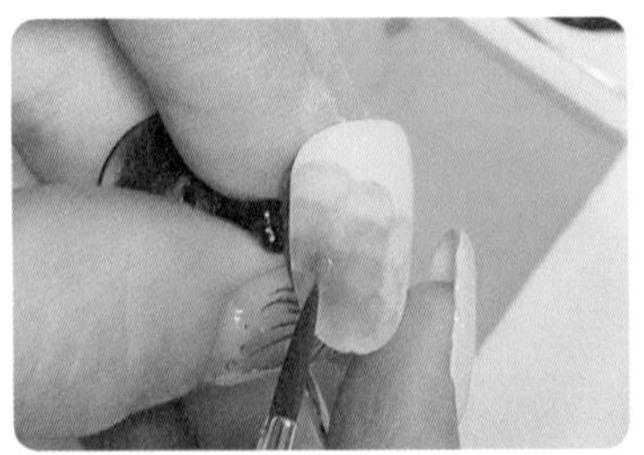

녹색 컬러도 위처럼 묽게 농도 조절해서 잎사귀를 그려줍니다.

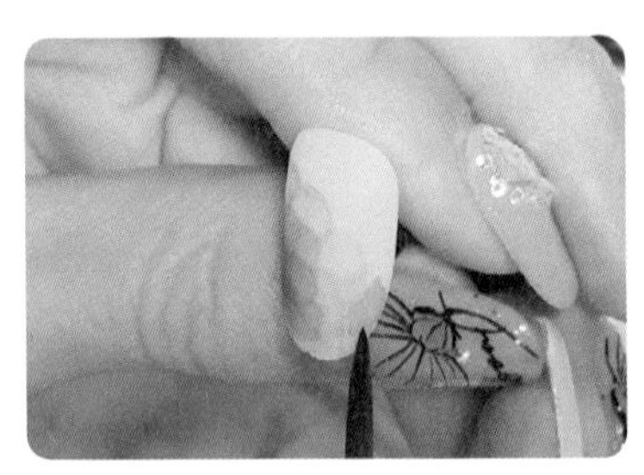
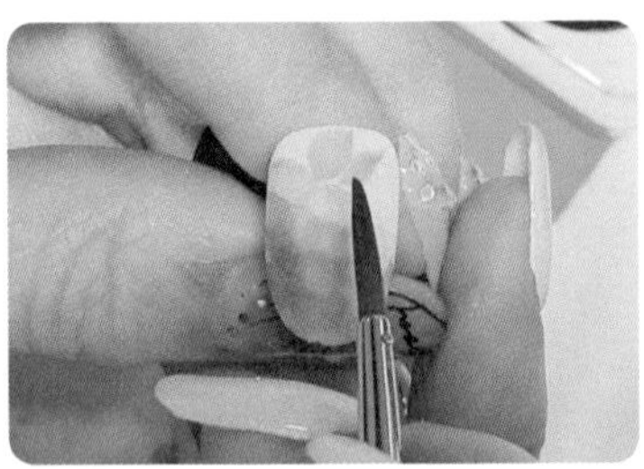

9 — 탑젤을 바르고 30초 큐어합니다.

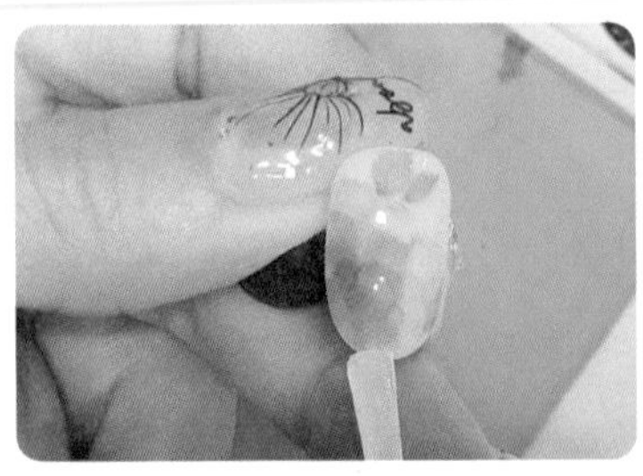
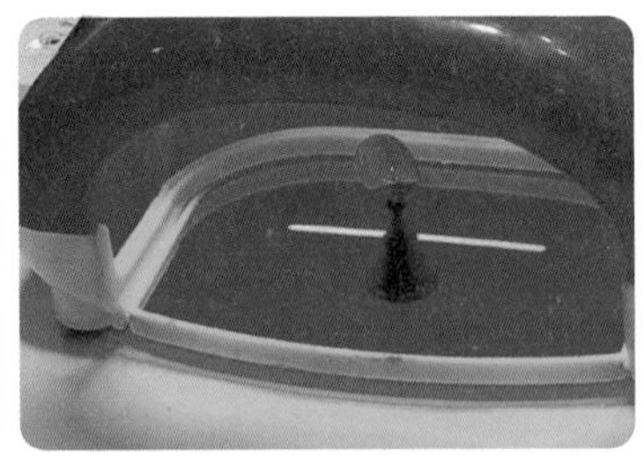

너무도 매력적인 여러 겹의 수채화 꽃이 완성되었습니다.

봄, 여름, 가을에 모두 잘 어울리는 디자인으로 컬러를 바꿔가며 표현이 가능합니다.

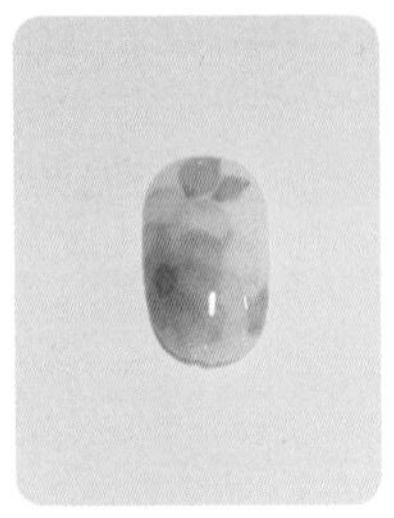

26 대리석 1

젤램프, 젤클렌져, 솜, 아트팁, 아트스탠드, 샌딩, 핀셋, 라인브러쉬, 스퀘어브러쉬, 파렛트, 픽스젤, 참, 클리어젤, 베이스젤, 무광탑젤, 젤리핏 화이트, 블랙

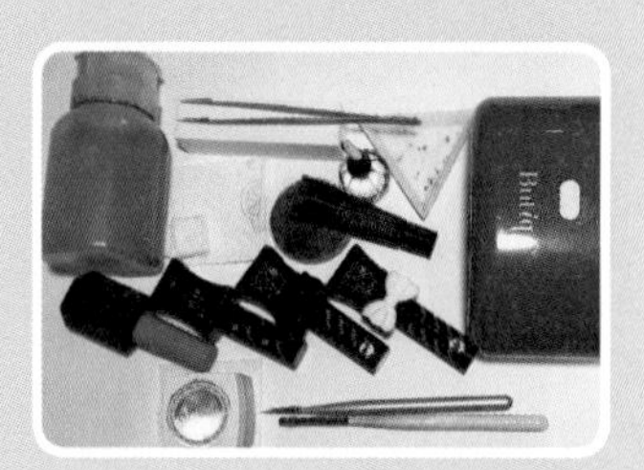

1 — 팁에 광택을 제거하는 샌딩작업을 합니다. 이 작업은 젤의 유지력에 도움이 됩니다.

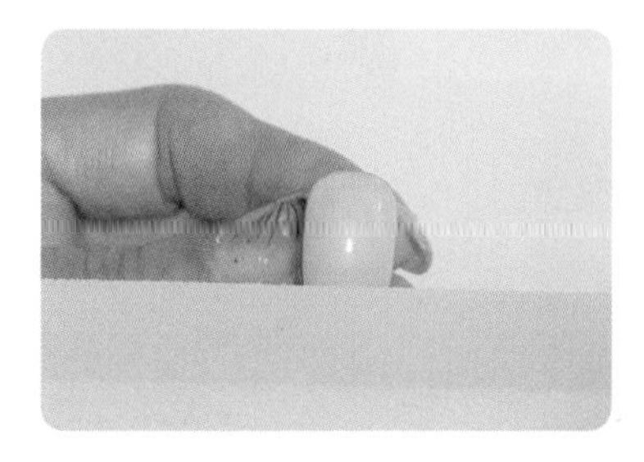

2 — 베이스젤을 바르고 30초 큐어합니다. 베이스젤을 꼼꼼히 발라야 컬러를 깔끔하게 바를 수 있습니다.

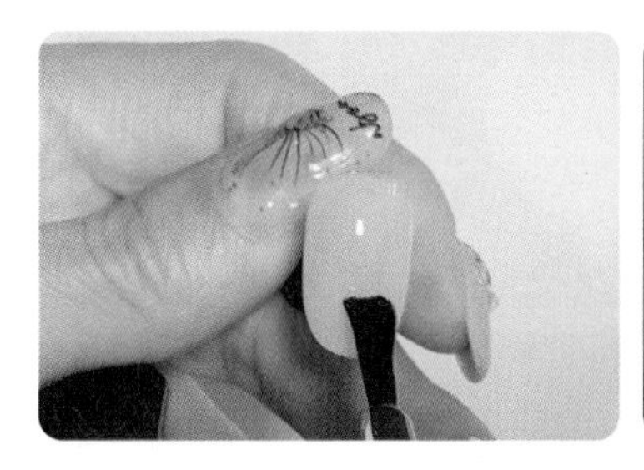

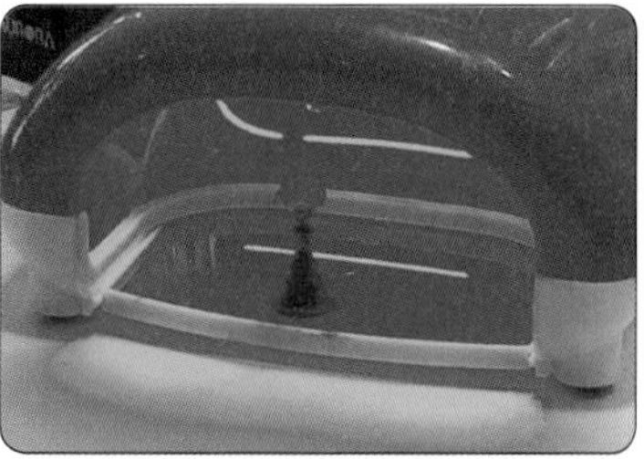

3— 젤리핏 화이트 컬러를 1coat하고 30초 큐어합니다.

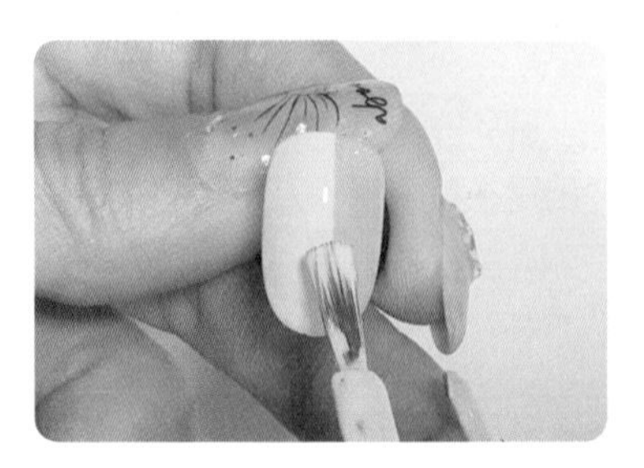

4— 젤리핏 화이트 컬러를 2coat하고 30초 큐어합니다.

화이트 컬러는 먼지나 잡티가 잘 보이므로 큐어 전 표면을 확인합니다.

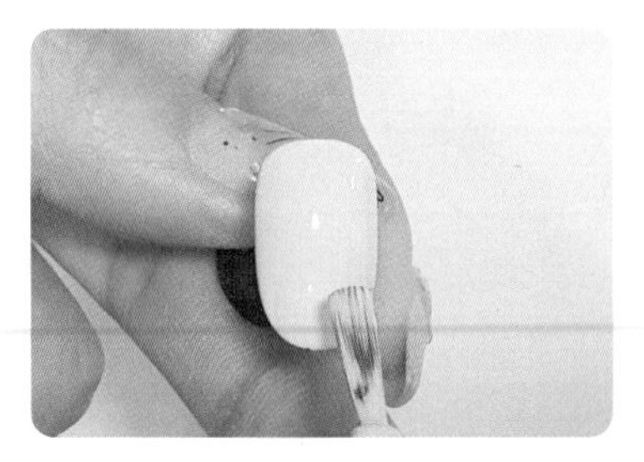

5— 파렛트에 젤리핏 블랙컬러와 클리어젤을 각각 따로 덜은 후 라인브러쉬로 믹스합니다. 스퀘어 브러쉬로 믹스된 컬러를 뜹니다.

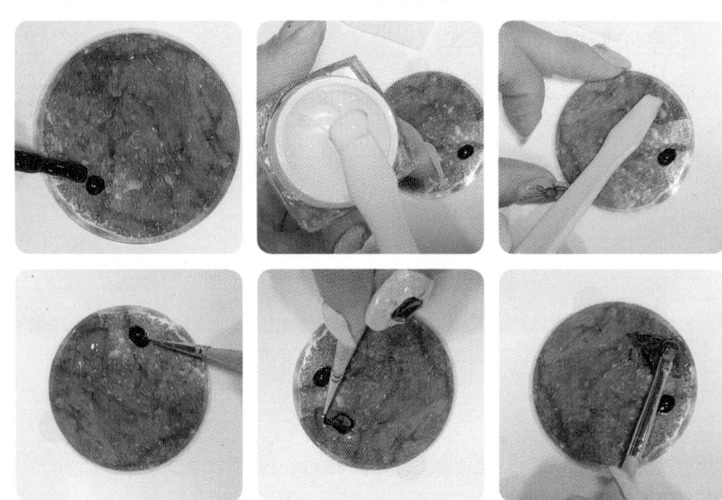

6— 믹스된 컬러를 팁 위에 자연스럽게 미끄러지듯이 내려놓고 흐트려줍니다.

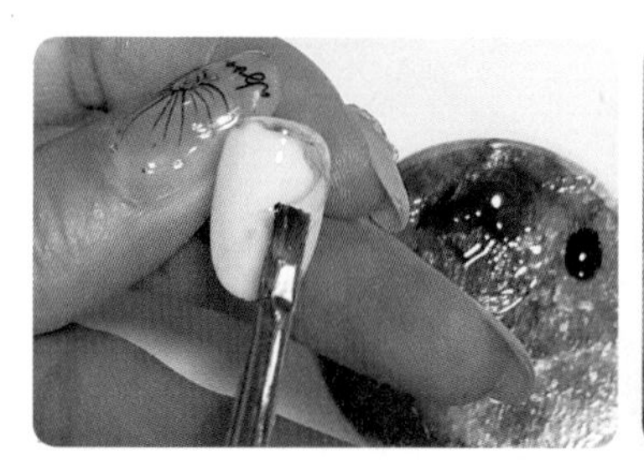
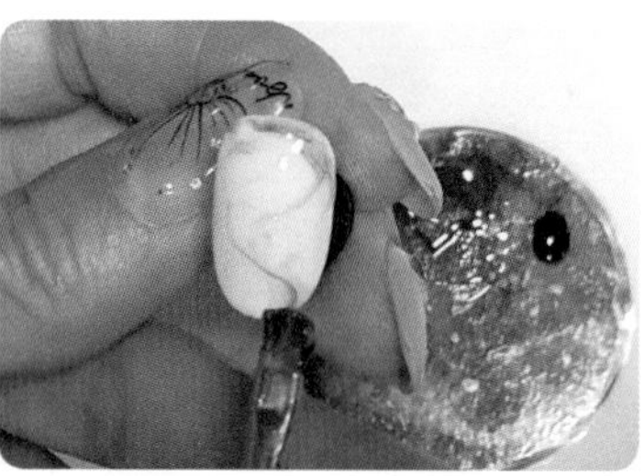

7— 라인브러쉬로 믹스해놓은 컬러를 조금씩 더 올려 그리듯이 라인을 만들어 준 다음 30초 큐어합니다.

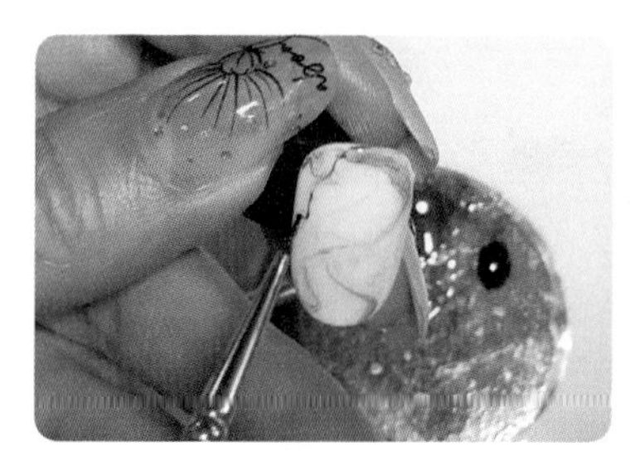
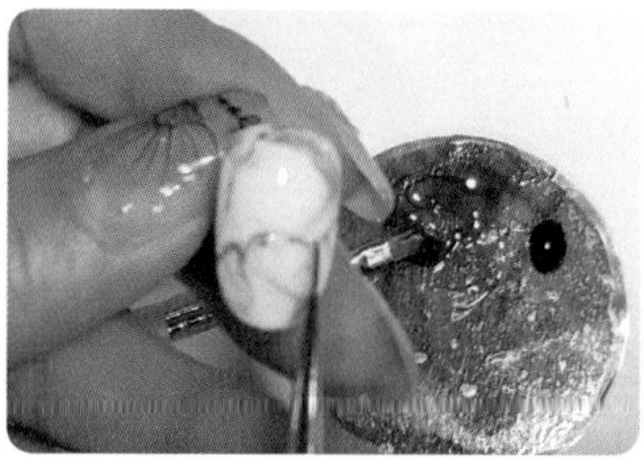

8— 무광 탑젤을 바르고 30초 큐어합니다.

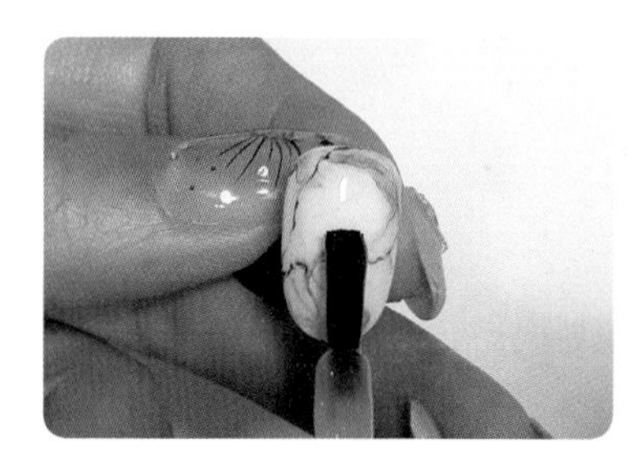

9 — 미경화가 남은 젤은 젤클렌져로 닦아내고 마무리합니다.

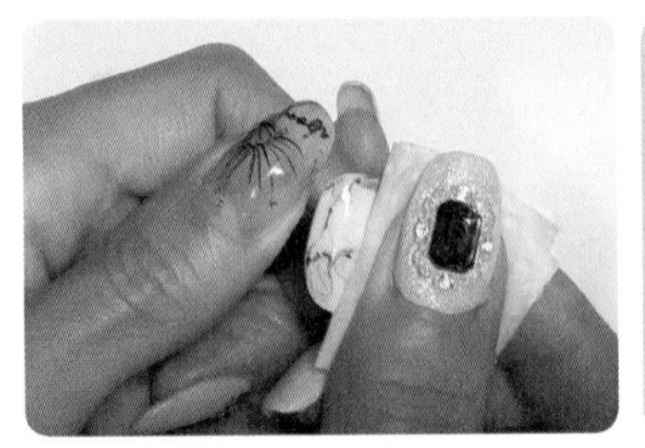

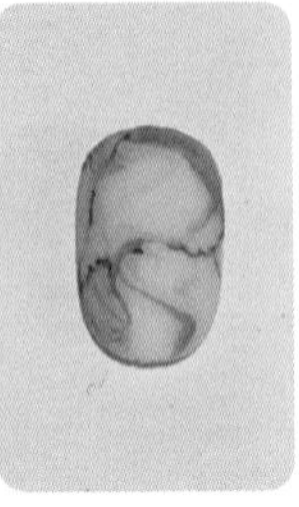

블랙과 어우러진 대리석 느낌의 아트가 완성되었습니다.
세로 스트라이프 느낌을 살려 세련미가 돋보이는 아트입니다.
대리석 아트는 컬러에따라 느낌을 다르게 표현할 수 있습니다.

27 대리석 2

젤램프, 아트팁, 아트스탠드, 솜, 샌딩, 핀셋, 진주 보석, 금박, 파렛트, 스타터(원액), 베이스젤, 탑젤, 우드스틱, 오버레이젤, 라인브러쉬, 스퀘어 브러쉬, 젤리핏 AG74, 화이트, 에스테미오 WP2, SY6

1 — 팁에 광택을 제거하는 샌딩작업을 합니다. 이 작업은 젤의 유지력에 도움이 됩니다.

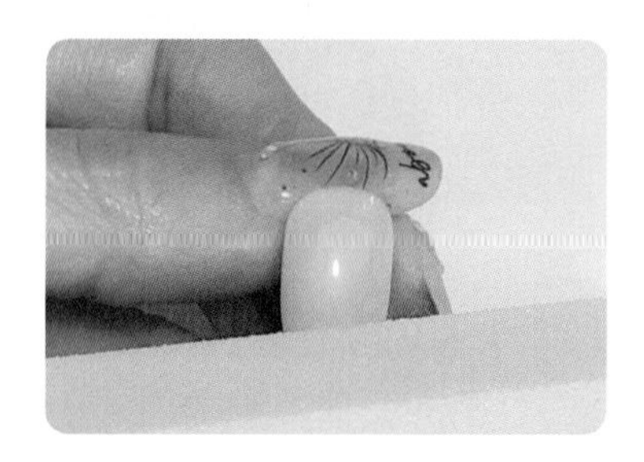

2 — 베이스젤을 바르고 30초 큐어합니다. 베이스젤을 꼼꼼히 발라야 컬러를 깔끔하게 바를 수 있습니다.

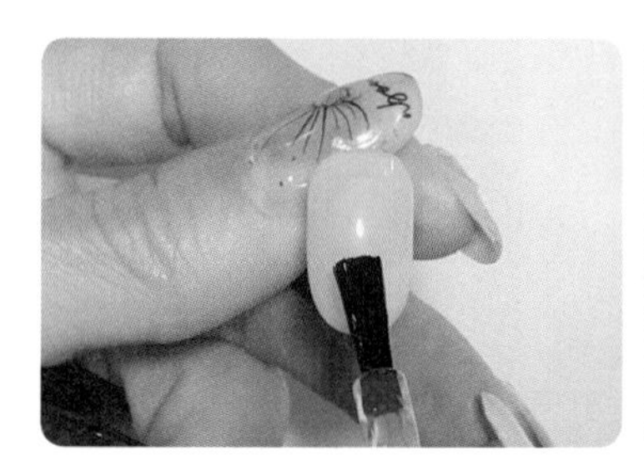

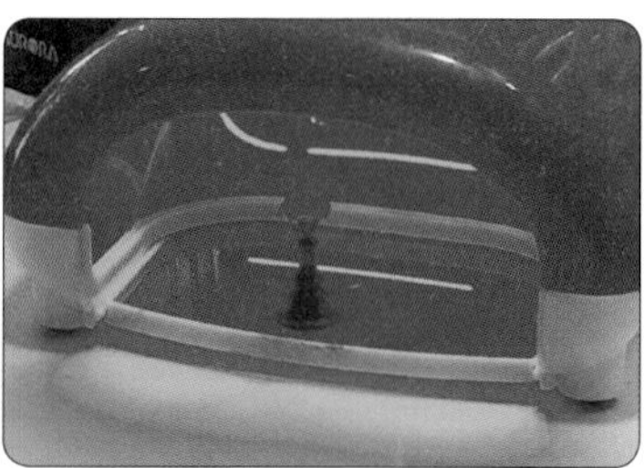

3 — 에스테미오 SY6 컬러젤을 1coat하고 30초 큐어합니다.

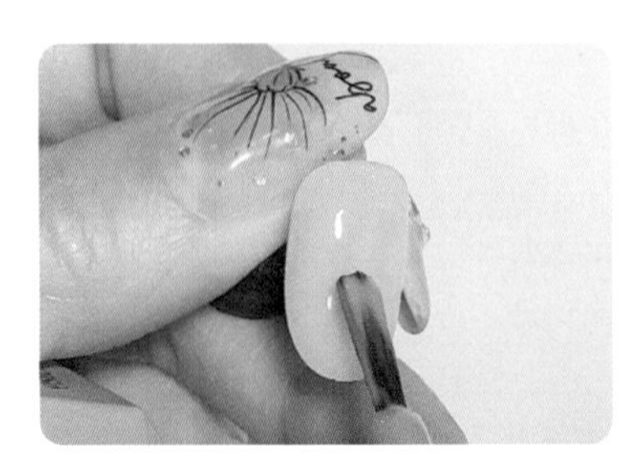

4 — 젤리핏 화이트 컬러젤을 파렛트에 덜어준 후 원액 또는 스타터(둘 다 없을 시에는 젤클렌져나 알콜도 무관합니다.)를 브러쉬에 묻혀 농도를 조절하여 엷게 만들어 준비합니다.

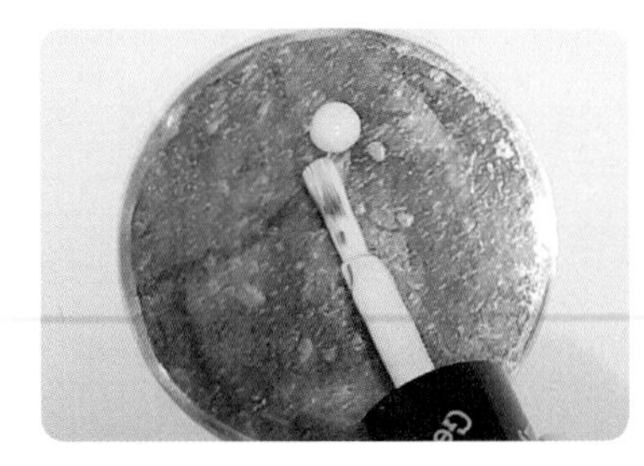

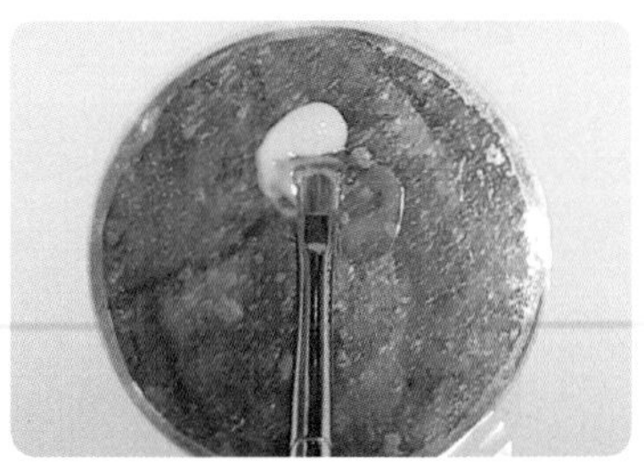

5 — 컬러가 준비된 팁에 스퀘어 브러쉬로 라인을 굵거나, 가늘게 그리듯이 표현하고 20초 가큐어합니다. (라인을 그리고 나면 진하고 엷음이 표현됩니다.)

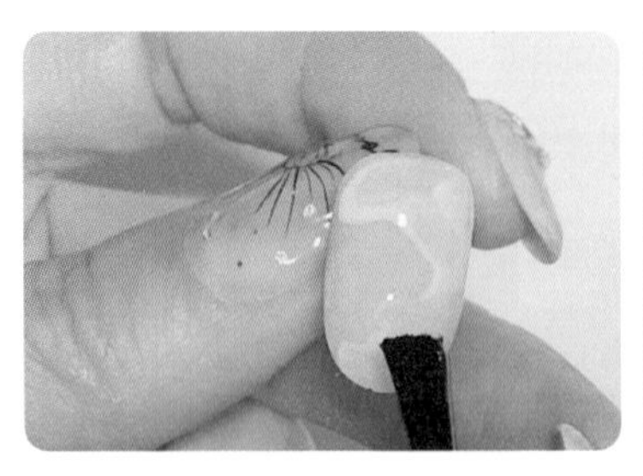

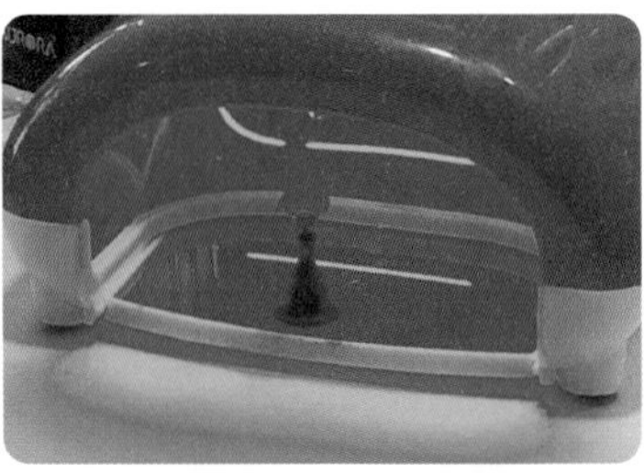

6 — 우드스틱과 핀셋으로 금박을 작게 커팅해주고 팁에 라인이 가려지지 않도록 붙여준 후 10초 가큐어후 손으로 금박이 잘 붙을 수 있게 눌러줍니다.

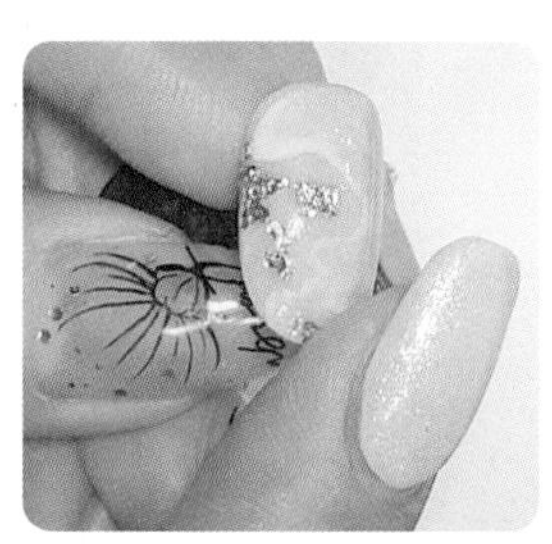

7 — 오버레이 젤을 바르고 30초 큐어합니다.
큐어 전 표면이 매끄러운지 확인합니다.

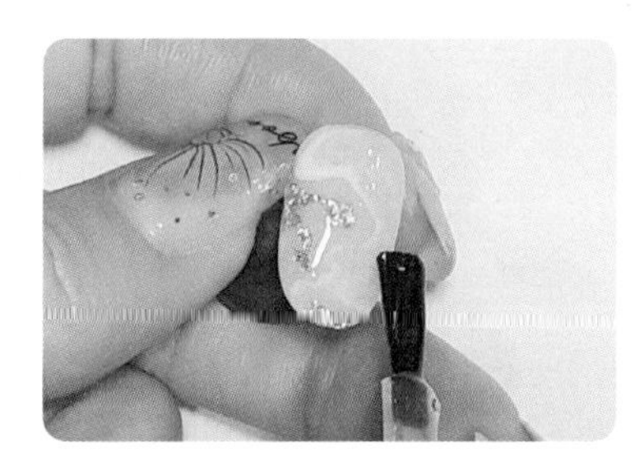

8 — 큐어가 끝나면 라인브러쉬에 화이트 컬러를 묻혀 선명한 라인을 그려주고 30초 큐어합니다.

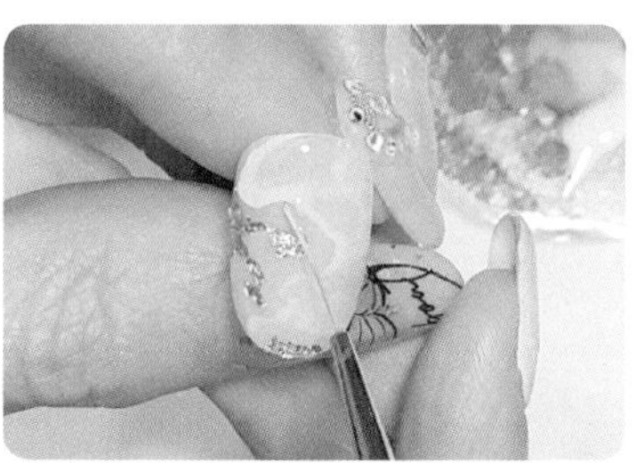

9 — 탑젤을 바르고 30초 큐어합니다.

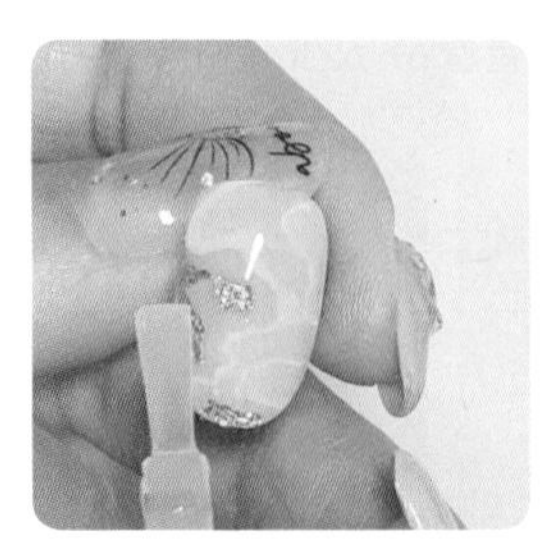

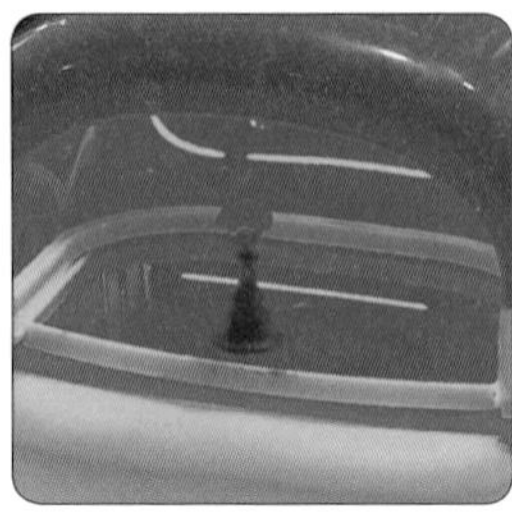

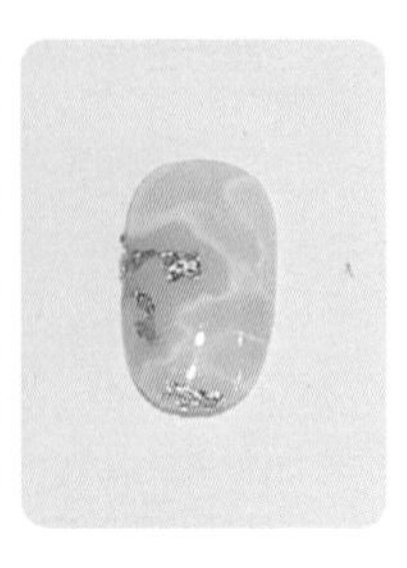

은은한 핑크가 따뜻하고 여성스러운 대리석 느낌의 아트로 완성되었습니다.
여러 파츠와 금박이 아트를 더 예쁘게 표현합니다.

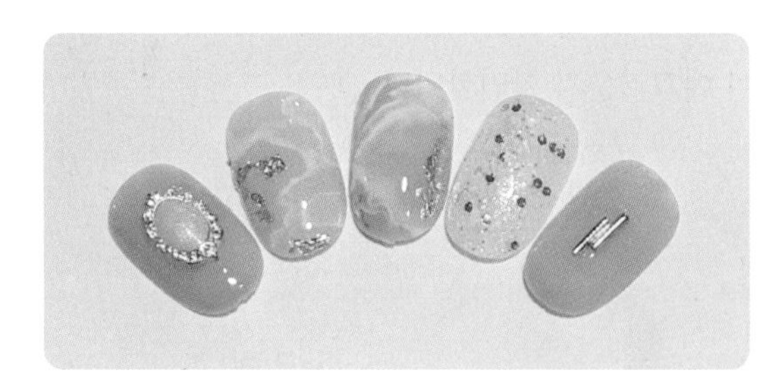

28 마블 아트

젤램프, 젤클렌저, 솜, 샌딩, 베이스젤, 탑젤, 파렛트, 라인브러쉬, 스퀘어브러쉬, 아트팁, 아트스탠드, 젤리핏 CN47, 56, 59, 화이트, 베리굿 S4, 에스테미오 PRO젤 GL1 컬러젤

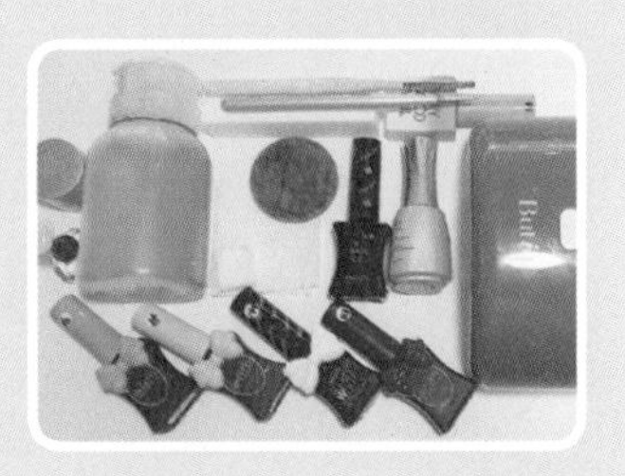

1 ― 팁에 광택을 제거하는 샌딩작업을 합니다. 이 작업은 젤의 유지력에 도움이 됩니다.

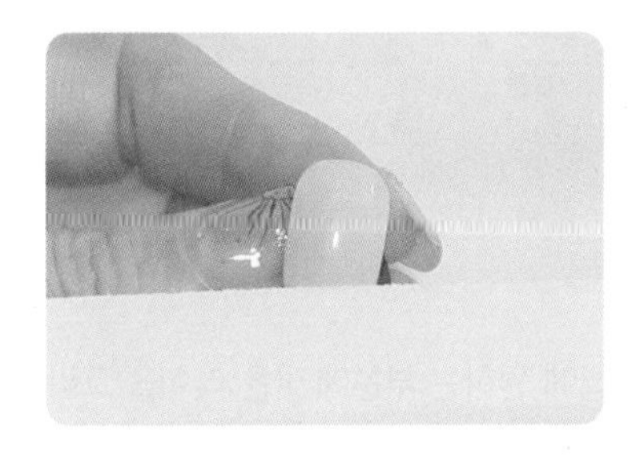

2 ― 베이스젤을 바르고 30초 큐어합니다. 베이스젤을 꼼꼼히 발라야 컬러를 깔끔하게 바를 수 있습니다.

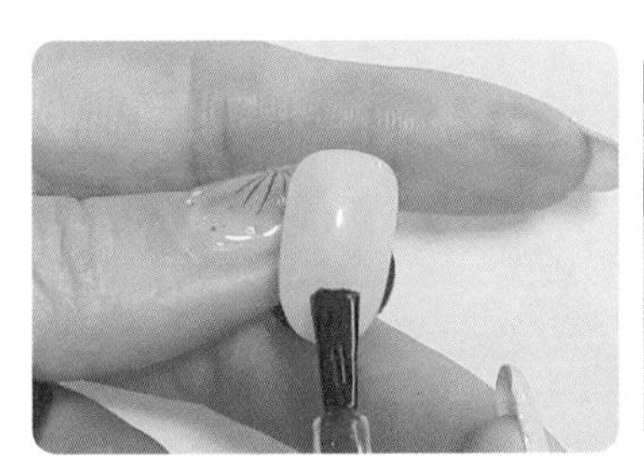

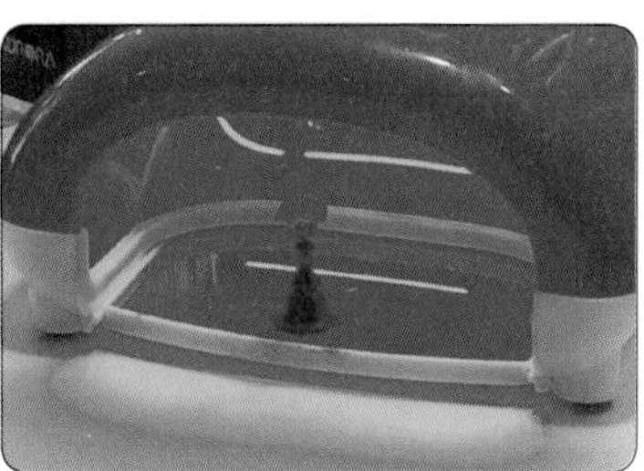

3 ― 베리굿 S4 컬러젤을 1coat하고 30초 큐어합니다.

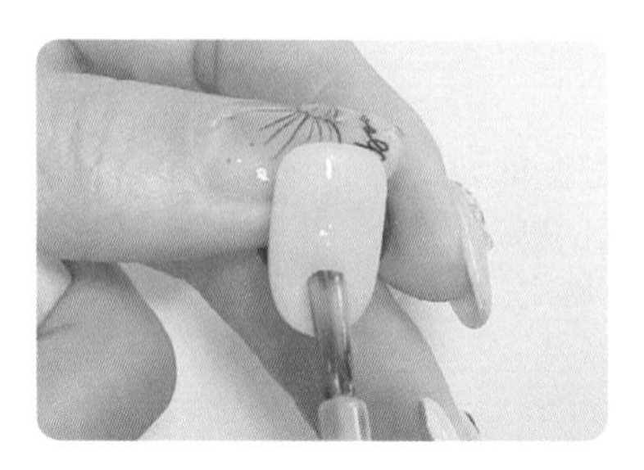

4 ― 파렛트에 젤리핏 화이트, 젤리핏 CN47, 56, 59번 컬러 젤들을 조금씩 덜어 주고 스파츌라로 섞어줍니다.

5 ― 섞여진 컬러젤을 브러쉬로 떠서 팁에 원하는 부분에 굵은 라이을 그리듯 발라주고 30초 큐어합니다.

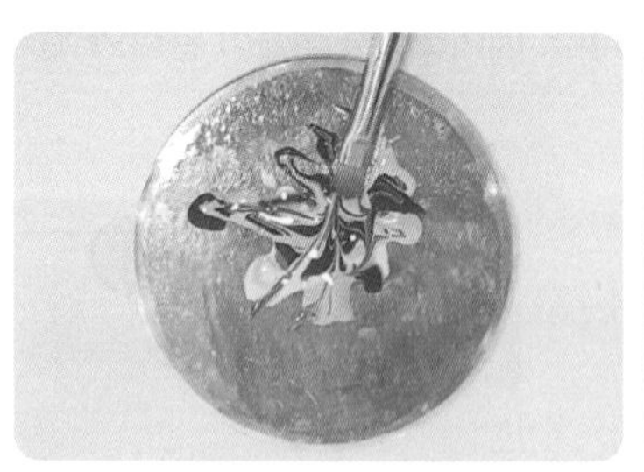

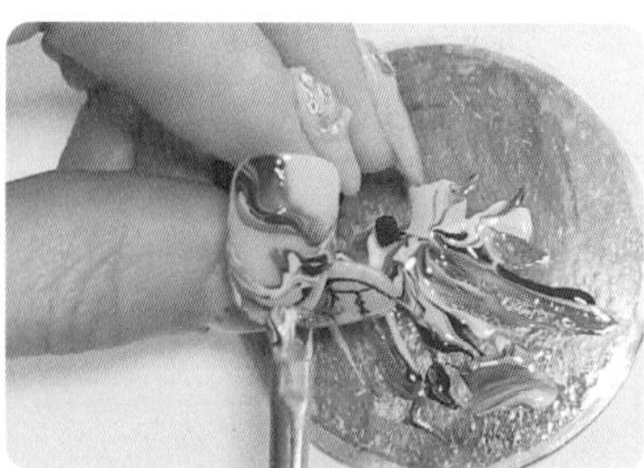

6 — 큐어가 끝나면 에스테미오 PRO젤 GL1 컬러젤을 라인브러쉬를 이용하여 마블아트가 되어있는 원하는 곳에 라인을 그리듯 그려주고 30초 큐어합니다.

7 — 탑젤을 바르고 30초 큐어합니다.

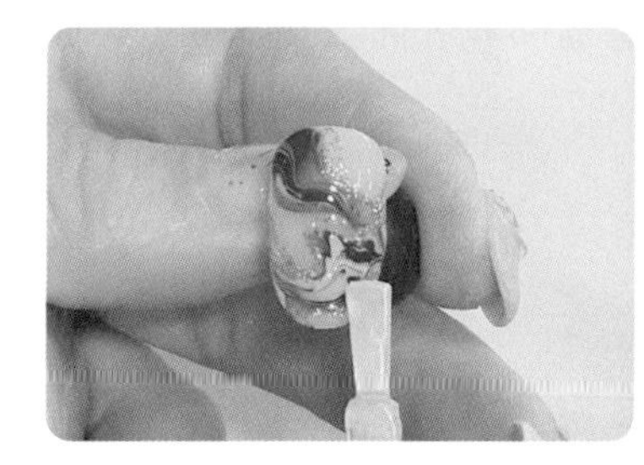

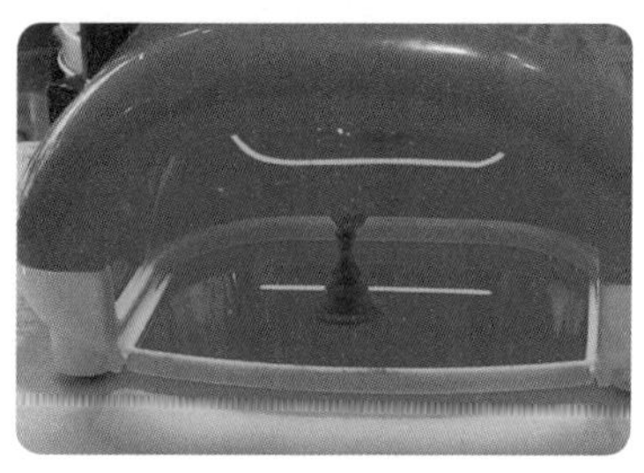

마블 대리석 아트가 완성이 되었습니다. 요즘 정해진 선이 없는 마블 형식의 디자인들이 매니아 층에서는 많은 인기를 얻는 아트입니다.

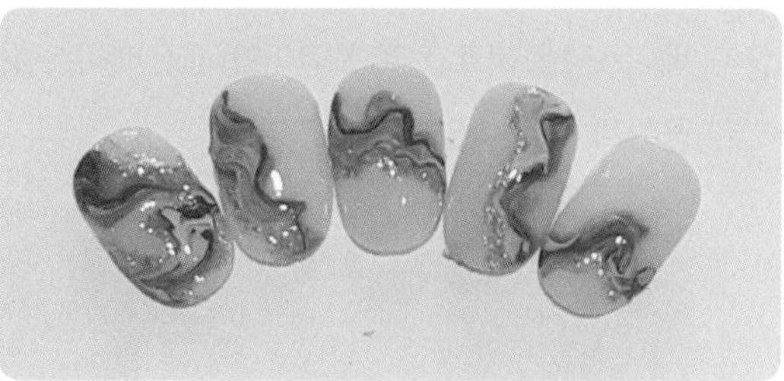

29 매직필름 아트

젤램프, 아트팁, 아트스탠드, 솜, 샌딩, 매직필름, 클리어젤, 오버레이젤, 핀셋, 트위져, 베이스젤, 탑젤, 젤리핏 CN43, G02 컬러젤

1 — 팁에 광택을 제거하는 샌딩작업을 합니다. 이 작업은 젤의 유지력에 도움이 됩니다.

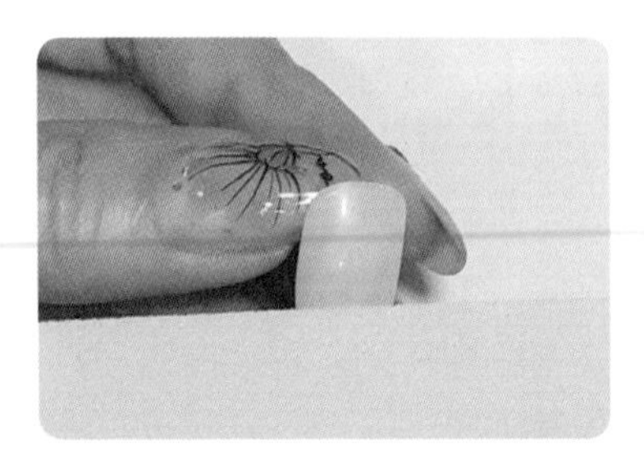

2 — 베이스젤을 바르고 30초 큐어합니다. 베이스젤을 꼼꼼히 발라야 컬러를 깔끔하게 바를 수 있습니다.

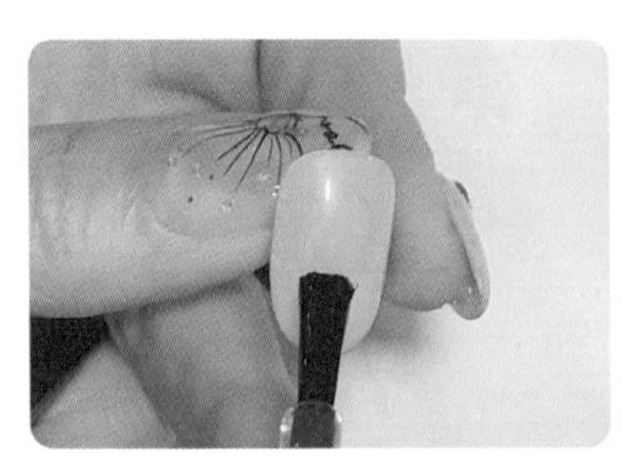

3 — 젤리핏 G02 컬러젤을 1coat하고 30초 큐어합니다.

글리터젤은 표면이 매끄럽게 바르는지 확인하고 큐어합니다.

3 — 젤리핏 G20 컬러젤을 2 coat하고 30초 큐어합니다.

1 coat에서 컬러 사이사이가 비칠 수 있으나 2 coat 에서 꼼꼼히 바를 수 있습니다,

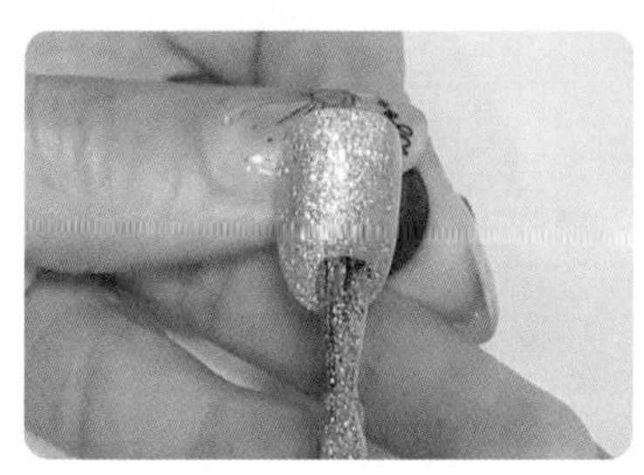

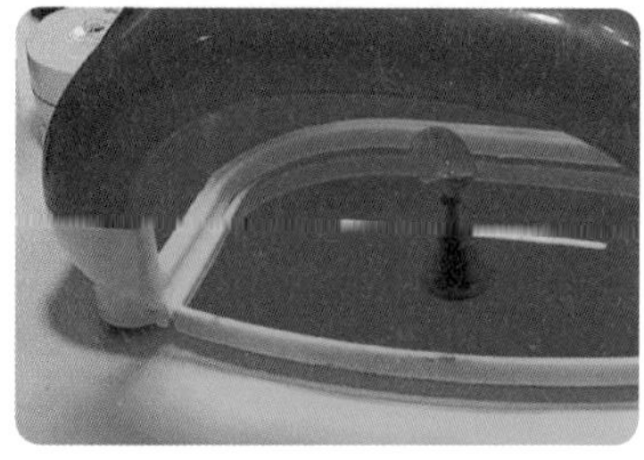

4 — 필름지를 준비하고 트위저로 커팅합니다.

필름지는 0.1cm/0.2cm/ 더 작은 사이즈로 여러 개를 자른 후 오버레이젤 또는 클리어젤을 이용하여 바르고 손톱 위 큐티클 부분의 모양에 맞게 사선 또는 둥근 모양으로 커팅 후 붙여줍니다.

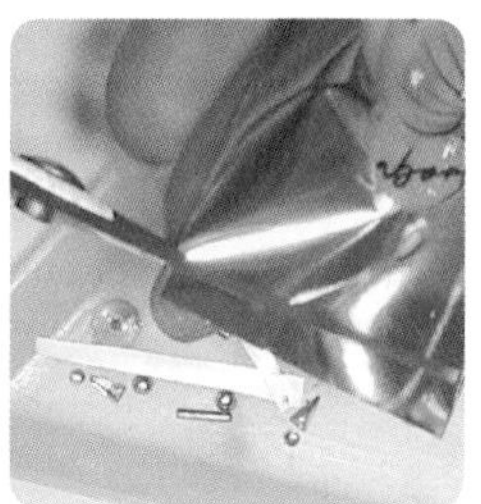

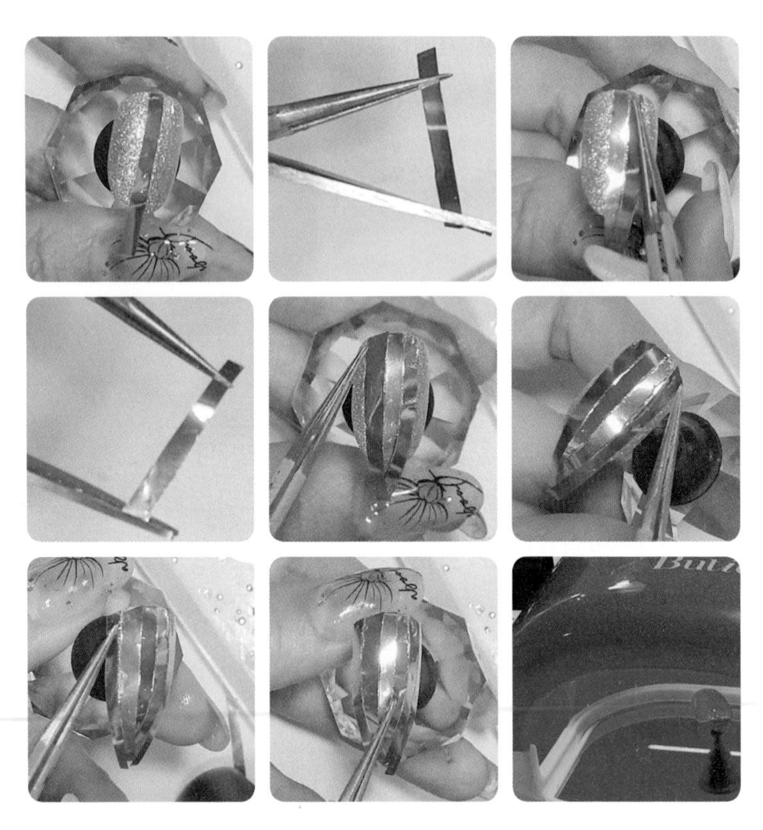

- 필름지를 붙이기 전 클리어젤 또는 오버레이젤이 모자르면 필름지가 제대로 접착이 되지 않으며, 양이 많아도 필름지 사이로 젤이 올라올수가 있습니다.
- 젤의 양 조절과 필름지를 마지막에 잘 붙어있도록 살짝 눌러주고 큐어를 충분히 해야 예쁘게 완성할 수 있습니다.

5— 큐어가 끝나면 핀셋으로 필름지를 조심히 하나씩 떼어냅니다.

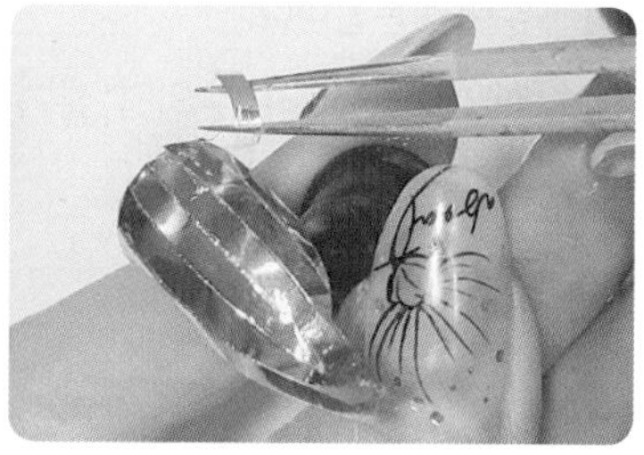

6— 필름지를 뗀 후 오버레이젤 또는 클리어젤을 바르고 30초 큐어합니다.

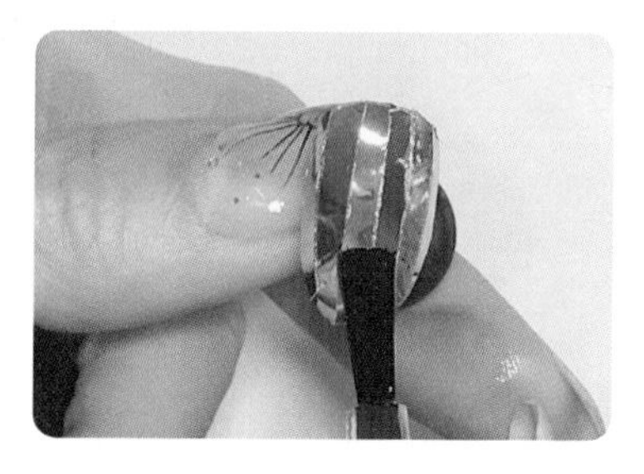

7— 큐어가 끝난 후 남아있는 미경화젤을 젤클렌저로 닦아냅니다.

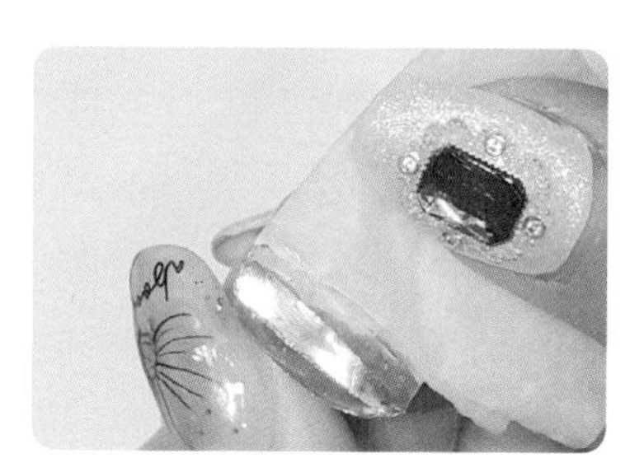

8— ⑦의 작업이 마무리되면 사이드와 쉐입의 가장자리 부분을 파일링하여 주어 정돈합니다.

파일링을 하지 않으면 젤이 묻어 구워진 필름지가 날카로워져 상처가 날 수 있습니다.

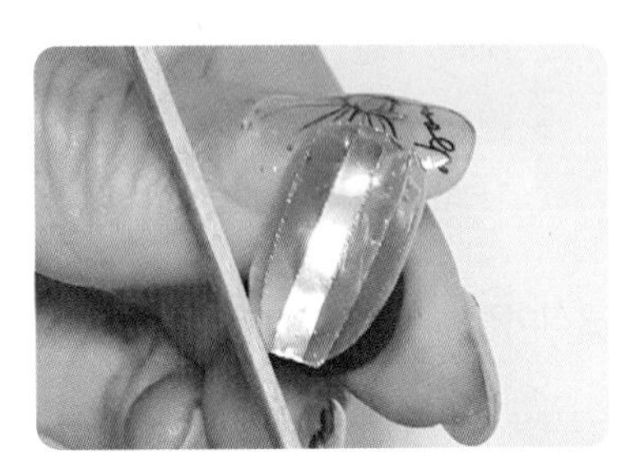

9— 탑젤을 바르고 30초 큐어합니다.

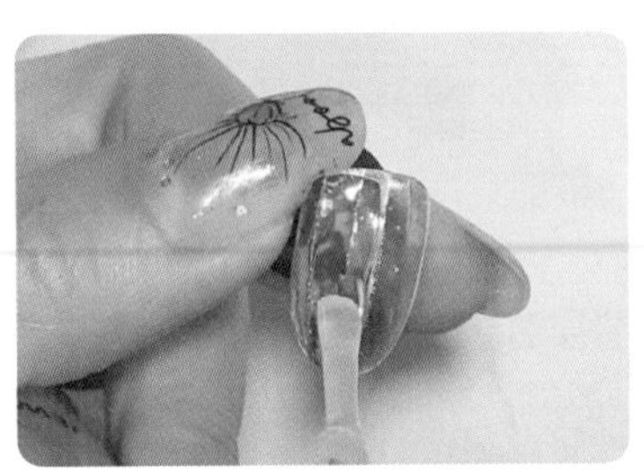

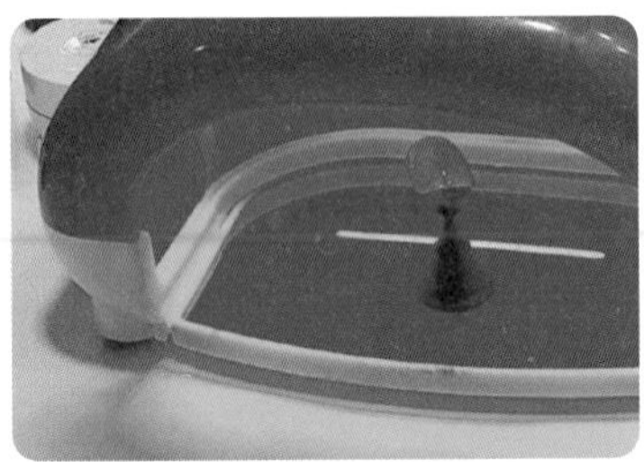

시원하고 도시적인 여름 아트가 완성되었습니다.

컬러를 넣지않고 랩을 이용하여도 화려한 아트가 될 수 있습니다.

30 유리테이프 아트

젤램프, 젤클렌저, 솜, 샌딩, 아트팁, 아트스탠드, 핀셋, 스티커, 유리테이프, 베이스젤, 탑젤, 오버레이젤, 젤리핏 CN02, MG04, NU15, 컬러젤

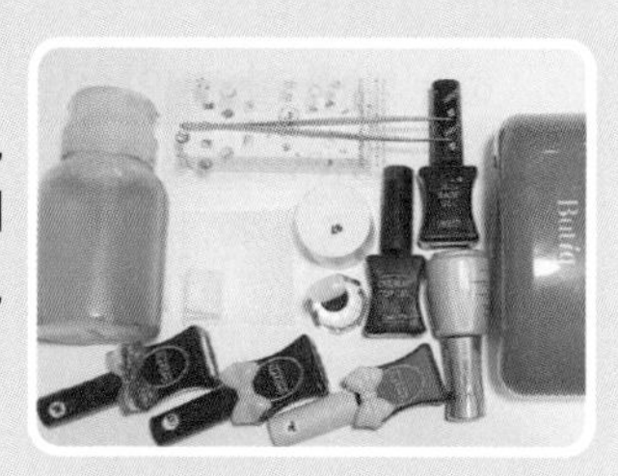

1 ─ 팁에 광택을 제거하는 샌딩작업을 합니다. 이 작업은 젤의 유지력에 도움이 됩니다.

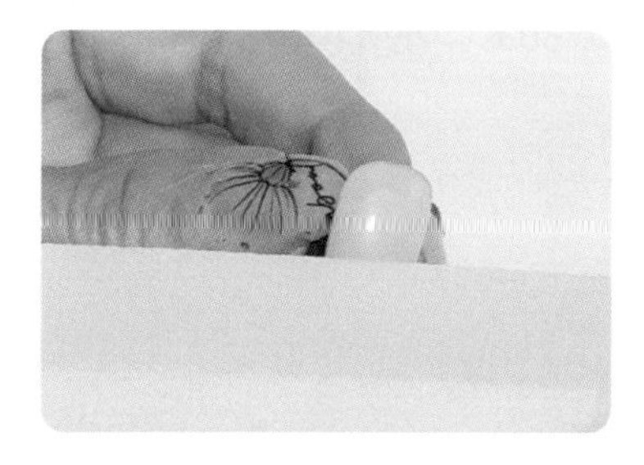

2 ─ 베이스젤을 바르고 30초 큐어합니다. 베이스젤을 꼼꼼히 발라야 컬러를 깔끔하게 바를 수 있습니다.

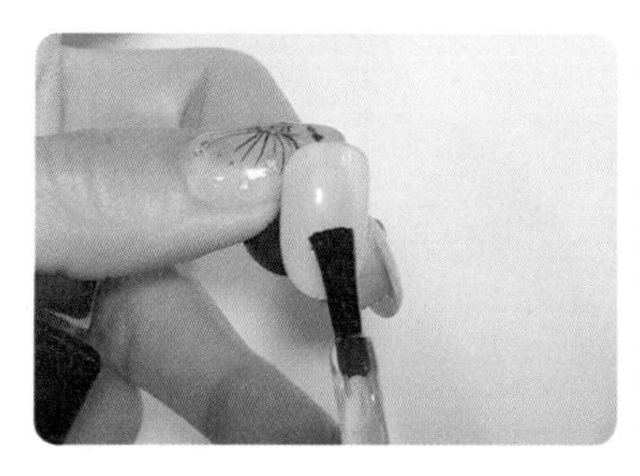

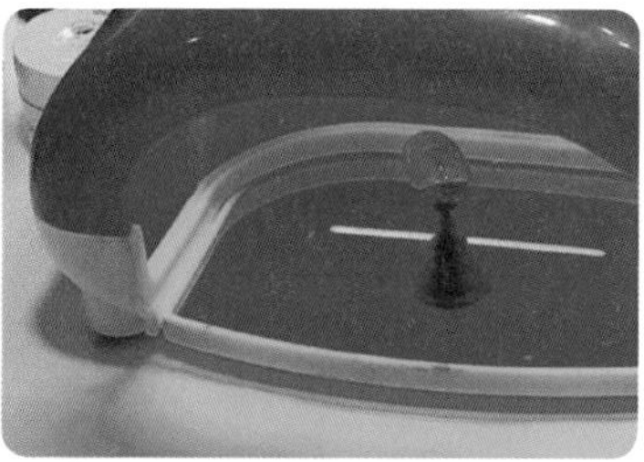

3 ― 젤리핏 NU15 컬러젤을 1 coat하고 30초 큐어합니다.

- 누드 컬러는 양 조절로 얼룩지지 않게 발라야 하며 색의 농도는 원하는 만큼 할 수 있습니다.
- 양 조절이 어려우면 같은 양의 컬러를 여러 번(약 3~4회) 바를 수 있습니다.

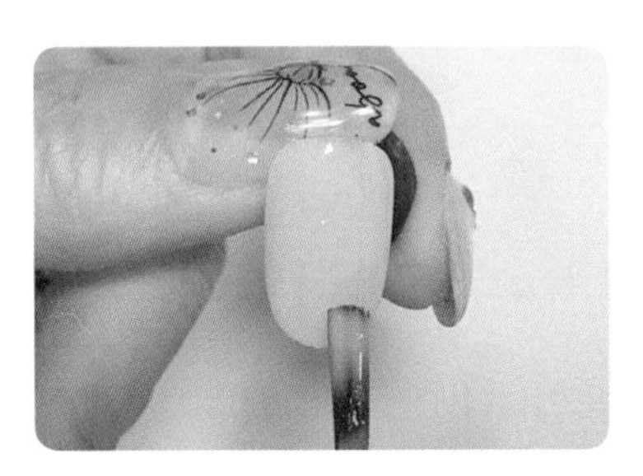

4 ― 젤리핏 NU15 컬러젤을 2coat하고 30초 큐어합니다.

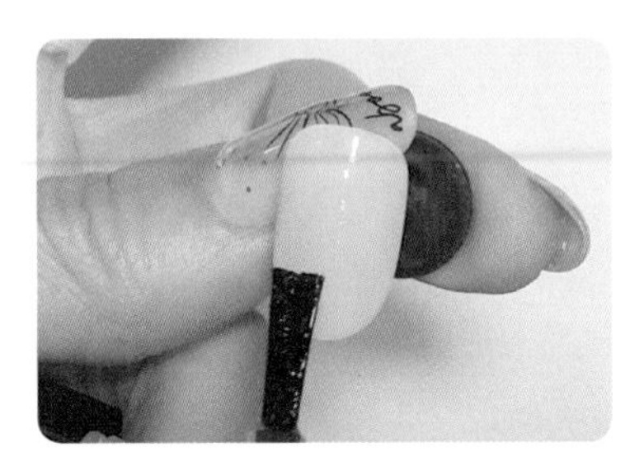

5 ― 오버레이젤을 바르고 유리테이프을 커팅하여 준비하고 팁의 가장 자리에 붙여줍니다.

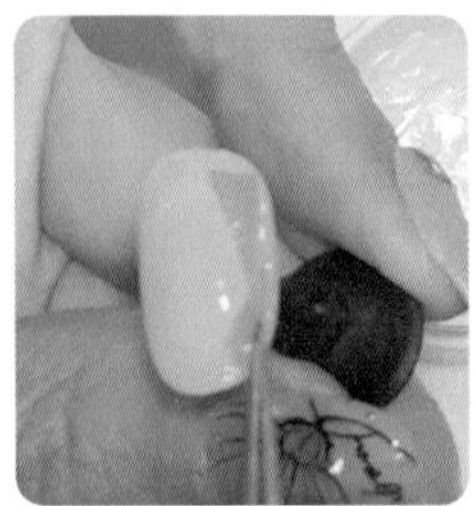

6— 30초 큐어 후 다시 오버레이젤을 바르고 20초 큐어합니다.
유리테이프이 잘 붙었는지 확인합니다.

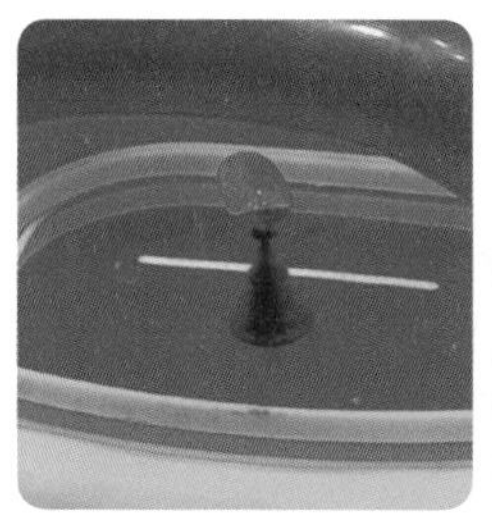

7— 큐어가 끝나면 남아있는 미경화젤을 젤클렌져로 닦아내고 준비한 스티커를 선택하여 붙여줍니다.

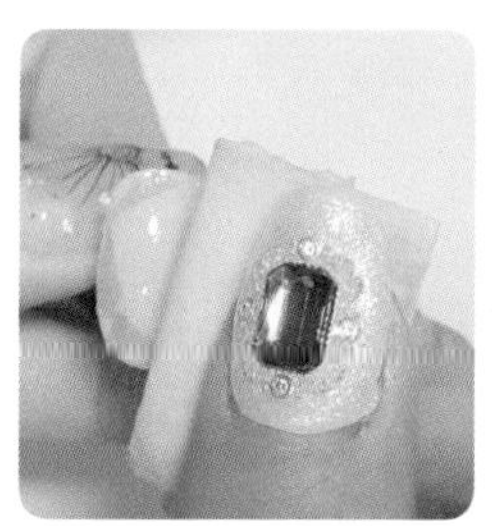
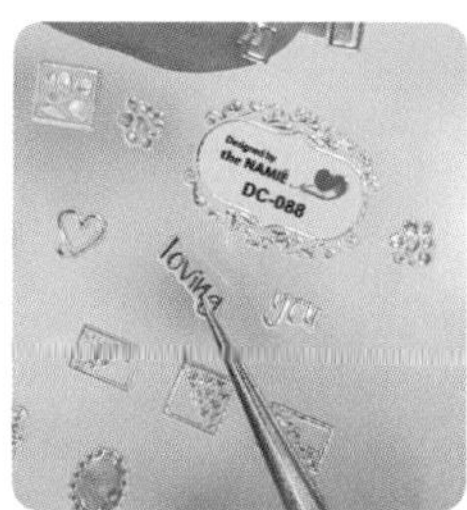

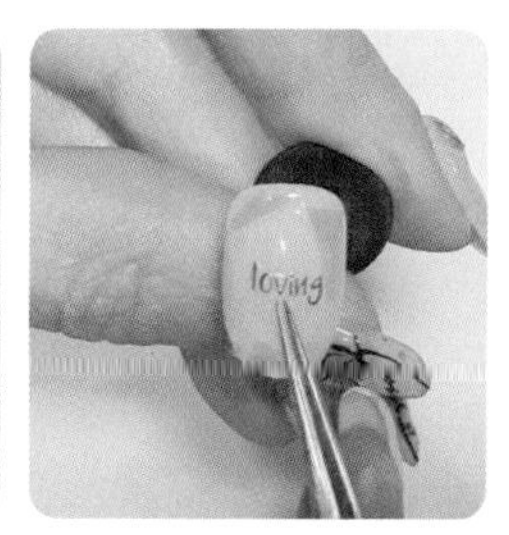

8— 탑젤을 바르고 30초 큐어합니다.

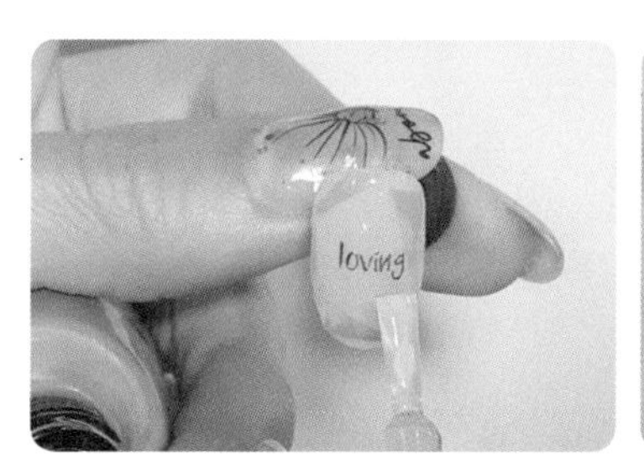

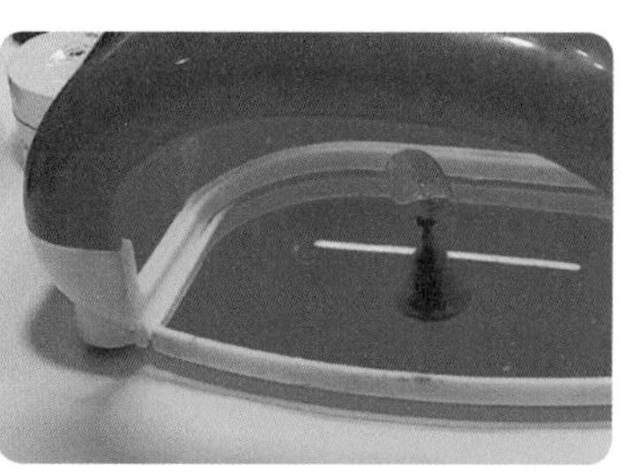

햇빛에 너무도 예쁘게 보이는 유리테이프아트 완성입니다.
다른 아이템과 함께 표현해도 예쁘게 만들 수 있으며, 여러가지의 컬러 테이프이 있어 원하는 데로 표현이 가능합니다.

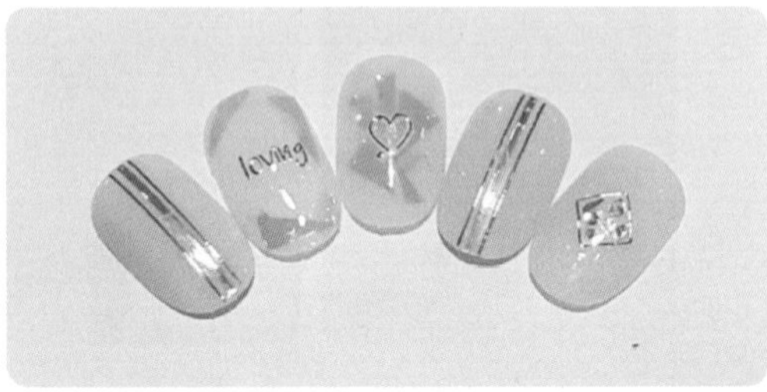

31 보트글리터 아트

젤램프, 아트팁, 아트스탠드, 솜, 젤 클렌저, 샌딩, 핀셋, 베이스젤, 타바 젤, 오버레이젤 또는 클리어젤, 젤리핏 CN 51, 53, AG04, 05, 컬러젤

1 ─ 팁에 광택을 제거하는 샌딩작업을 합니다. 이 작업은 젤의 유지력에 도움이 됩니다.

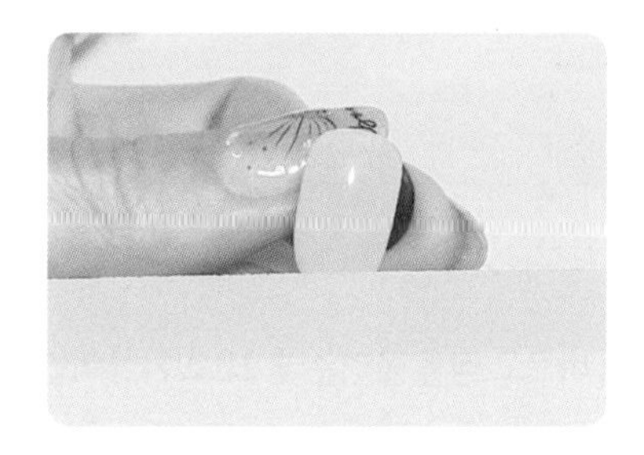

2 ─ 베이스젤을 바르고 30초 큐어합니다. 베이스젤을 꼼꼼히 발라야 컬러를 깔끔하게 바를 수 있습니다.

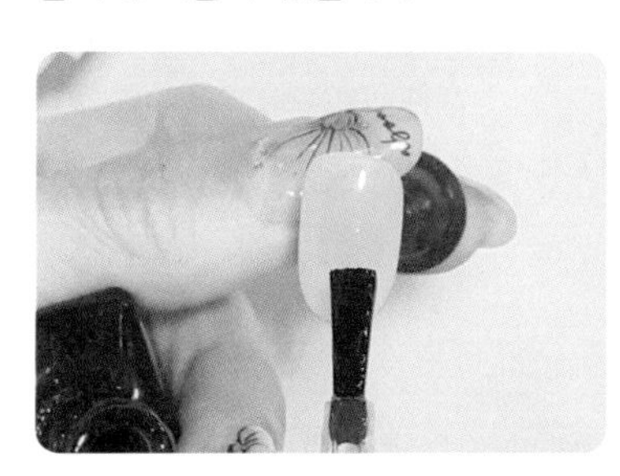

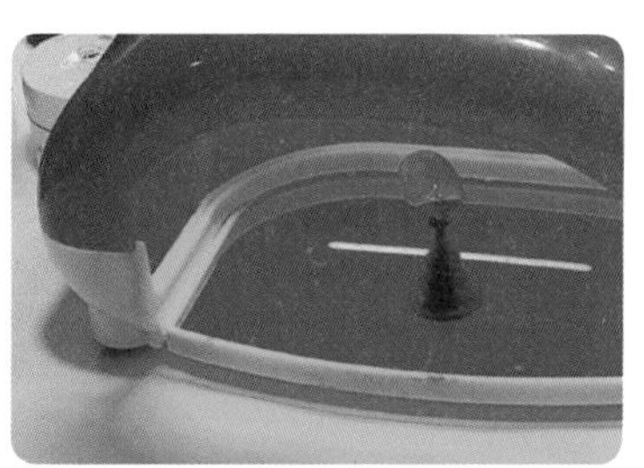

3 — 젤리핏 CN 51 컬러젤을 1coat 바르고 30초 큐어합니다.

컬러는 꼼꼼히 매끄럽게 바릅니다.

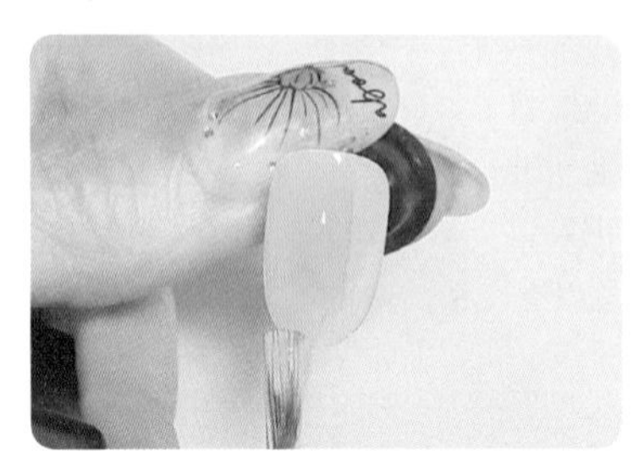

4 — 젤리핏 CN 51 컬러젤을 2coat 바르고 30초 큐어합니다.

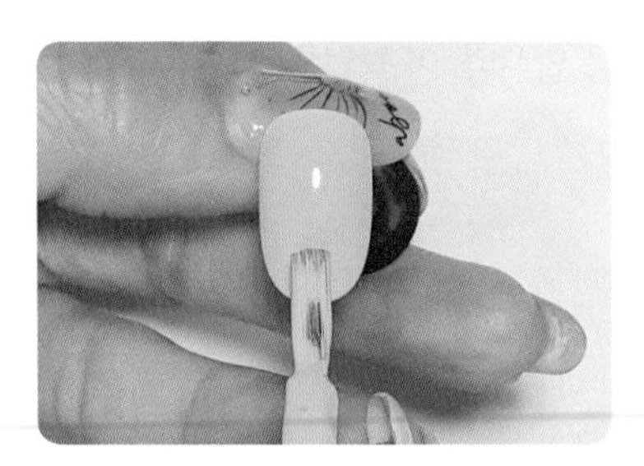

5 — 오버레이젤 또는 클리어젤을 팁에 바르고 참을 올려준 후 10초 가큐어합니다.

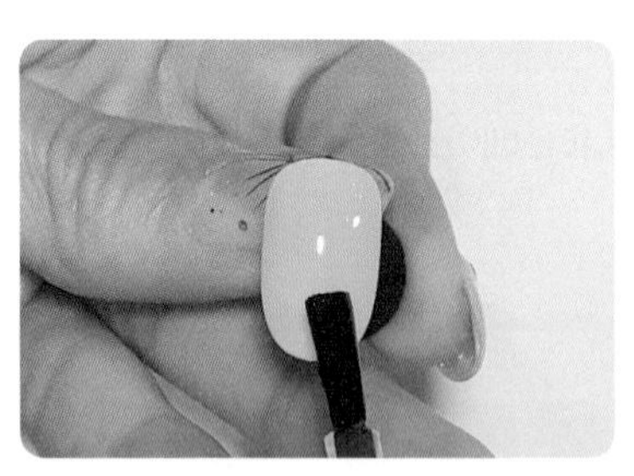

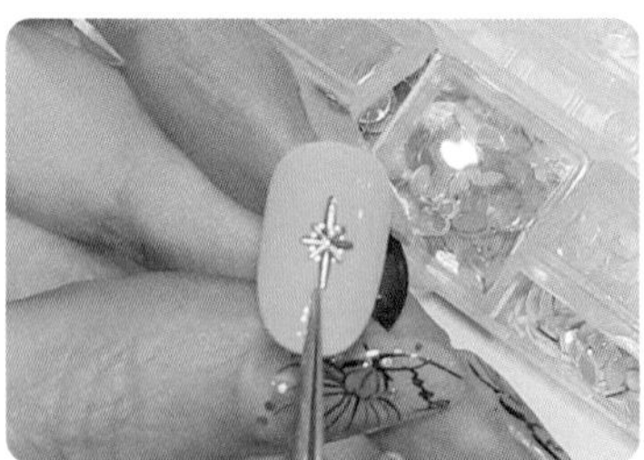

6— 여러 색의 보트 글리터를 준비해서 동그랗게 올립니다

- 글리터가 여러 개가 붙어 있는 경우가 많아 손 지문 쪽으로 살짝 비비면 낱개로 떨어져 붙이기가 용이합니다.
- 글리터를 둥근 모양으로 완성하고 30초 큐어합니다.

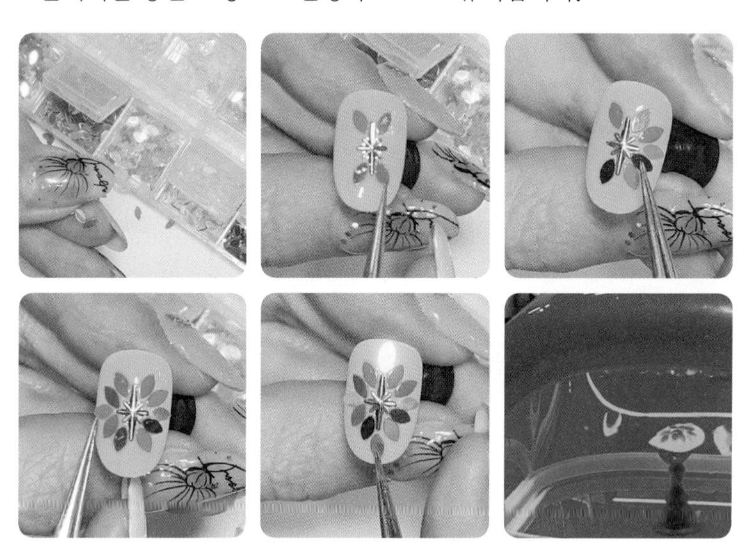

7— 오버레이젤 또는 클리어젤을 한번 더 올려주어 표면을 매끄럽게 해줍니다. 그런 후 30초 큐어합니다.

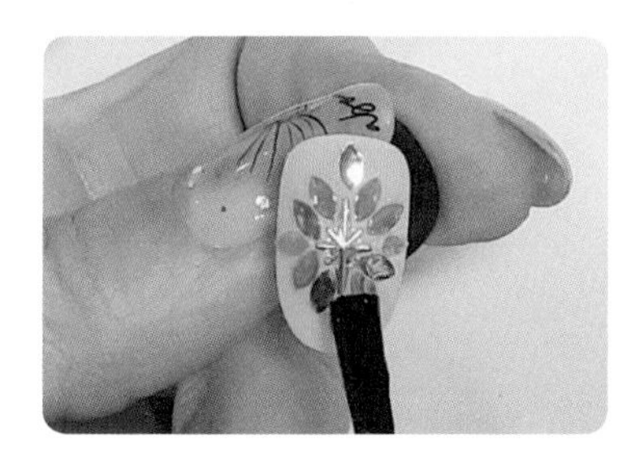

8 — 마무리로 탑젤을 바르고 30초 큐어합니다.

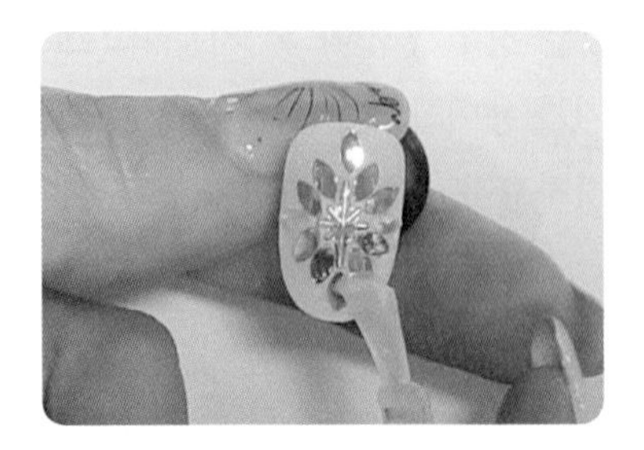

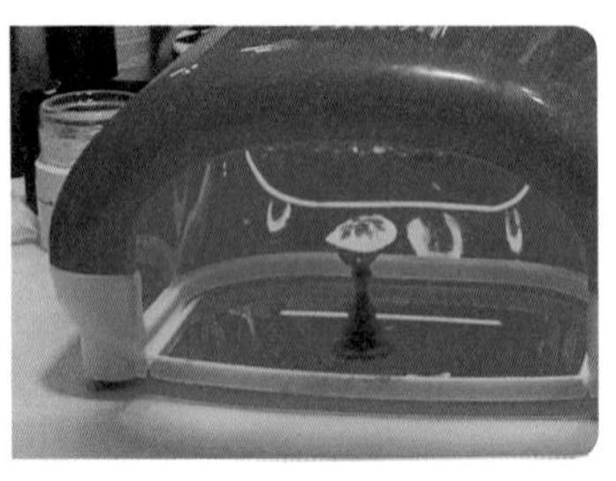

봄컬러와 세로 그라데이션이 잘 어울리는 아트가 완성되었습니다.
보트글리터는 다양한 컬러가 있기 때문에 여러 컬러를 응용해도 어디에도 어울리는 아트를 만들 수 있습니다.

32 자개 아트

젤램프, 젤클렌저, 아트팁, 아트스탠드, 솜, 샌딩, 핀셋, 금박, 베이스젤, 탑젤, 오버레이젤 또는 클리어젤, 자개 여러 종류, 젤리핏 FW 169, 181, 베리 S7 컬러젤, 참

1 — 팁에 광택을 제거하는 샌딩작업을 합니다. 이 작업은 젤의 유지력에 도움이 됩니다.

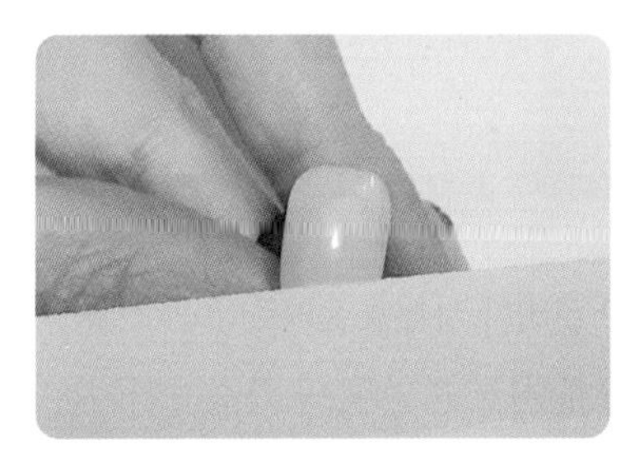

2 — 베이스젤을 바르고 30초 큐어합니다. 베이스젤을 꼼꼼히 발라야 컬러를 깔끔하게 바를 수 있습니다.

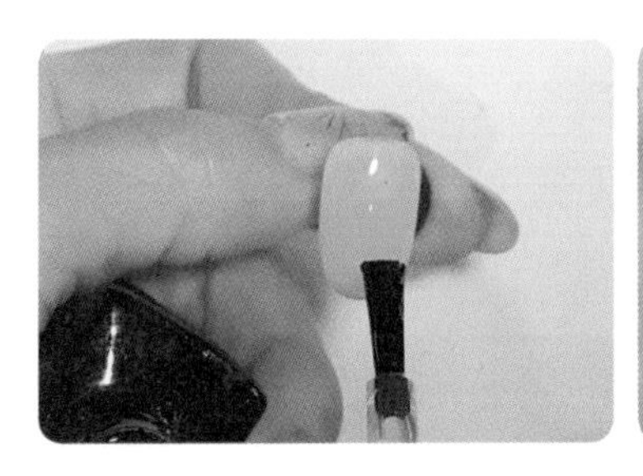

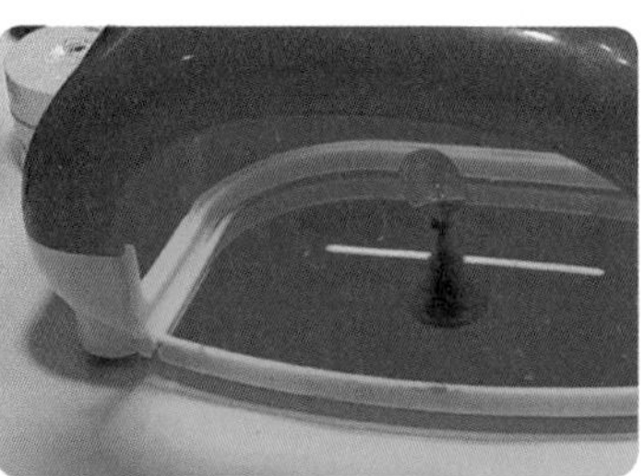

3 ─ 베리 S7 컬러젤을 1coat하고 30초 큐어합니다.

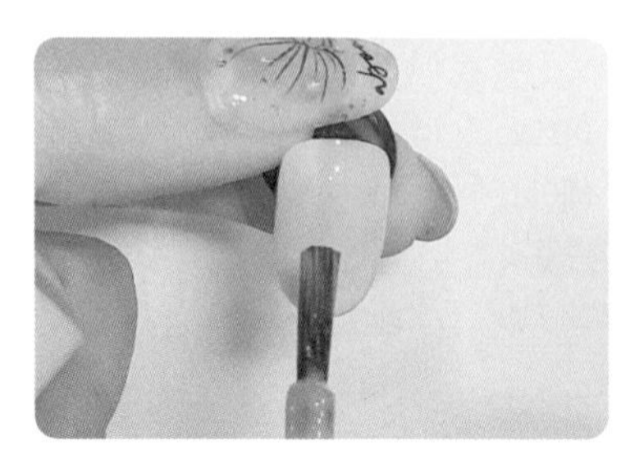

4 ─ 베리 S7 컬러젤을 2coat 하고 30초 큐어합니다.

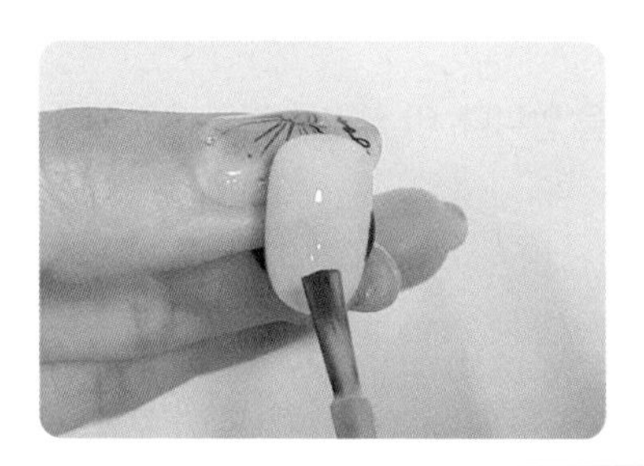

5 ─ 베이스젤 또는 클리어젤을 바르고 준비한 자개를 올려줍니다.

- 자개는 사이즈가 큰 것은 작게 자르고 손톱의 가장자리에는 큰 사이즈는 올리지 않는 것이 좋습니다.
- 자개가 다 올려지면 10초 가큐어후 금박을 포인트로 올린 후 살짝 눌러주고 30초 큐어합니다.

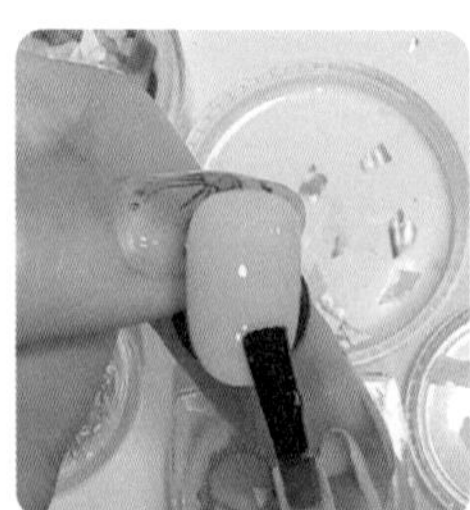

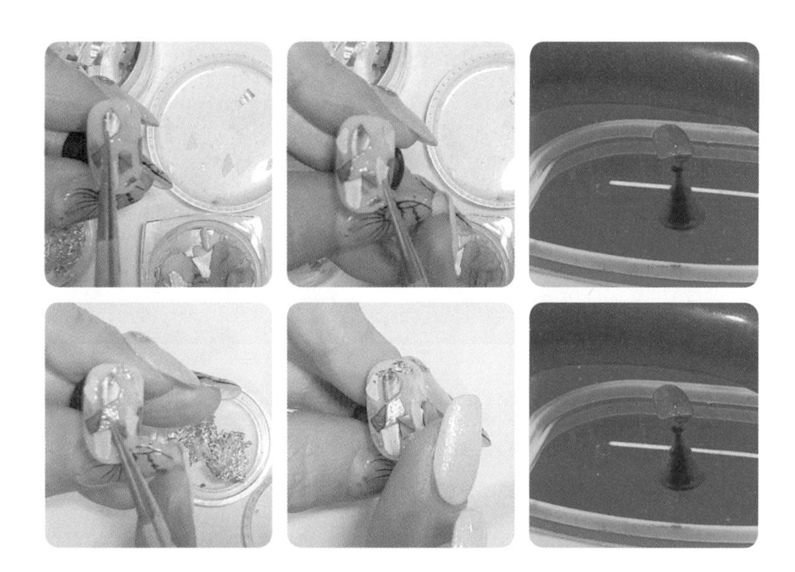

6 — 큐어가 끝나면 표면이 매끄럽지 않기 때문에 오버레이젤이나 클리어젤을 올려주어 매끄럽게 만들어주고 30초 큐어합니다.

자개가 두꺼워 표면이 거칠면 파일링으로 다듬어 줍니다

7⁻ 탑젤을 바르고 30초 큐어 후 완성합니다.

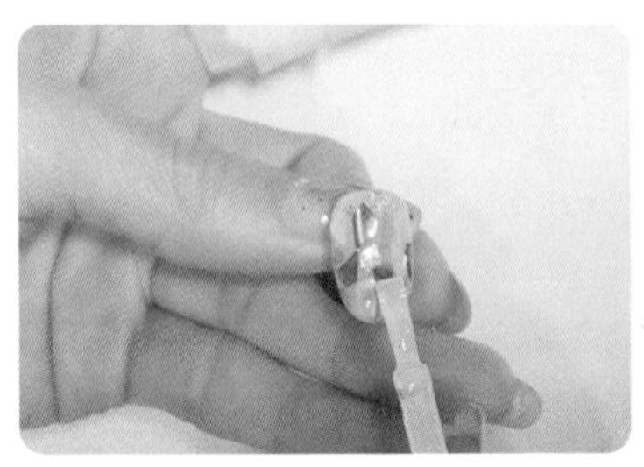
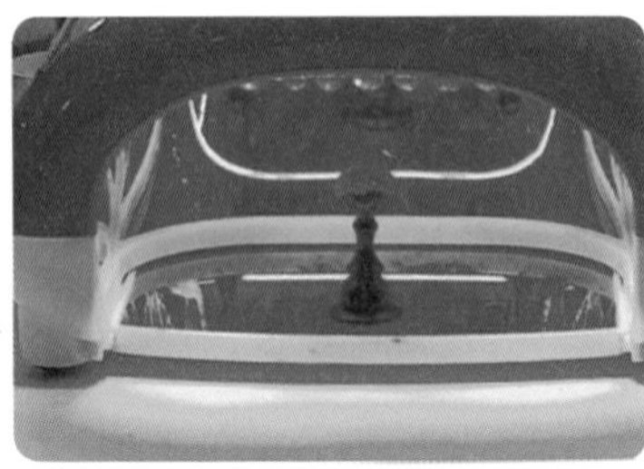

고급스런 느낌의 자개아트가 완성 되었습니다.

계절에 따라 다양한 컬러와 자개를 이용한 아트가 가능합니다.

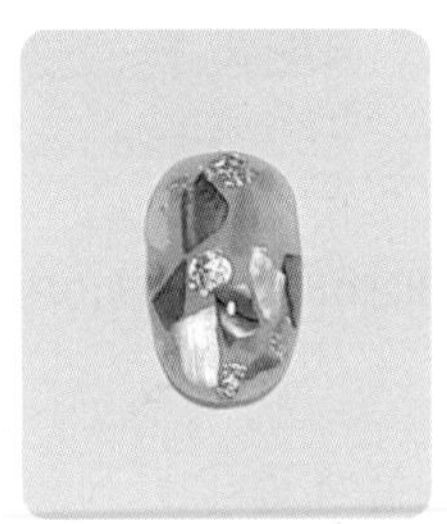
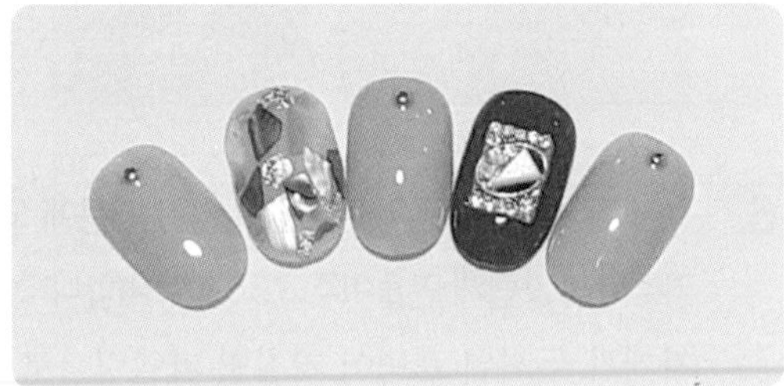

33 꽃젤

젤램프, 젤클렌저, 솜, 샌딩, 아트팁, 아트스탠드, 핀셋, 브러쉬, 꽃젤, 탑젤, 베이스젤, 참, 오버레이젤, 젤리핏 MA 05, 10, MU 812

1 — 팁에 광택을 제거하는 샌딩작업을 합니다. 이 작업은 젤의 유지력에 도움이 됩니다.

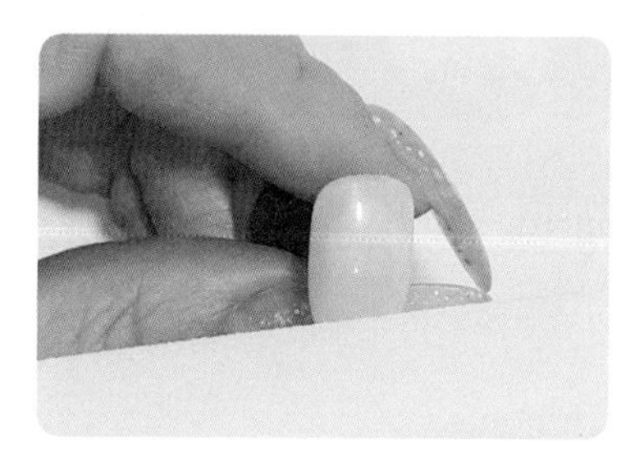

2 — 베이스젤을 바르고 30초 큐어합니다. 베이스젤을 꼼꼼히 발라야 컬러를 깔끔하게 바를 수 있습니다.

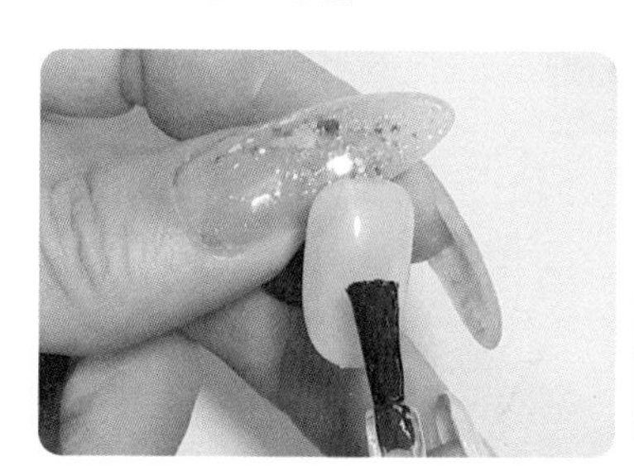

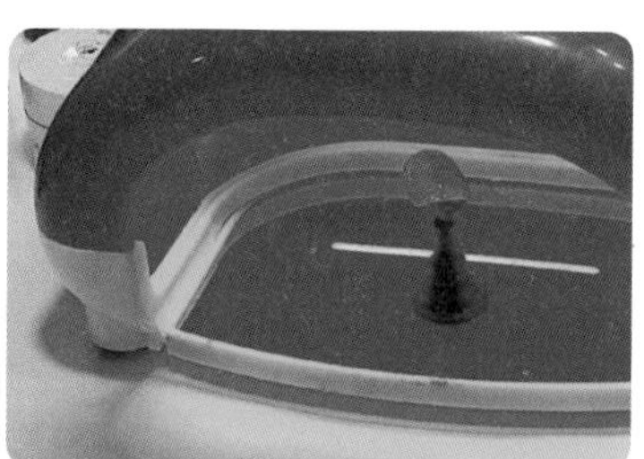

3 — 젤리핏 MA05 젤 컬러 1/2coat를 바르고 준비된 팁에 원형 모양의 참을 꽃젤 안에 넣어 젤을 입힌 후 팁에 올리고 20초 큐어합니다.

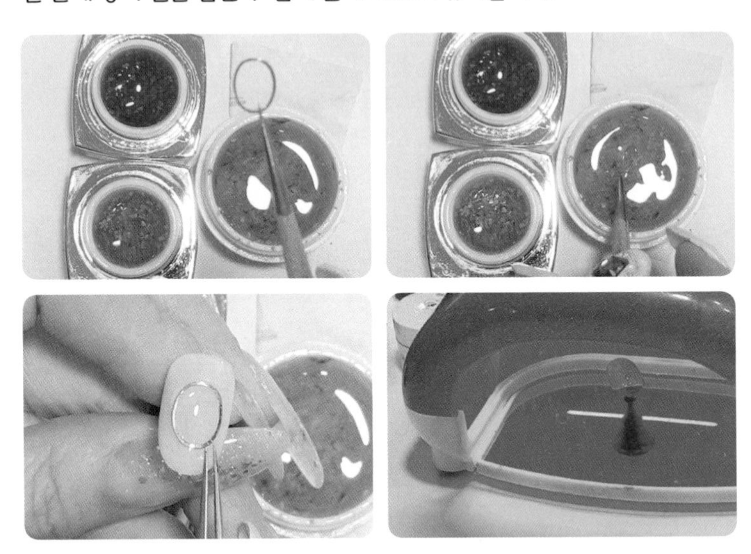

4 — 위 ③의 작업이 끝난 후 꽃젤 연핑크와 진핑크, 아이보리 꽃젤을 참 안쪽으로 올려준 다음 30초 큐어합니다.

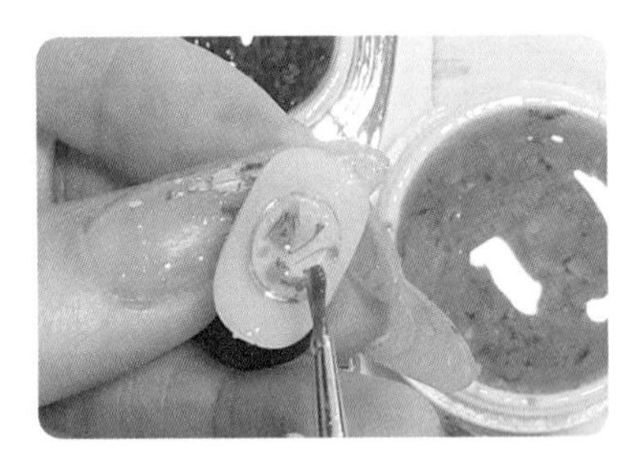

5 — 탑젤을 바르고 30초 큐어합니다.

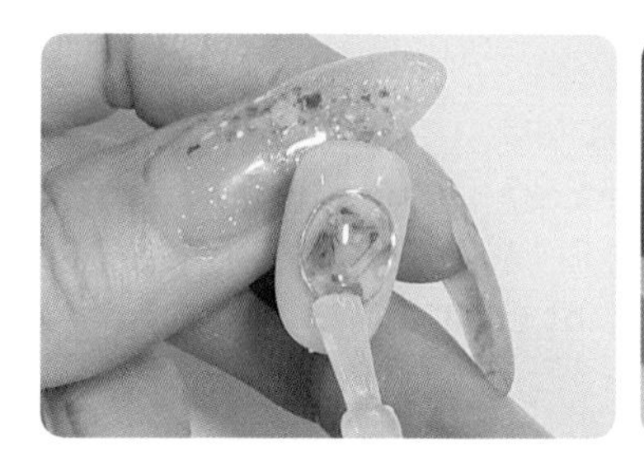

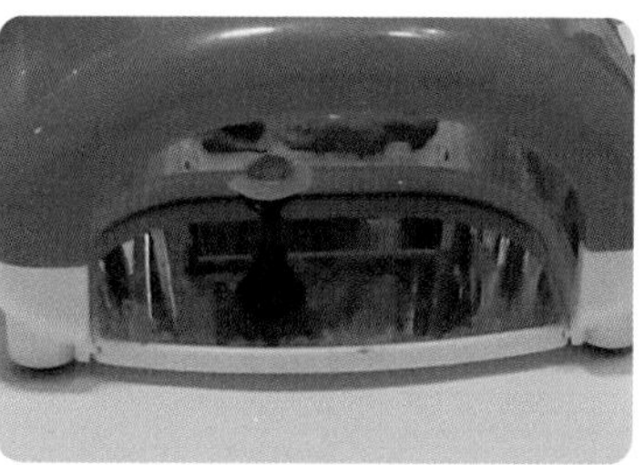

봄바람처럼 포근하고 여성스러운 꽃젤 아트가 완성되었습니다.

다양한 꽃젤로 좋아하는 컬러와 믹싱할 수 있습니다.

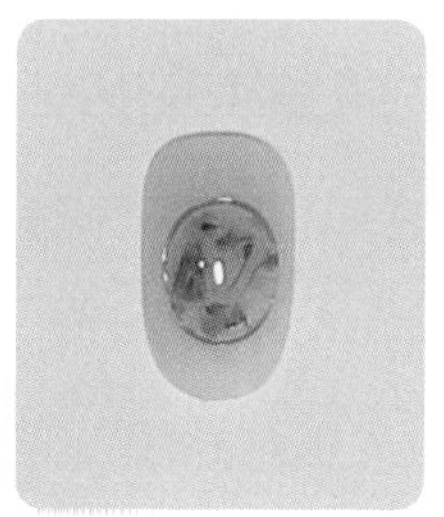

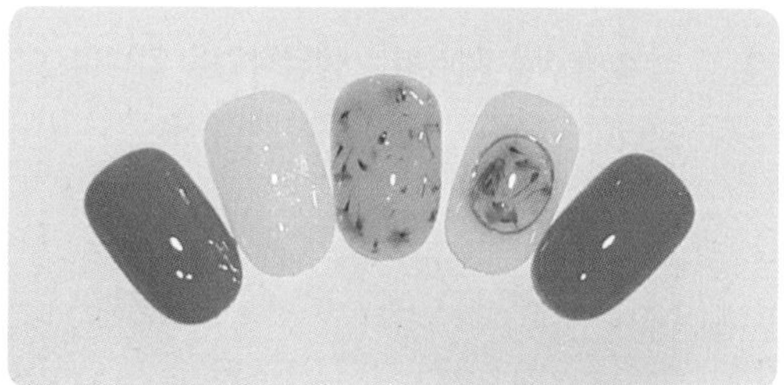

34 조개 아트

젤램프, 젤클렌져, 솜, 샌딩, 아트팁, 아트스탠드, 브러쉬, 미러 진주파우더, 탑젤, 베이스젤, 참, 오버레이젤, 젤리핏 MA05, 06, AG 62, 클리어젤

1 — 팁에 광택을 제거하는 샌딩작업을 합니다. 이 작업은 젤의 유지력에 도움이 됩니다.

2 — 베이스젤을 바르고 30초 큐어합니다. 베이스젤을 꼼꼼히 발라야 컬러를 깔끔하게 바를 수 있습니다.

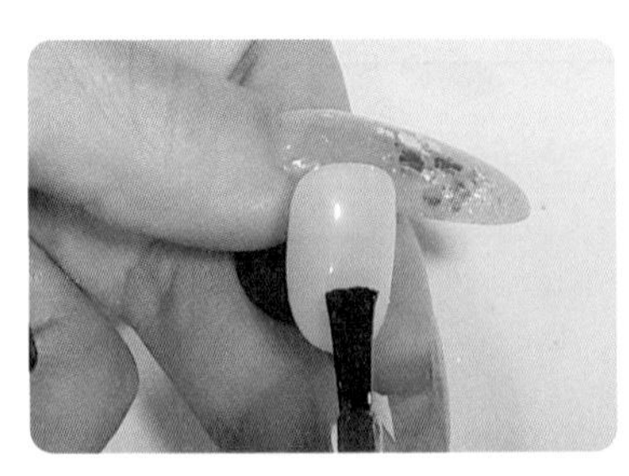

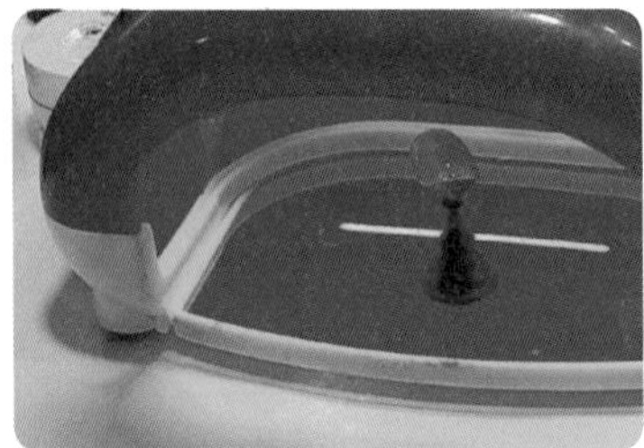

3 — 젤리핏 MA05, 06 컬러를 세로로 1/2씩 1coat 바르고 30초 큐어합니다.

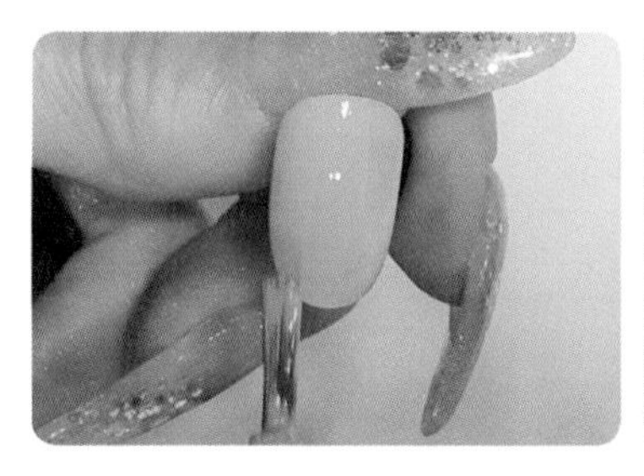
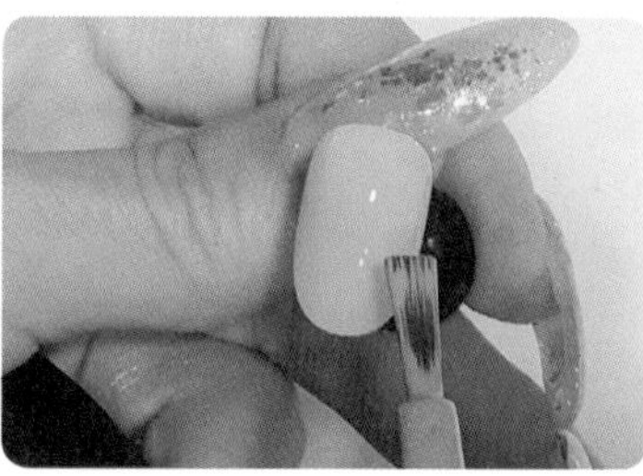

4 — 젤리핏 MA05, 06 컬러를 세로로 1/2씩 2coat 바르고 30초 큐어합니다.
컬러가 만나는 부분은 그라데이션으로 완성합니다.

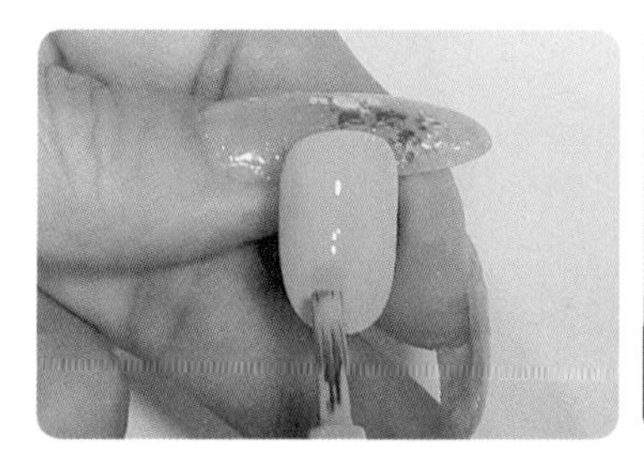
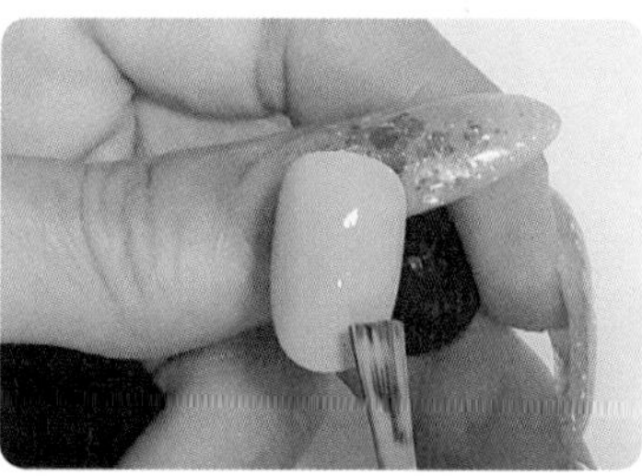

5 — 탑젤을 바르고 30초 큐어합니다.

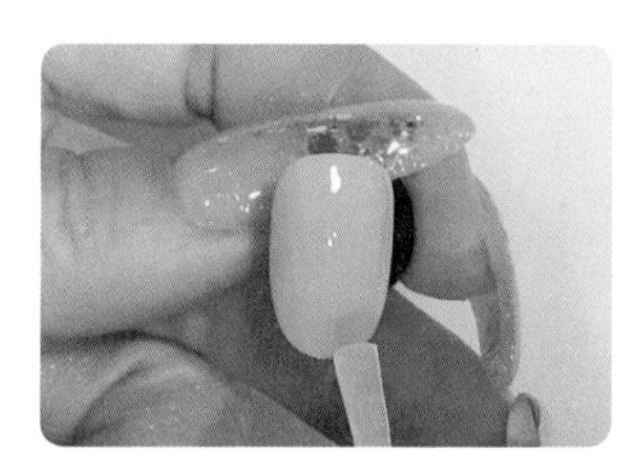

6 ⑤의 작업이 끝나면 미러 파우더를 바르고 탑을 바르고 30초 큐어합니다.

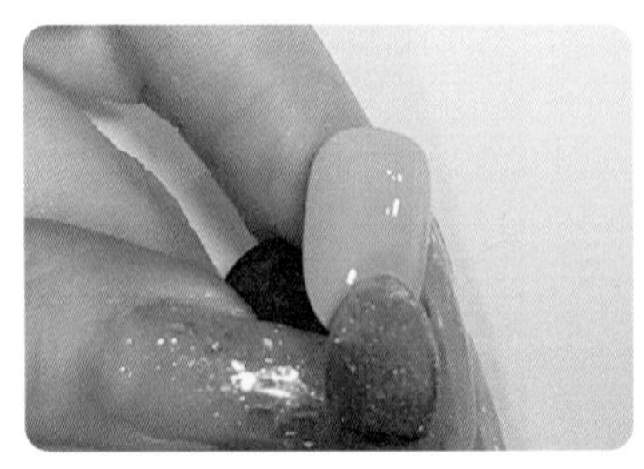
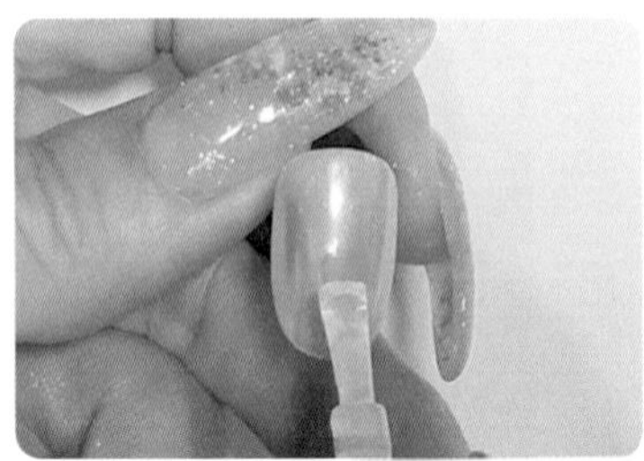

7 클리어 젤(흘러내리지 않는 빌더젤을 사용합니다.)을 이용하여 조개 껍질의 모양을 표현합니다.

그림의 예시처럼 모양이 나오면 30초 큐어합니다.

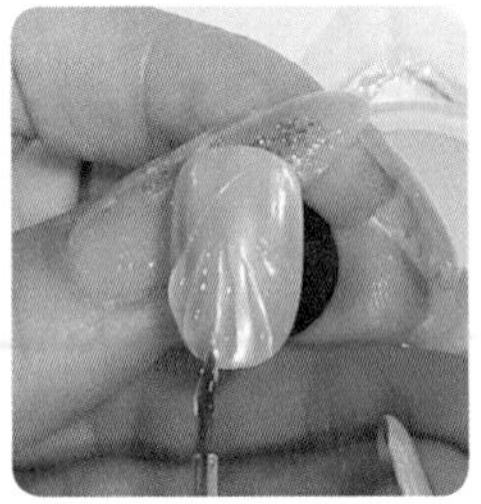
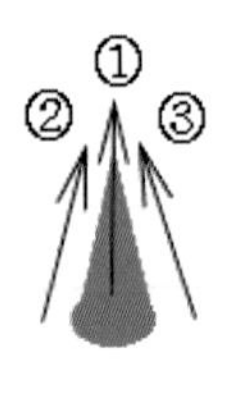

8 위 ⑦의 작업을 한번더 진행하여 선명한 조개 모양을 표현하고 30초 큐어합니다.

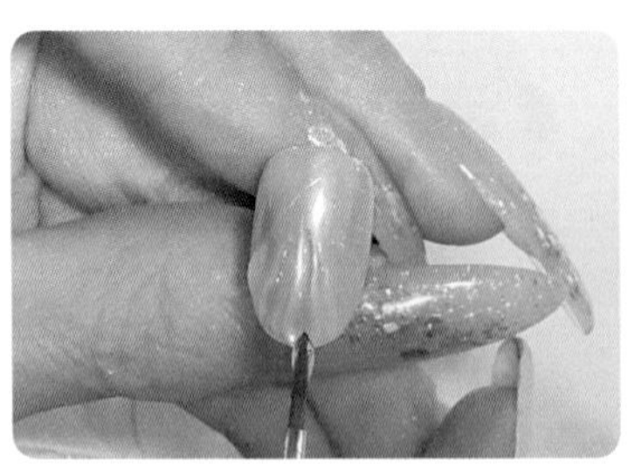
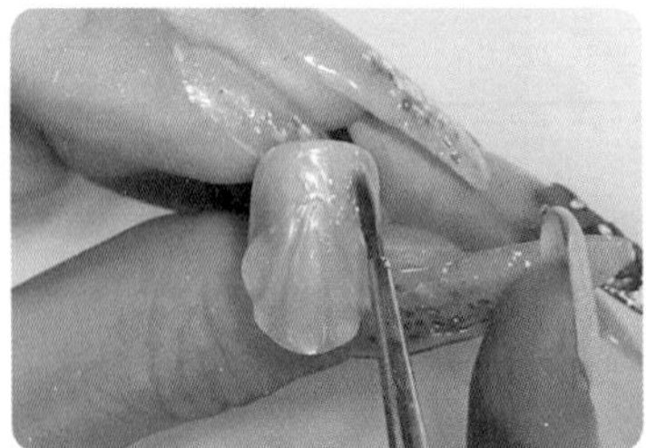

9 조개 모양의 윗 부분을 클리어 젤을 바르고 참을 올려준 후 30초 큐어합니다.

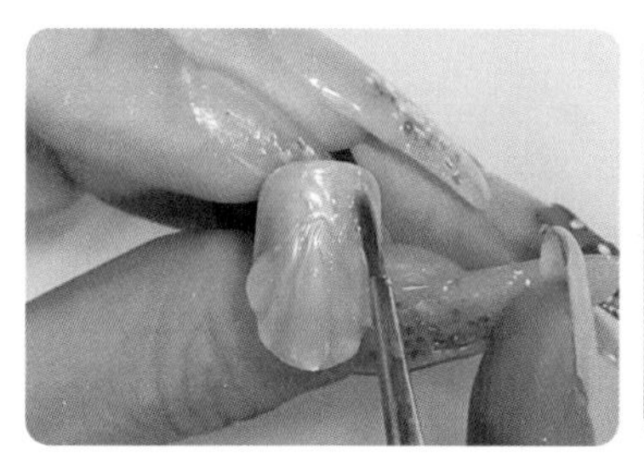

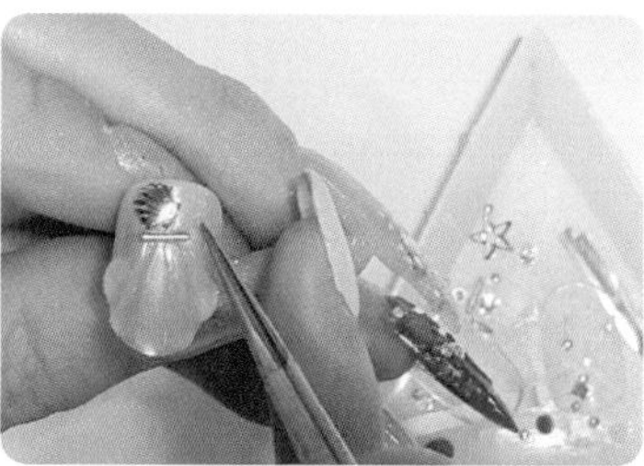

10 참을 올린부분에 탑젤을 바르고 30초 큐어합니다.

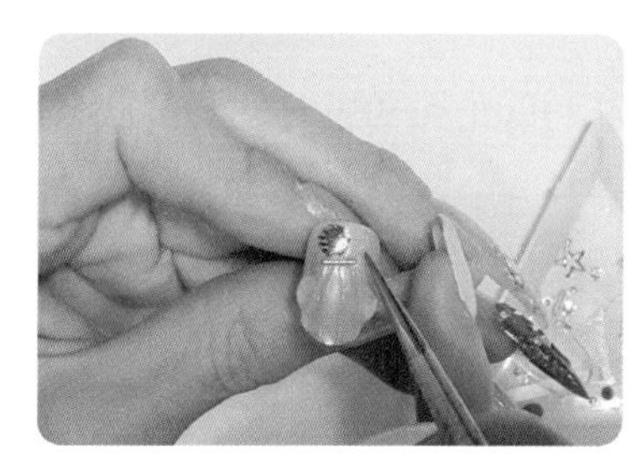

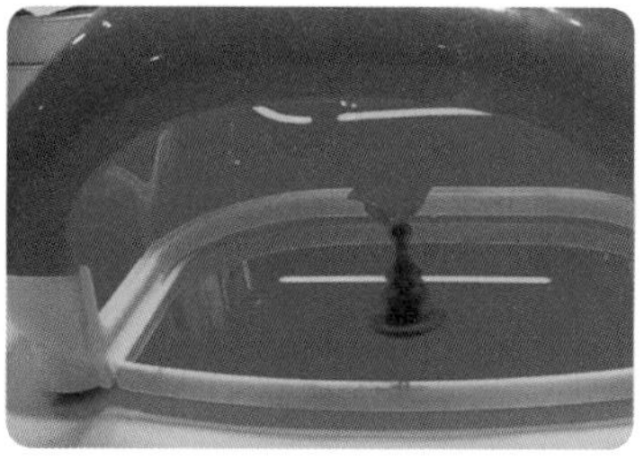

진주조개느낌이 물씬나는 아트입니다. 일반 젤컬러에 그냥하는 아트보다 미러파우더의 아트가 더 잘 표현됩니다.

혹은 누드 컬러에 미러 파우더의 아트도 표현하기도 합니다.

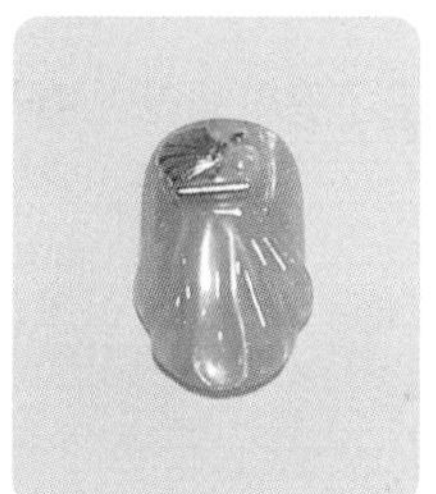

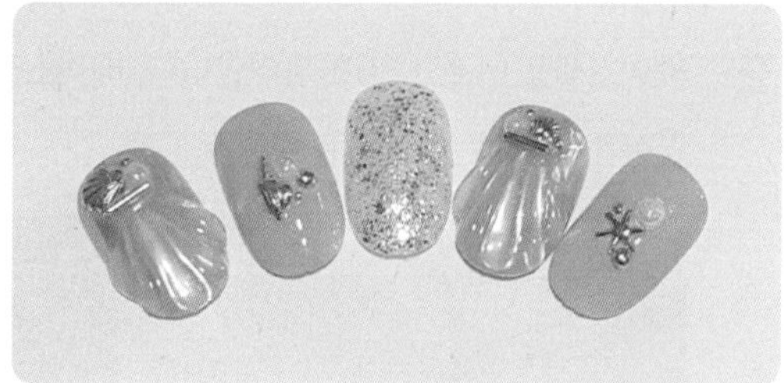

35 자석 아트

젤램프, 젤클렌저, 솜, 샌딩, 아트팁, 아트스탠드, 탑젤, 베이스젤, 젤리핏 블랙, 자석, AZEL AU 07, 08, 09, 10, 11, 12

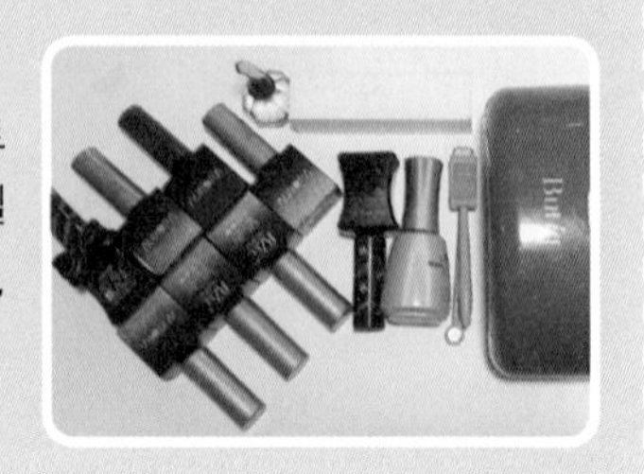

1 ⎯ 팁에 광택을 제거하는 샌딩작업을 합니다. 이 작업은 젤의 유지력에 도움이 됩니다.

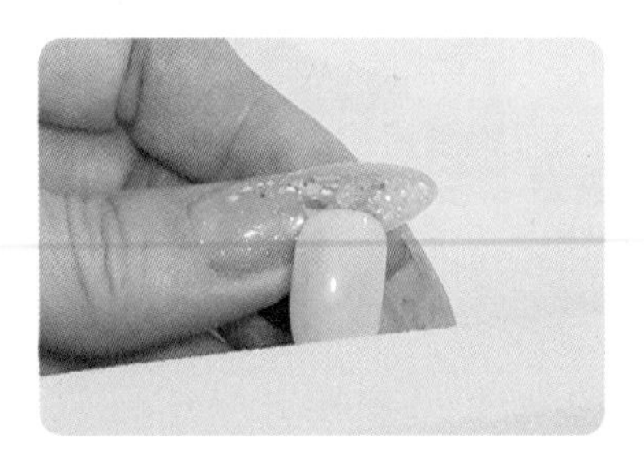

2 ⎯ 베이스젤을 바르고 30초 큐어합니다. 베이스젤을 꼼꼼히 발라야 컬러를 깔끔하게 바를 수 있습니다.

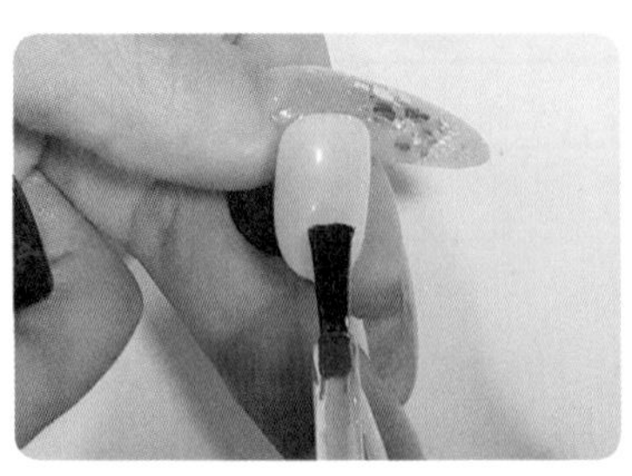

3⁻ 젤리핏 블랙 컬러를 1coat하고 30초 큐어합니다.

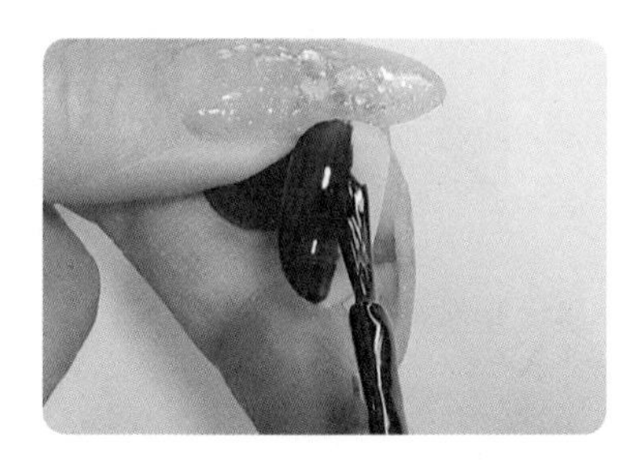

4⁻ 젤리핏 블랙 컬러를 2coat 하고 30초 큐어합니다.

자석젤의 여러 컬러로 디자인 표현으로 팁을 미리 여러개 준비합니다.

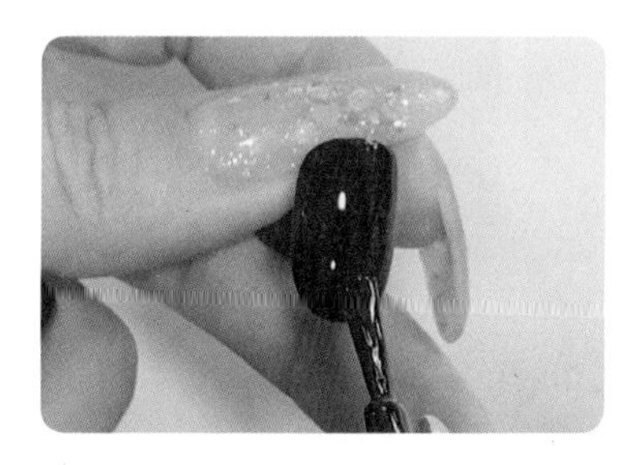

자석으로 좌, 우, 위, 아래를 한 번 씩 가져다 데는 작업을 반복하여 컨트롤 해줍니다.

5⁻ AU09 컬러를 원콧하고 자석으로 모양을 만들어줍니다.

- 두 자석을 붙이고 팁의 가운데서 고정후 잠시 후 자석을 빼면 십자 모양이 완성됩니다.
- 완성된 팁을 30초 큐어합니다.

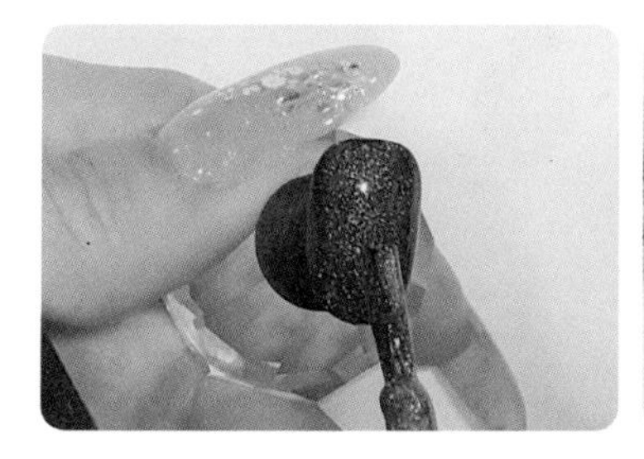

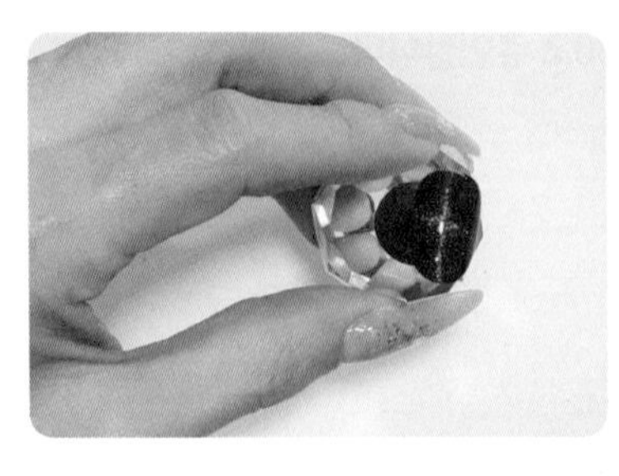
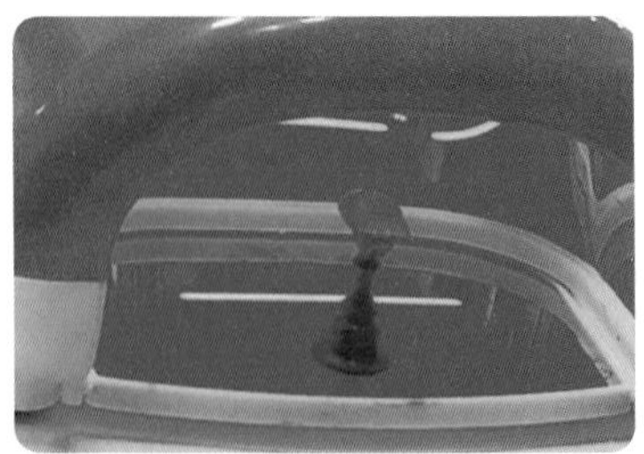

6— AU08 컬러를 바르고 자석 하나만 중심에 머물다 떼어낸후 모양을 확인하고 30초 큐어합니다.

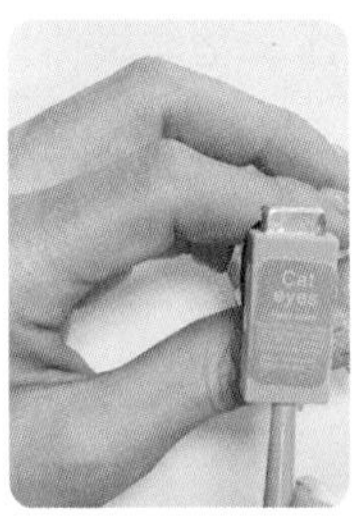

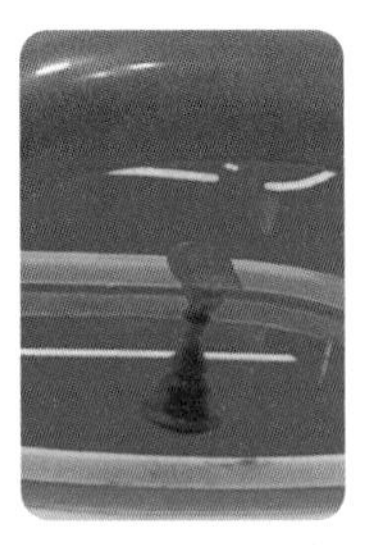

7— AU 07 컬러를 바르고 자석을 상, 하, 좌, 우 기본 컨트롤을 한후 막대 자석을 약간 팁쪽으로 기울이고 둥근자석은 팁의 가운데를 조준하여 잠시 기다린 후 자석을 떼어준후 탑젤을 바르고 30초 큐어합니다.

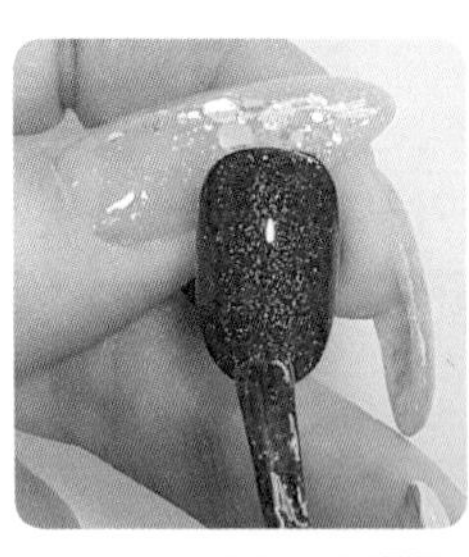

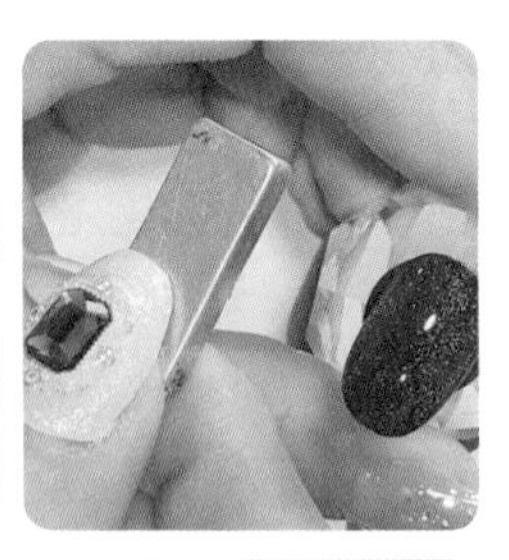

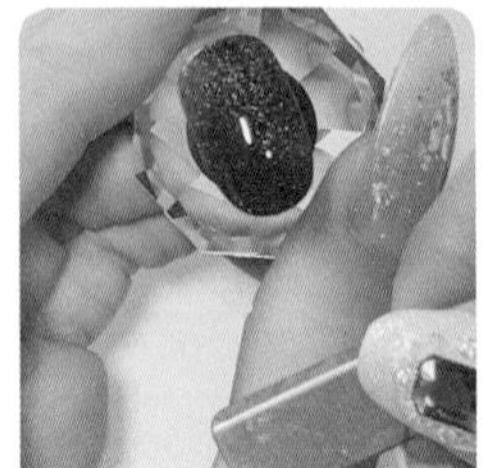

8— AU10 컬러를 바르고 자석을 상, 하, 좌, 우 기본 컨트롤을 한후 막대 자석을 위,아래 모두 팁의 안쪽으로 살짝씩 기울이고 기다린후 자석을 떼어내고 탑젤을 바르고 30초 큐어합니다.

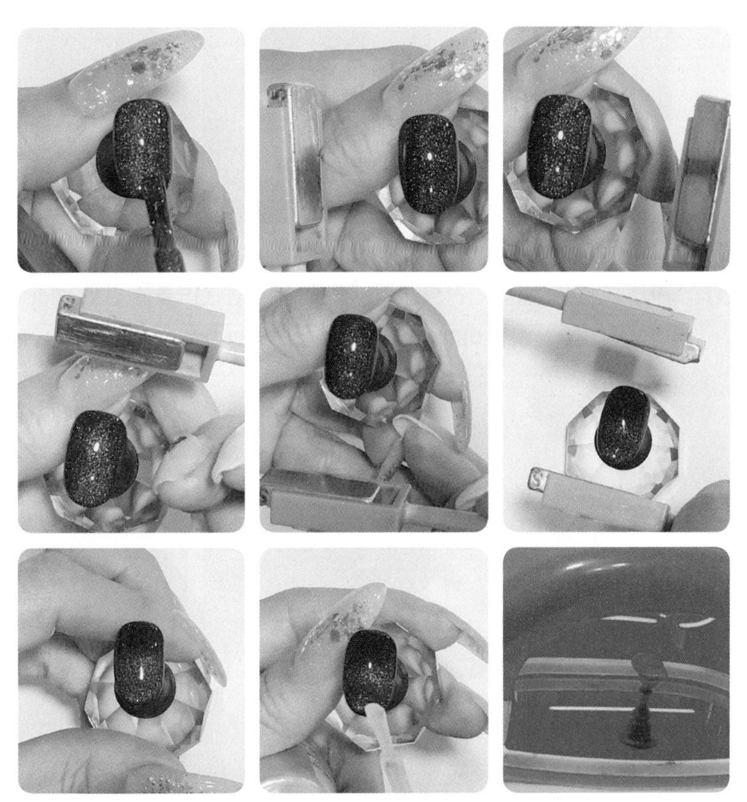

9 — AU11 컬러를 바르고 자석을 상, 하, 좌, 우 기본 컨트롤을 한후 막대자석을 아랫부분에 두고 세우며 둥근자석은 중심에 머무른 후 다시 둥근자석만 가운데 머문 후 떼어냅니다. 모양이 완성되면 탑젤을 바르고 30초 큐어합니다.

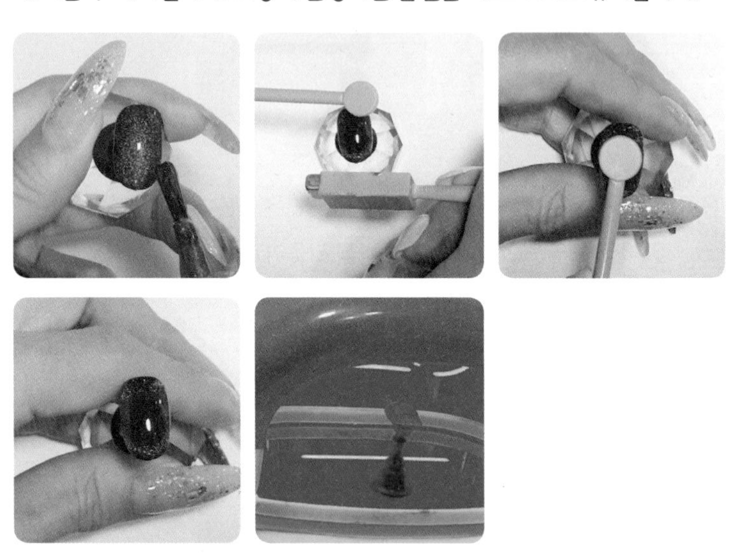

10 — AU12 컬러를 바르고 자석을 상, 하, 좌, 우 기본 컨트롤을 한후 위에 자석은 안쪽으로 0° 눕히고 아래는 세워주어 모양을 확인후 탑젤을 바르고 30초 큐어합니다.

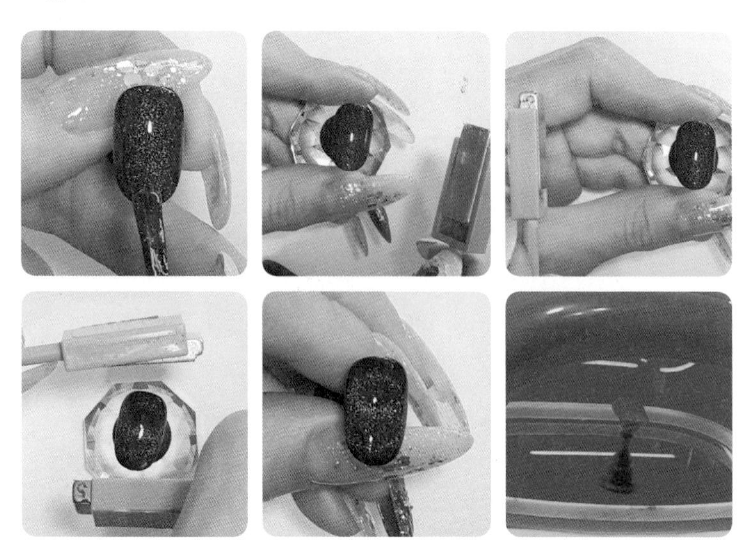

블랙홀같은 여러디자인의 자석젤 아트가 완성되었습니다.

손을 움직이는 각도에 따라 빛의 각도에 따라 디자인이 움직여지는 듯한 매력적인 아트입니다.

베이스 컬러로는 블랙이 아닌 컬러도 표현이 가능합니다.

36 봄 아트

젤램프, 젤클렌져, 솜, 샌딩, 아트팁, 아트스탠드, 핀셋, 파렛트, 참 베이스젤, 탑젤, 피니쉬젤, 픽스젤, 오버레이젤, 라인테이프, 와이어 무광탑젤, 젤리핏 NU11, MA03, AG51, MA04

1 — 팁에 광택을 제거하는 샌딩작업을 합니다. 이 작업은 젤의 유지력에 도움이 됩니다.

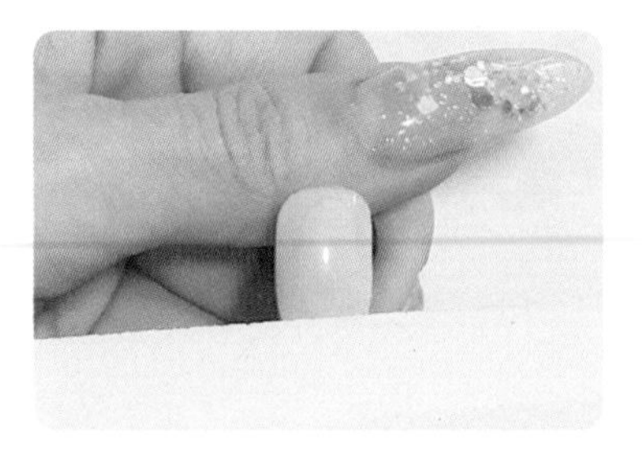

2 — 베이스젤을 바르고 30초 큐어합니다. 베이스젤을 꼼꼼히 발라야 컬러를 깔끔하게 바를 수 있습니다.

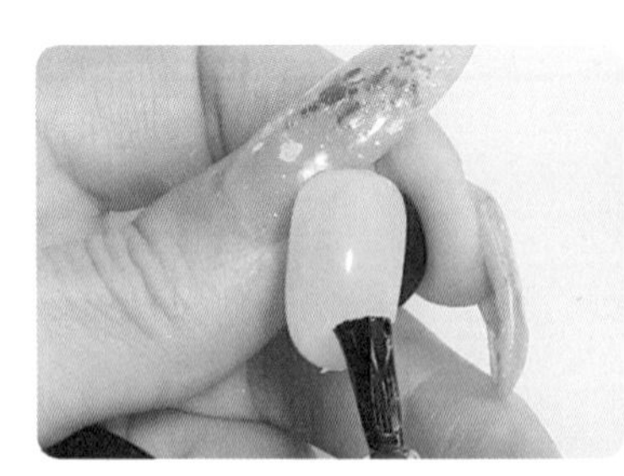

3 — 젤리핏 NU11 컬러를 1coat 바르고 30초 큐어합니다.

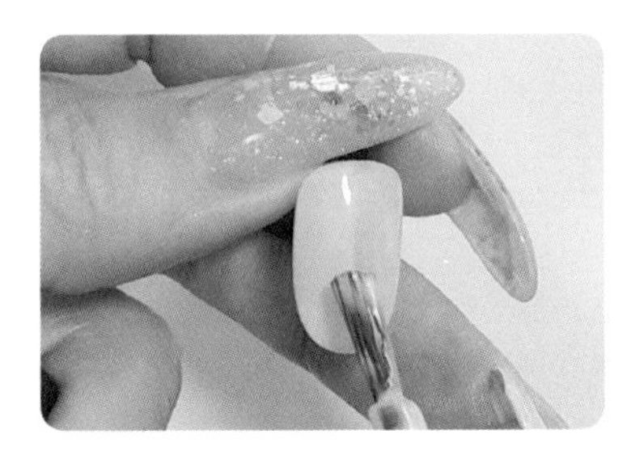

4 — 오버레이젤을 바르고 아트 준비를 합니다.

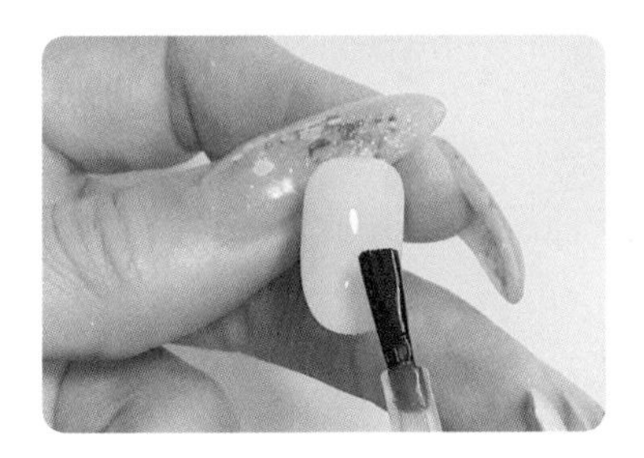

5 — 와이어를 적당한 길이로 여러개 커팅하고 꽃다발 모양으로 올려주고 30초 큐어합니다.

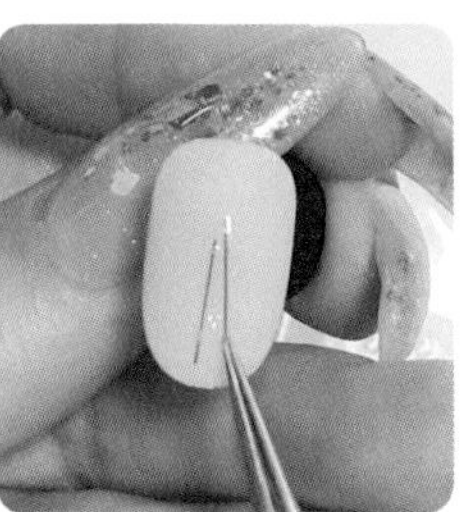

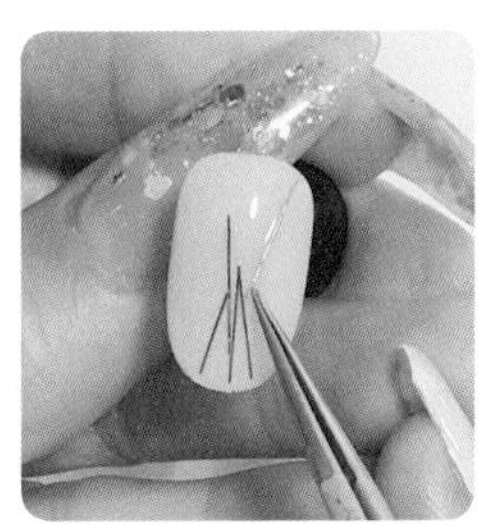

6 — 젤리핏 AG 51컬러를 꽃다발 모양으로 1coat 바르고 30초 큐어합니다.

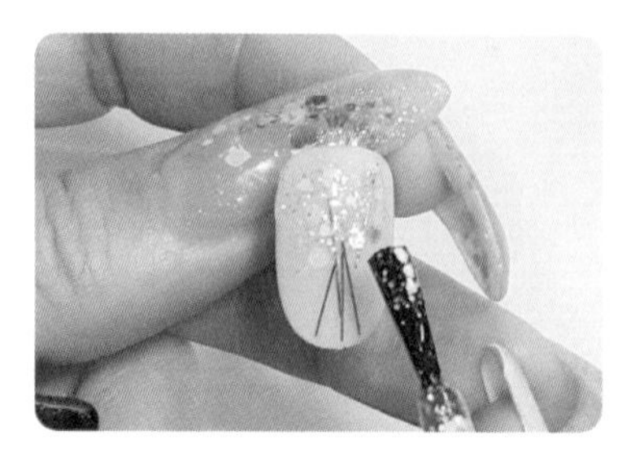

7 — 젤리핏 AG 51컬러를 꽃다발 모양으로 2coat 바르고 30초 큐어합니다.
글리터의 입자가 표면에 매끄럽게 발라졌는지 확인합니다.

8 — 탑젤을 바르고 30초 큐어합니다.

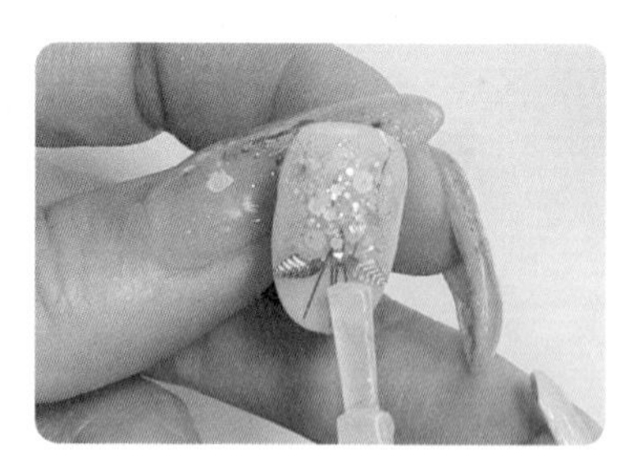

9 — 무광탑젤을 파렛트에 덜어 브러쉬로 꽃모양 디자인 사이사이 바탕 부분에 무광으로 발라주고 30초 큐어 후 젤클렌져로 미경화를 닦아냅니다.

유광과 무광이 함께 표현된 아트가 완성되었습니다.
글리터젤로 꽃 느낌을 표현하여 봄,가을에 잘 어울리는 아트입니다.
베이스 컬러는 변경도 가능하며, 원하는 느낌으로 표현이 가능합니다.

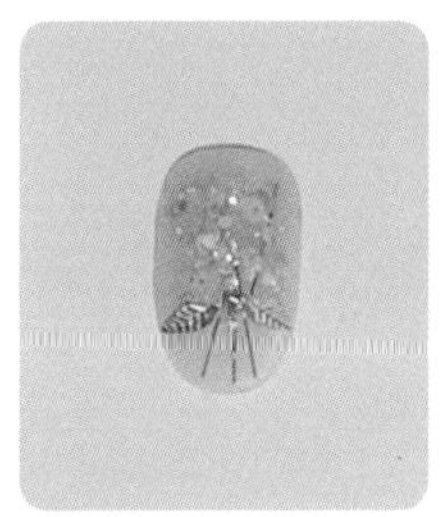
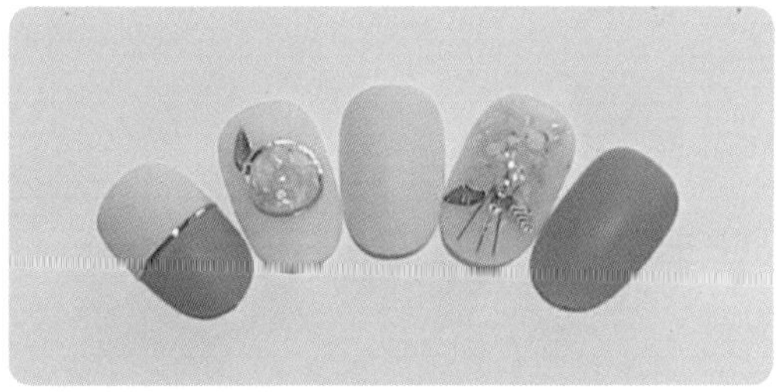

10 — 프렌치 모양은 30초 큐어 후 미경화를 닦아내거나 탑을 바르고 큐어 후, 라인테이프을 붙인 후 무광 탑젤을 바르고 다시 30초 큐어합니다. 젤클렌져로 닦아내고 라인테이프 부분만 피니쉬 젤로 발라주고 30초 큐어 후 마무리합니다.

11 — 컬러위에 오버레이젤을 바르고 동그란 참을 올려 30초 큐어합니다.
그리고 젤리핏 AG 51 컬러를 2번 안쪽으로 넣어주고 큐어합니다.
픽스젤로 잎 모양 참을 붙여주고 큐어 후, 무광탑젤을 바르고 30초 큐어한 다음 닦아내고 디자인 부분에만 유광 탑젤을 바르고 큐어 후 마무리합니다.

37 시럽젤 아트

젤램프, 젤클랜져, 아트팁, 아트스탠드, 솜, 핀셋, 샌딩, 베이스젤, 탑젤, 픽스젤, 오버레이젤, 참, 젤리핏 화이트, GF05, CN 72, 77, 피오떼 WF 03, 02, 01, 에스테미오 PRO GL 1

1 ― 팁에 광택을 제거하는 샌딩작업을 합니다. 이 작업은 젤의 유지력에 도움이 됩니다.

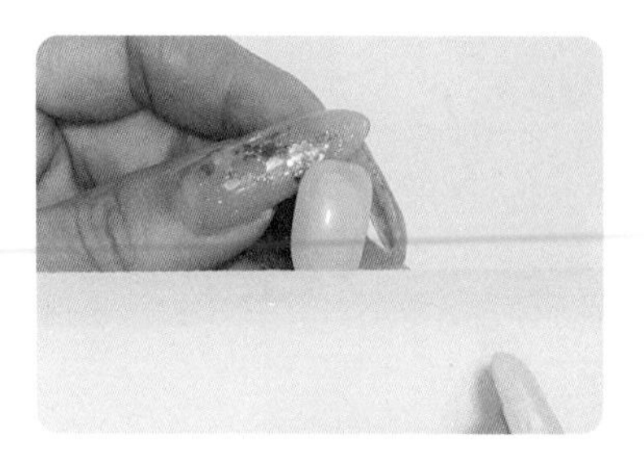

2 ― 베이스젤을 바르고 30초 큐어합니다. 베이스젤을 꼼꼼히 발라야 컬러를 깔끔하게 바를 수 있습니다.

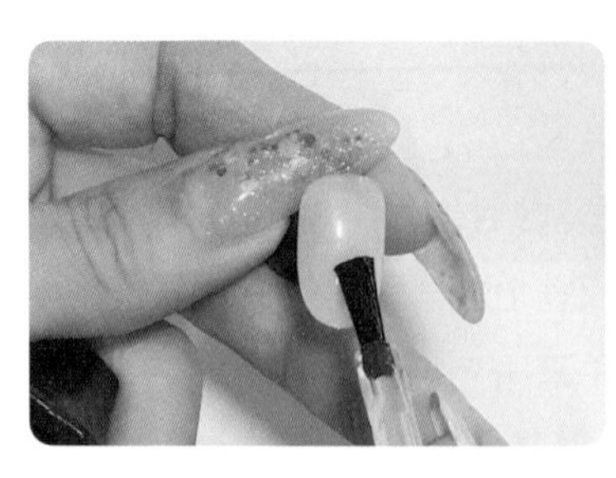

3 — 젤리핏 GF05 컬러를 1coat 바르고 30초 큐어합니다.

4 — 피오떼 WF 03, 02, 01 컬러젤을 순서대로 팁에 덜어놓고 클렌져를 묻힌 브러쉬로 흩트려준다음 30초 큐어합니다.

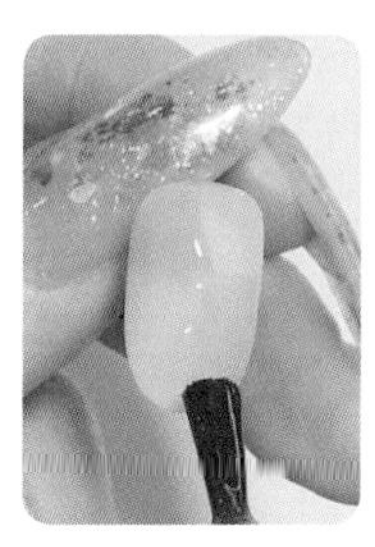
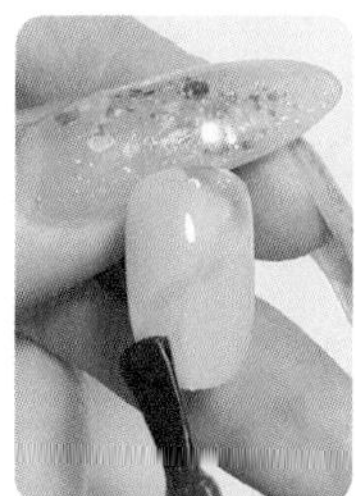
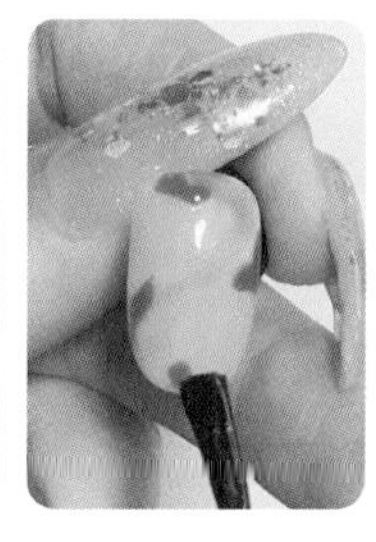
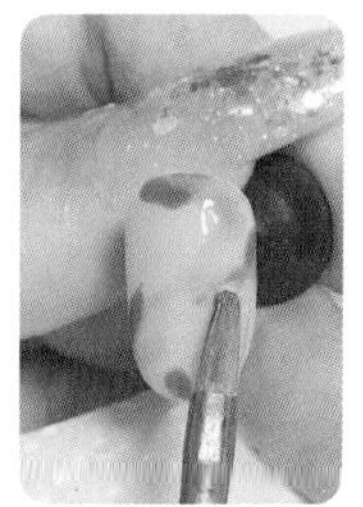

5 — 한번더 피오떼 WF 03, 02, 01 컬러젤을 순서대로 팁에 덜어놓고 클렌져를 묻힌 브러쉬로 흩트려준 후 30초 큐어합니다.

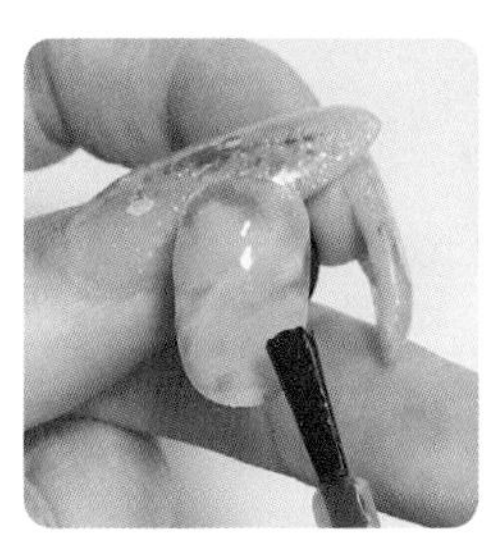
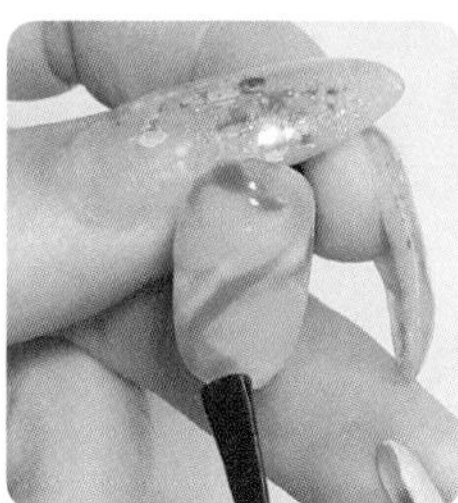
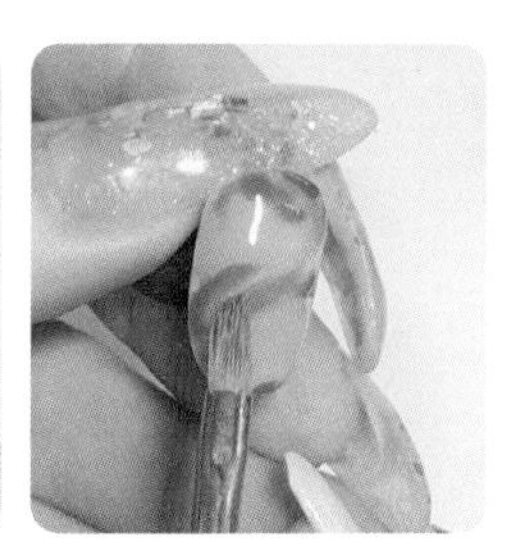

6— 파렛트에 젤리핏 화이트 컬러를 조금 덜어놓고 브러쉬의 한쪽만 컬러를 묻혀 컬러의 라인을 따라 그려줍니다.

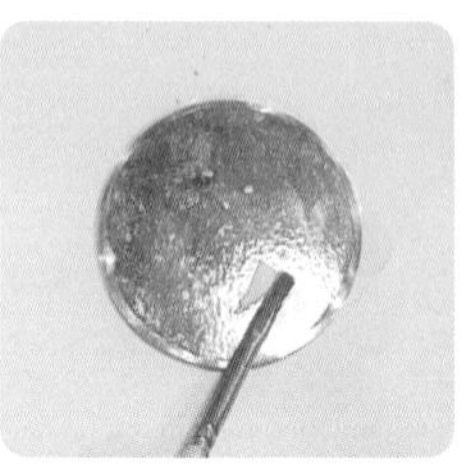
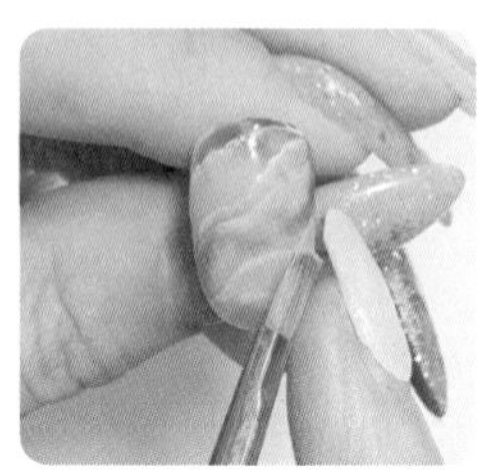

7— 30초 큐어후 에스테미오 PRO GL 1 컬러를 조금씩 칠하고 30초 큐어합니다.

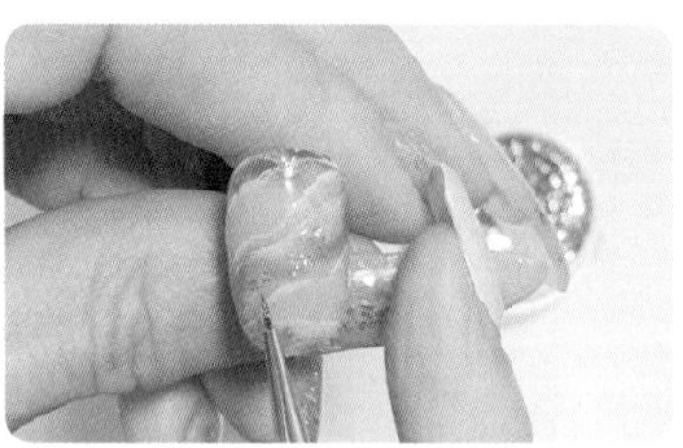

8— 탑젤을 바르고 30초 큐어 후 마무리 해줍니다.

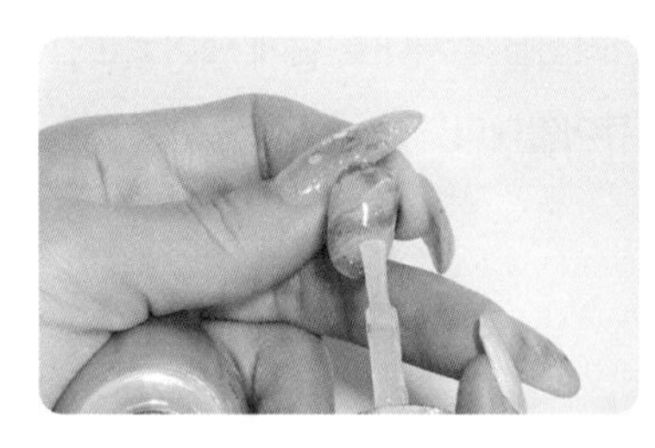
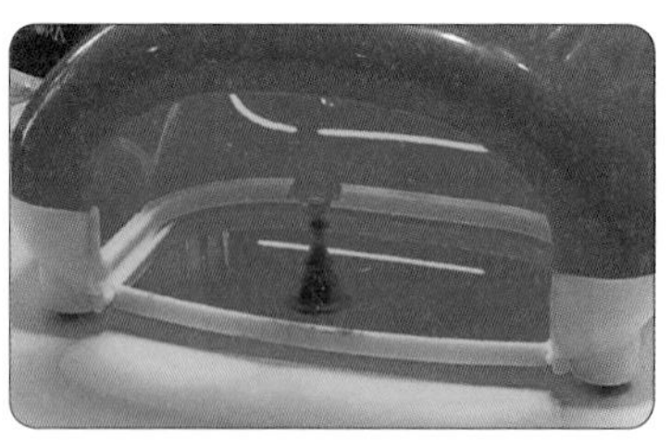

시럽처럼 불투명한 느낌을 마블처럼 표현한 아트입니다.
발랄한 느낌의 컬러로 매력적이지만 다양한 컬러로도 표현이 가능하며 컬러에 따라 느낌이 완전히 다르게 느껴지기도 합니다.

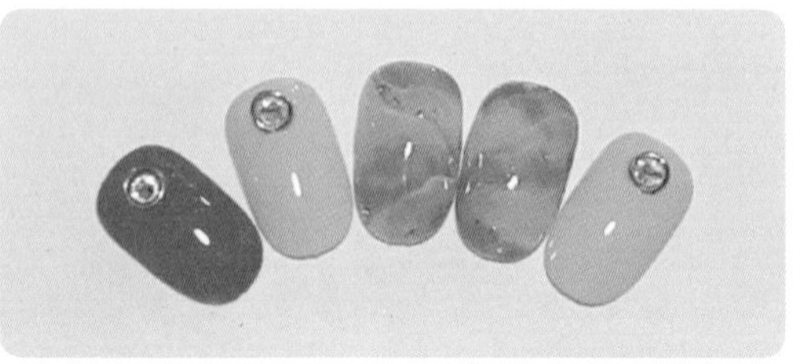

38 호박 아트

젤램프, 젤클렌저, 샌딩, 솜, 아트팁, 아트스탠드, 핀셋, 트위저, 파렛트, 참, 라인테이프, 오버레이젤, 탑젤, 베이스젤, 픽스젤 젤리핏 CN62, GF05, 24, AG04, 피오떼 WF03, 09, 10

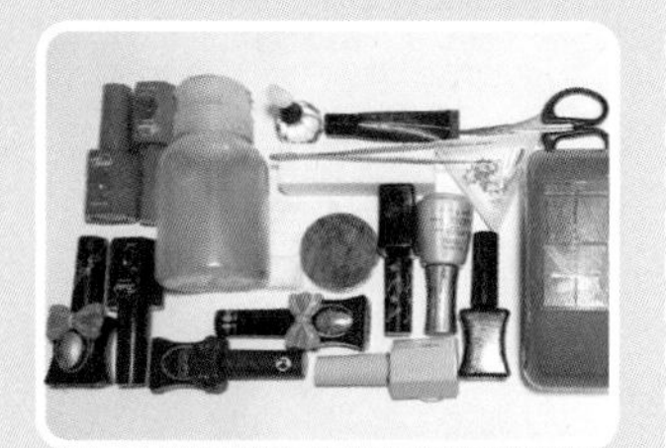

1 ─ 팁에 광택을 제거하는 샌딩작업을 합니다. 이 작업은 젤의 유지력에 도움이 됩니다.

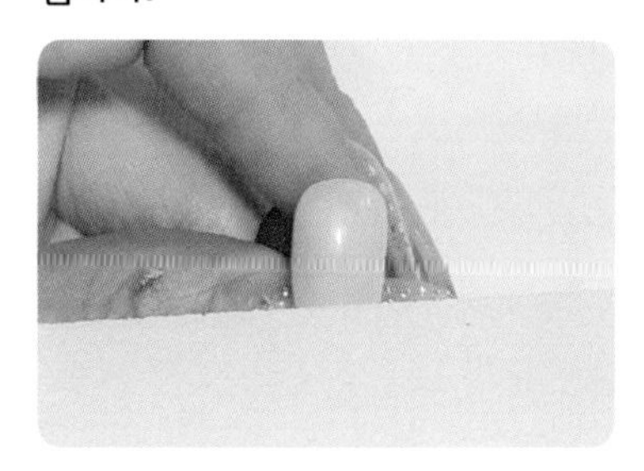

2 ─ 베이스젤을 바르고 30초 큐어합니다. 베이스젤을 꼼꼼히 발라야 컬러를 깔끔하게 바를 수 있습니다.

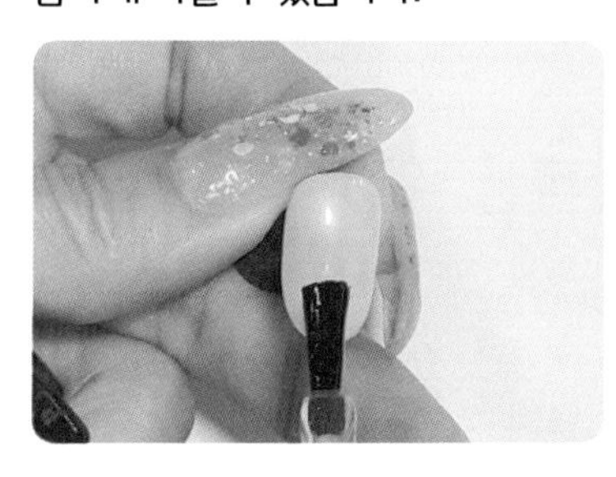

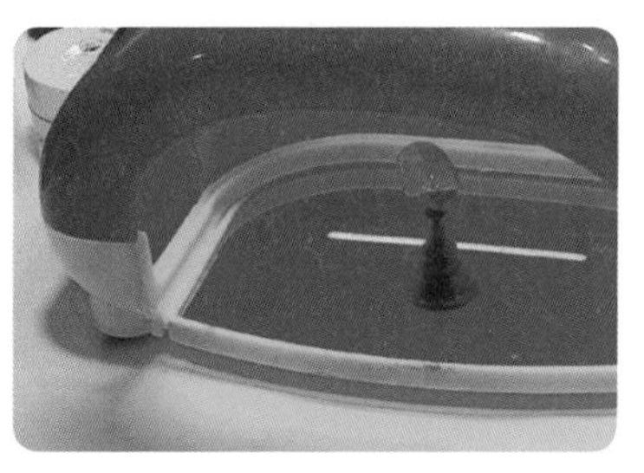

3⁻ 젤리핏 CN62 컬러를 세로 ⅓ 정도만 프렌치 처럼 1coat 하고 30초 큐어합니다.

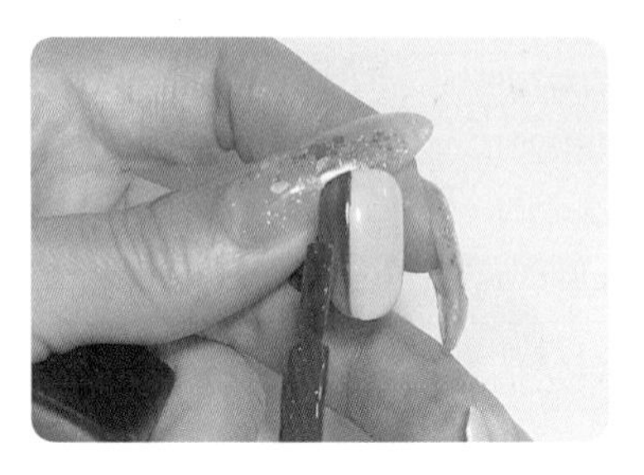

4⁻ 젤리핏 CN62 컬러를 세로 ⅓ 정도만 프렌치 처럼 2coat 하고 30초 큐어합니다.

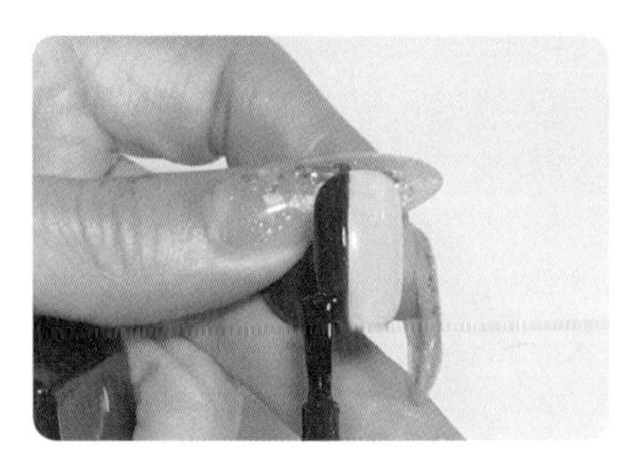

4⁻ 피오떼 WF03 컬러를 1coat 하고 30초 큐어합니다.

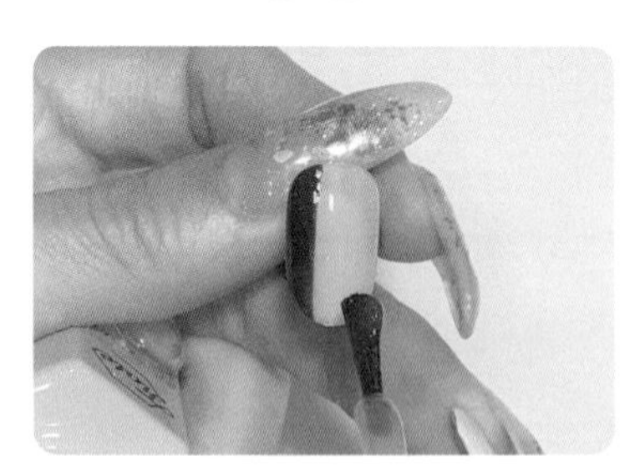

5— 피오떼 WF09, 10 컬러를 순서데로 팁에 조금씩 덜어 브러쉬에 젤클렌져를 묻혀 색과색 사이를 번지게하여 선을 제거합니다.
작업이 끝나면 30초 큐어합니다.

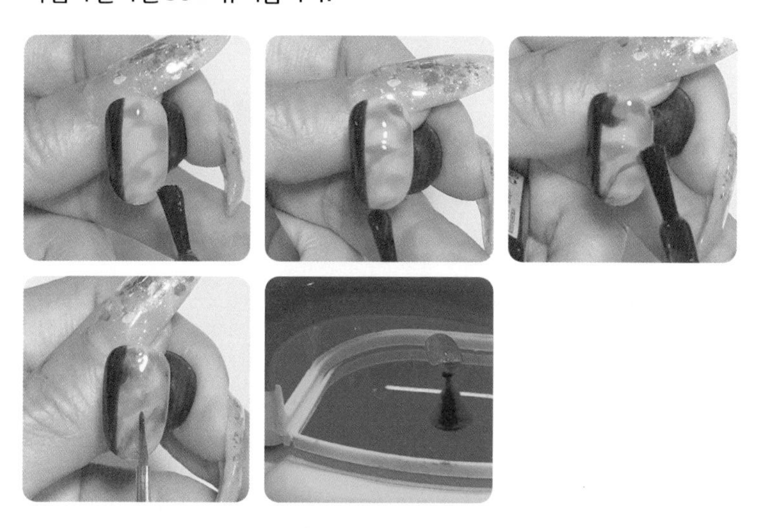

6— 위 작업이 끝나면 피오떼 WF03, 09, 10(파렛트에 조금 덜어 브러쉬로 선의 경계를 제거해줍니다.) 컬러를 순서데로 팁에 조금씩 덜어 브러쉬에 젤클렌져를 묻혀 색과색 사이를 번지게하여 선을 제거합니다. 작업이 끝나면 30초 큐어합니다.

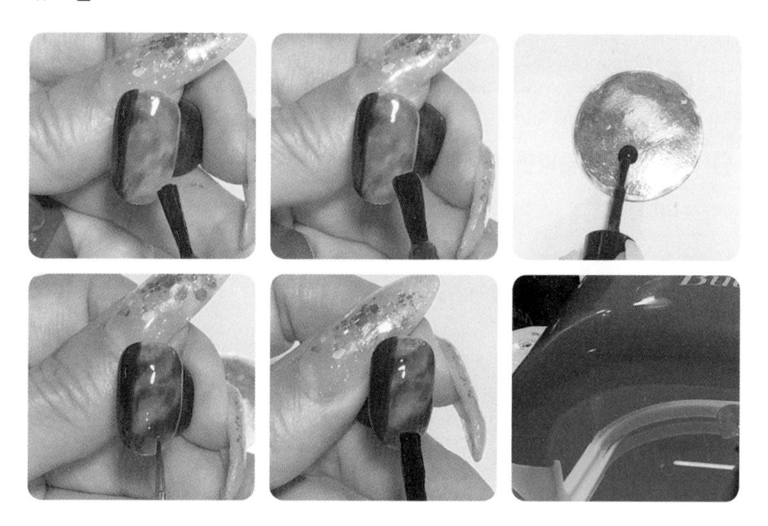

7— 위 작업이 끝나면 젤클렌져로 미경화젤을 닦아내고 라인테이프을 커팅 후 붙여줍니다.

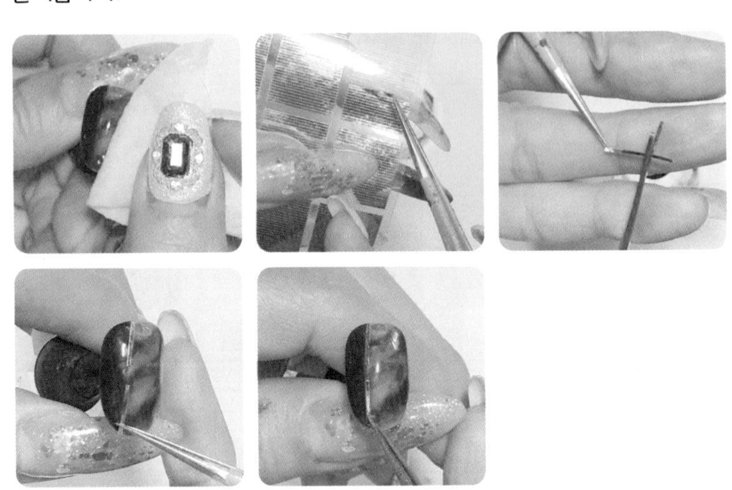

8— 줄 스와를 알맞은 갯수로 커팅하고 라인테이프을 붙인 중앙에 픽스젤을 바릅니다. 커팅한 스와를 올리고 30초 큐어합니다.

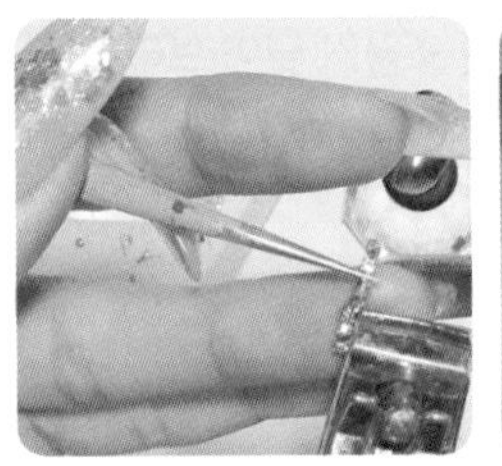

9— 위 큐어가 끝나면 피니쉬젤로 스와를 한번더 꼼꼼히 발라주고 30초 큐어합니다.

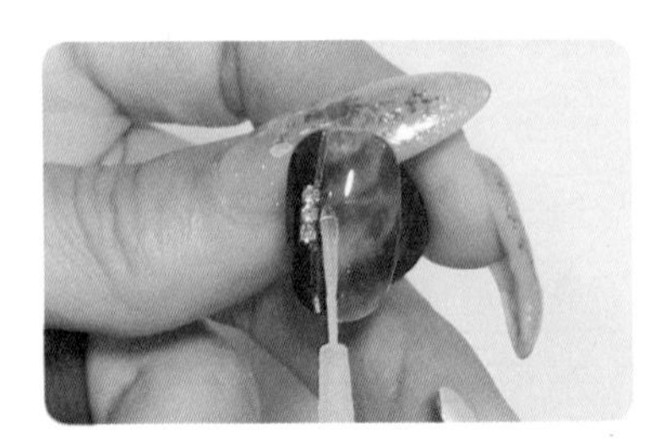

10 — 오버레이젤을 바르고 30초 큐어합니다.

11 — 탑젤을 바르고 30초 큐어 후 완성합니다.

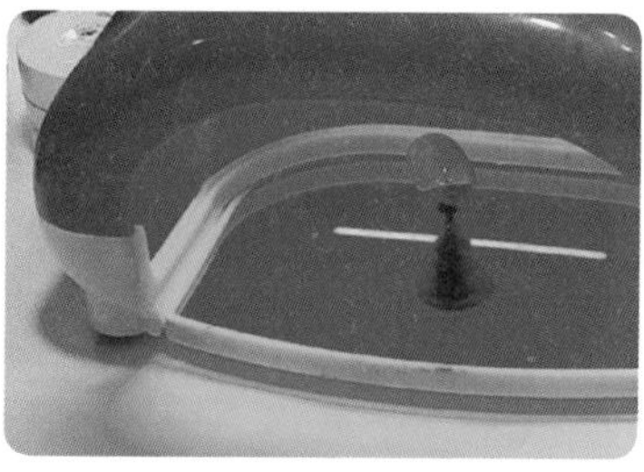

12 — 피오떼 WF03 컬러를 1coat 하고 30초 큐어합니다.

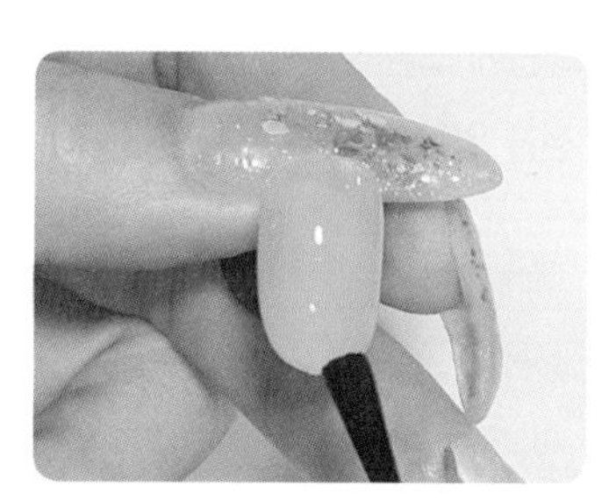

13 — 피오떼 WF09, 10 컬러를 순서데로 팁에 조금씩 덜어 브러쉬에 젤클렌져를 묻혀 색과색 사이를 번지게하여 선을 제거합니다.
작업이 끝나면 30초 큐어합니다.

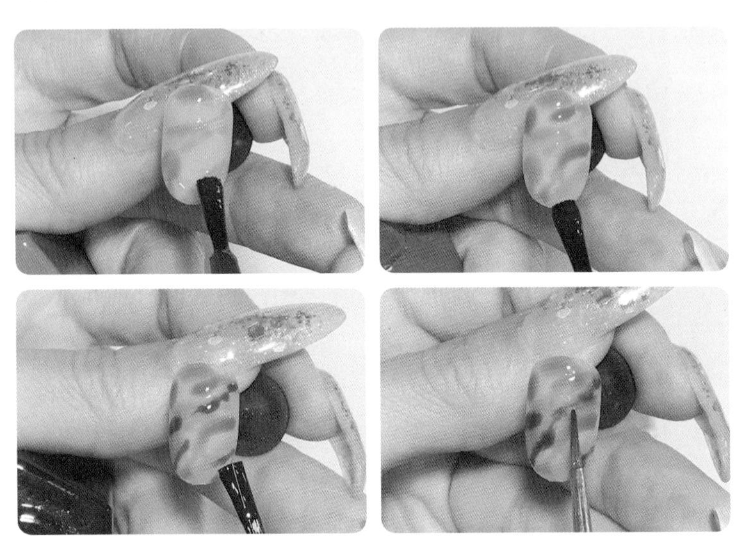

14 — 위 작업이 끝나면 피오떼 WF03, 09, 10(파렛트에 조금 덜어 브러쉬로 선의 경계를 없애줍니다.) 컬러를 순서데로 팁에 조금씩 덜어 브러쉬에 젤클렌져를 묻혀 색과색 사이를 번지게하여 선을 없에 작업이 끝나면 30초 큐어합니다.

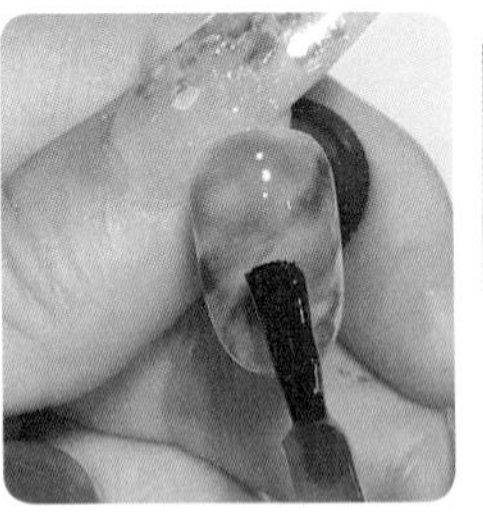
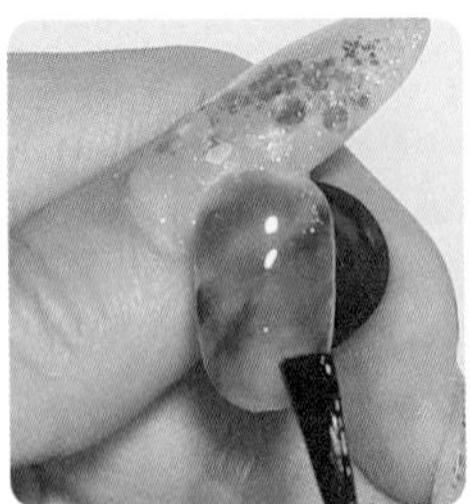

15 — GF 24 컬러를 파렛트에 조금 덜어낸후 브러쉬로 팁의 가장자리 액자 모티브로 라인을 그려준다음 30초 큐어합니다.

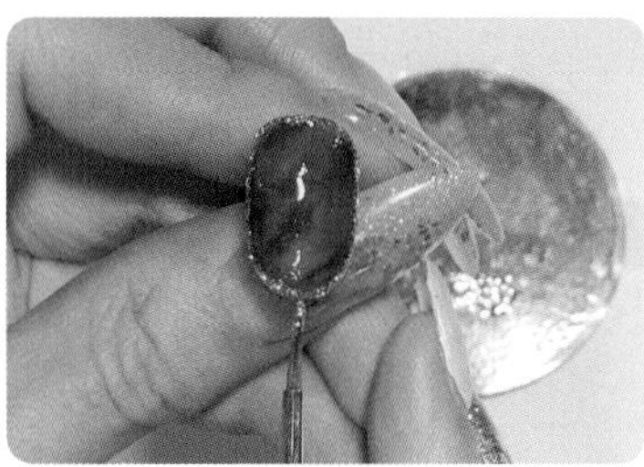

16 — 탑젤을 바르고 30초 큐어합니다.

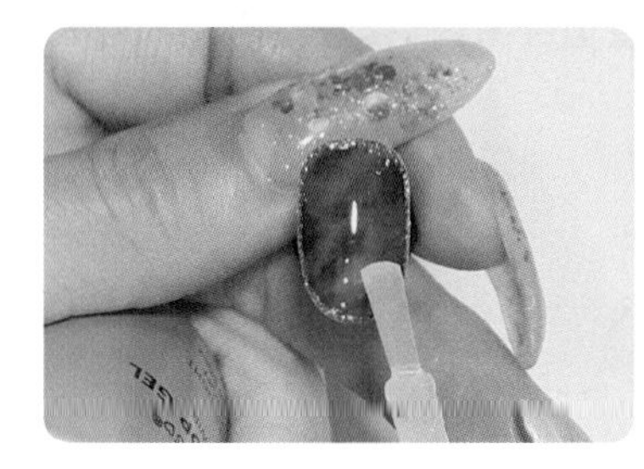
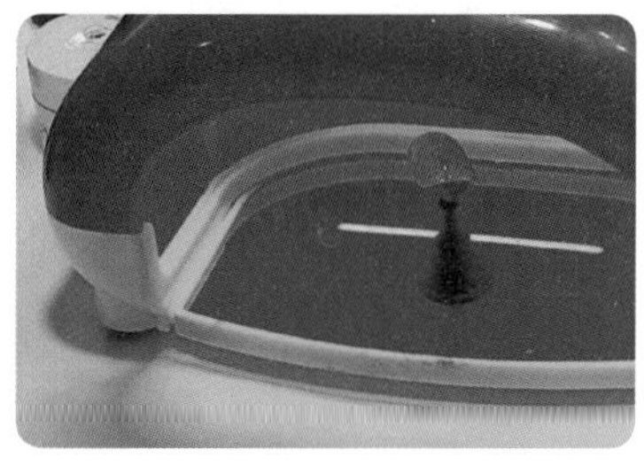

가을, 겨울에 잘 어울리는 고급스런 호박 아트가 완성되었습니다.
예전 우리나라의 옥과 같은 보석으로 주로 한복의 단추나 여러 디자인 소품으로도 많이 쓰인 보석의 색을 표현한 아트입니다.

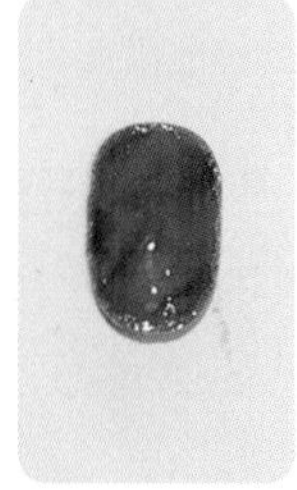

39 니트 아트

젤램프, 젤클렌저, 샌딩, 아트팁, 아트스탠드, 파렛트, 핀셋, 3D파우더, 픽스젤 베이스젤, 무광탑젤, 필인젤, 캔디 MOOD젤 297, 298, 301컬러

1 — 팁에 광택을 제거하는 샌딩작업을 합니다. 이 작업은 젤의 유지력에 도움이 됩니다.

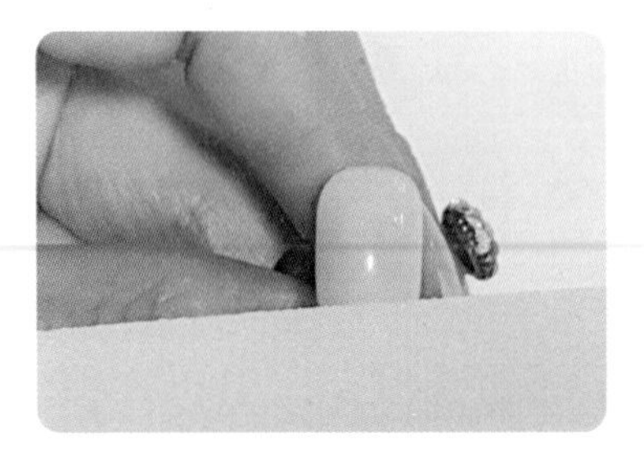

2 — 베이스젤을 바르고 30초 큐어합니다. 베이스젤을 꼼꼼히 발라야 컬러를 깔끔하게 바를 수 있습니다.

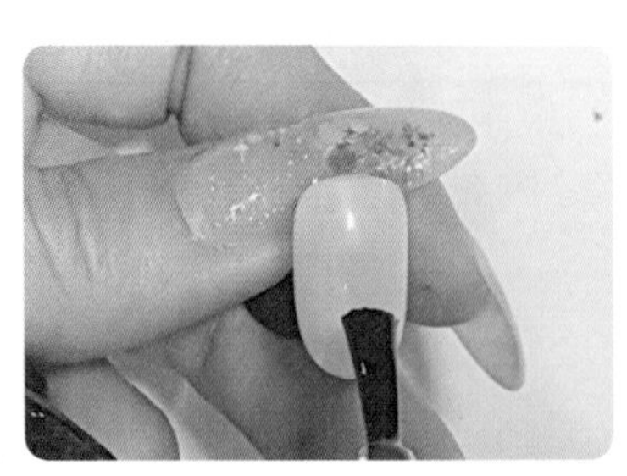

3 — 캔디 MOOD젤 301컬러를 1coat하고 30초 큐어합니다.

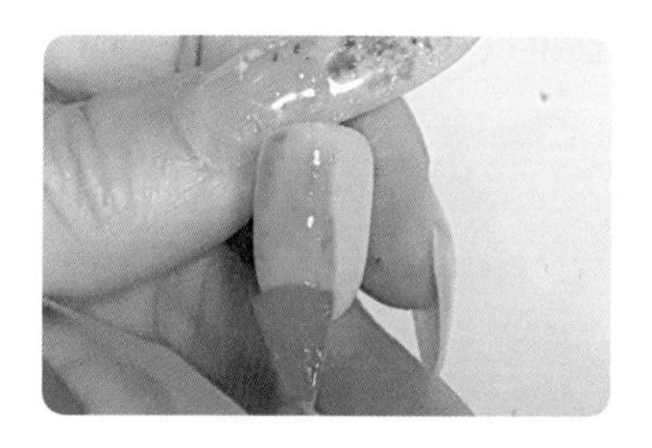

4 — 캔디 MOOD젤 301 컬러를 2coat하고 30초 큐어합니다.

벨벳컬러라고도 하며 컬러에 작은 입자들이 들어있고 바르고 큐어 후에 뭉치지 않는지 확인합니다.

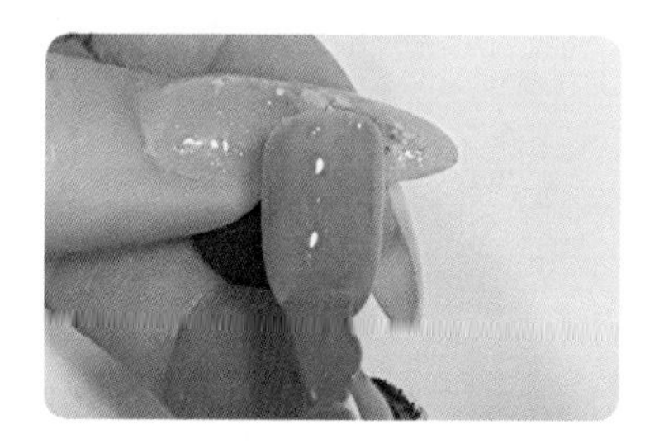

5 — 필인젤을 이용하여 니트 모양을 조금씩 그려나갑니다.

원하는 사이즈가 될 때까지 큐어 하면서 반복하며 그려줍니다.

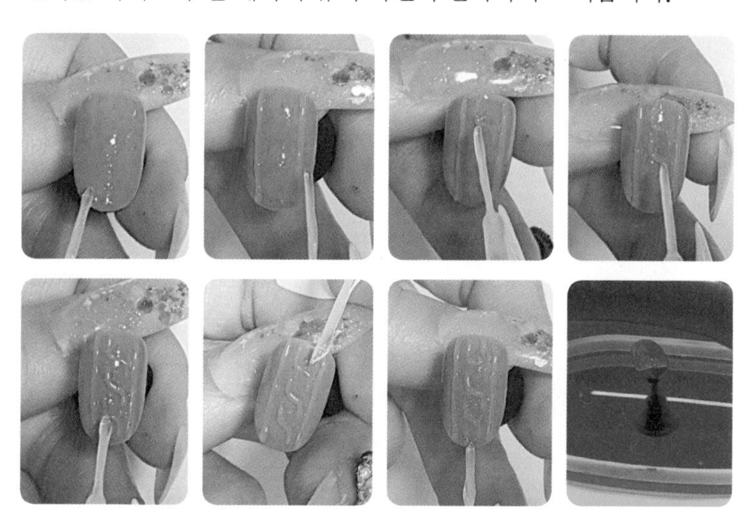

6 — 캔디 MOOD젤 301컬러를 파렛트에 덜어 필인젤을 이용하여 만든 꽈베기 모양의 라인에 바르고 30초 큐어합니다.(2번 반복 해줍니다.)

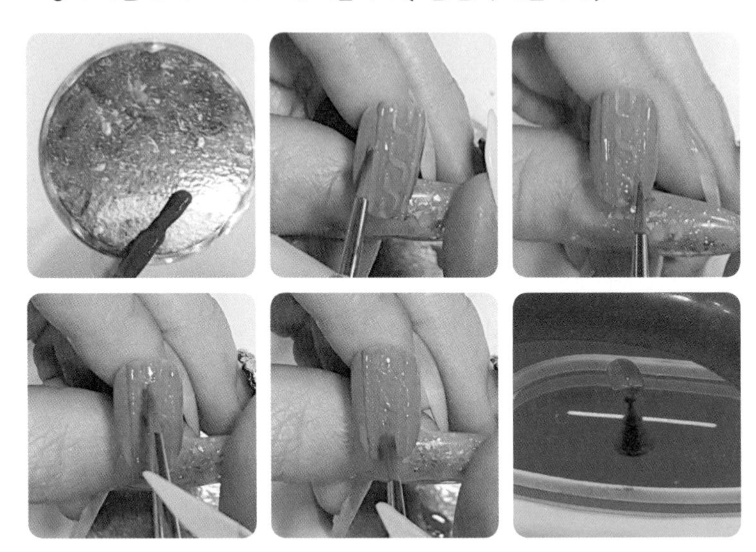

7 — 무광탑젤을 바르고 30초 큐어합니다.

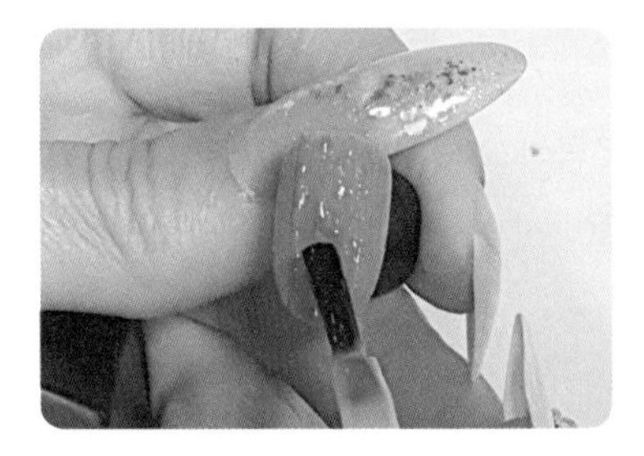

8 — 남은 미경화젤을 닦아내고 완성합니다.

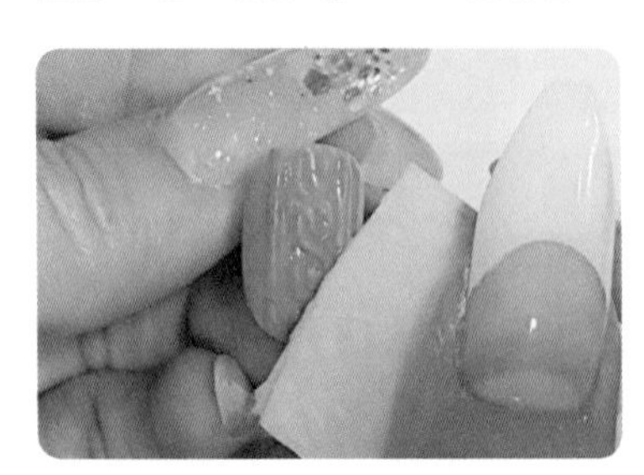

캔디 MOOD젤 297, 298 컬러의 니트 표현은 3D파우더와 297, 298 컬러젤을 1:1 믹스하여 붓으로 그리듯 올려줍니다.

겨울에 잘 어울리는 아트이며, 니트모양으로 디자인하여 포근한 느낌으로 완성되었습니다.

디자인 없이 풀컬러도 울(캐시미어) 느낌의 아트가 될 수 있습니다.

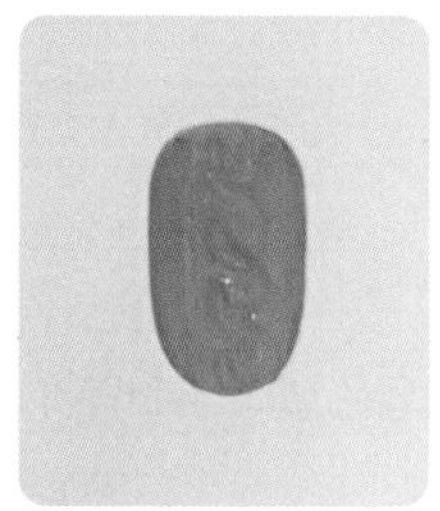

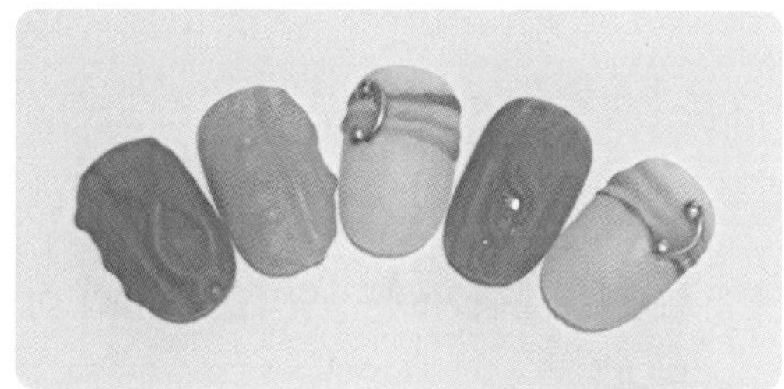

40 라인테이프/파츠데코 아트

젤클렌져, 젤램프, 샌딩, 핀셋, 솜, 픽스젤, 아트팁, 아트스탠드, 크레이지탑, 파츠, 라인테이프, 오버레이젤, 미니램프, 베이스젤, 탑젤, 젤리핏 AG34, NU3

1 — 팁에 광택을 제거하는 샌딩작업을 합니다. 이 작업은 젤의 유지력에 도움이 됩니다.

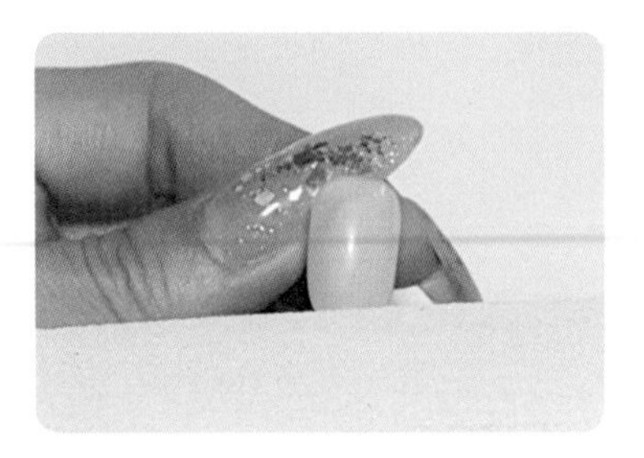

2 — 베이스젤을 바르고 30초 큐어합니다. 베이스젤을 꼼꼼히 발라야 컬러를 깔끔하게 바를수 있습니다.

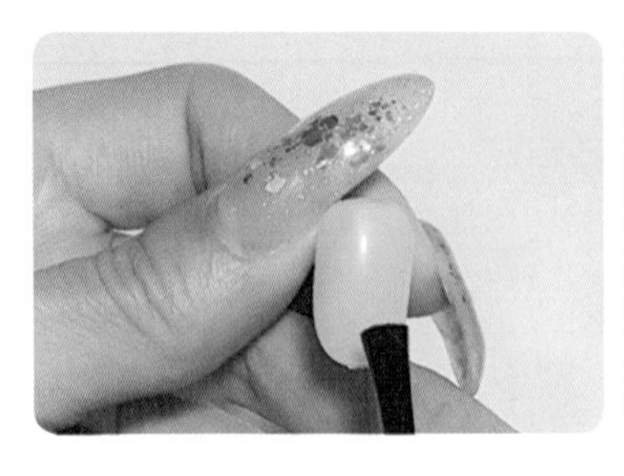

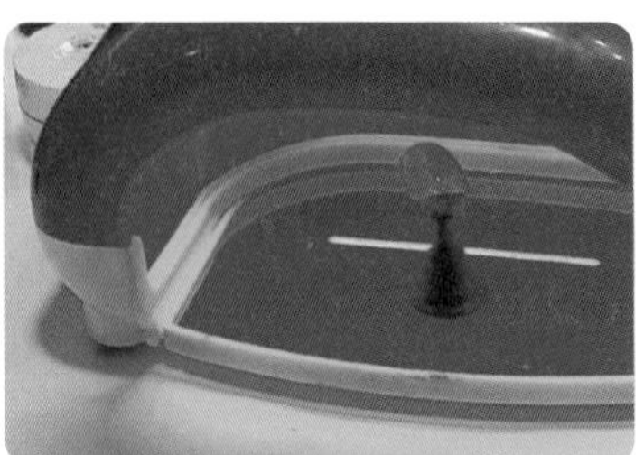

3 — 젤리핏 NU3 컬러젤을 1coat 바르고 30초 큐어합니다.

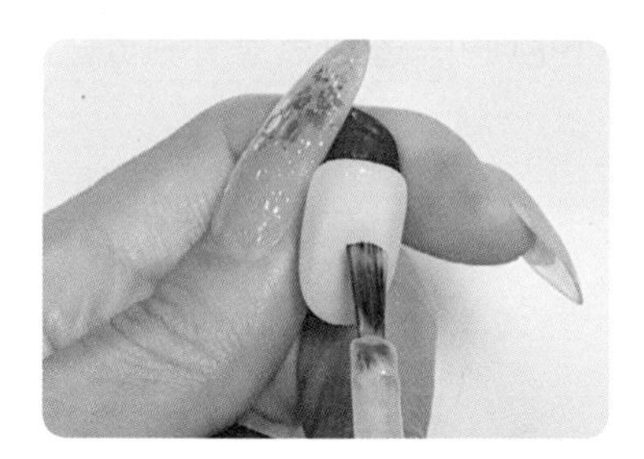

4 — 젤리핏 NU3 컬러젤을 2coat 바르고 30초 큐어합니다.

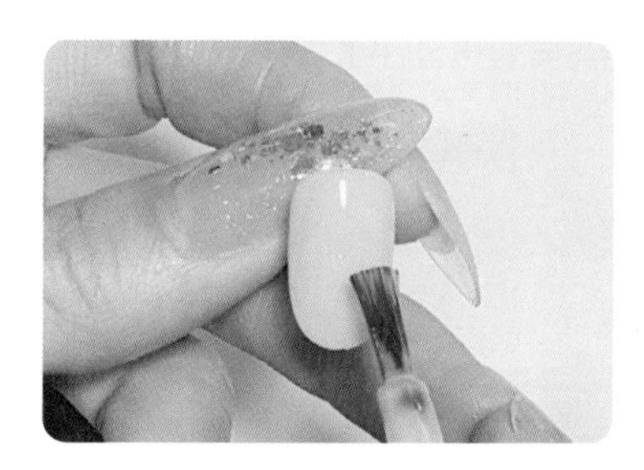

5 — 젤리핏 AG34 컬러를 세로로 1/3 부분을 1coat 하고 큐어합니다.
(2번 반복해줍니다.)글리터 입자가 고른지 확인합니다.

6⁻ 탑젤을 바르고 30초 큐어합니다.

미경화가 남지않는 탑젤을 발라야 테이프을 바로 붙일수 있습니다.

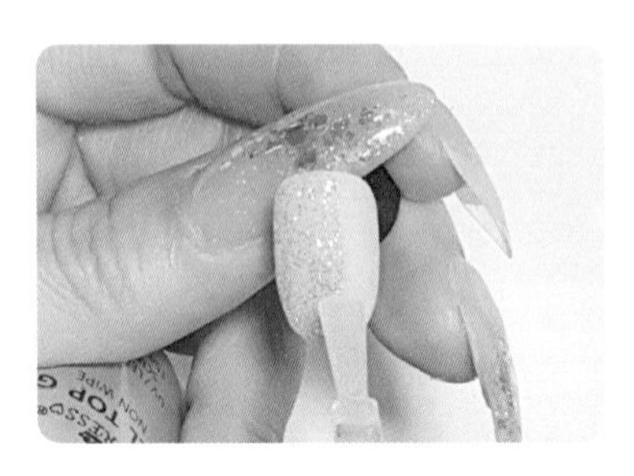

7⁻ 라인테이프을 붙여주고 팁에 안쪽으로 잘라줍니다.

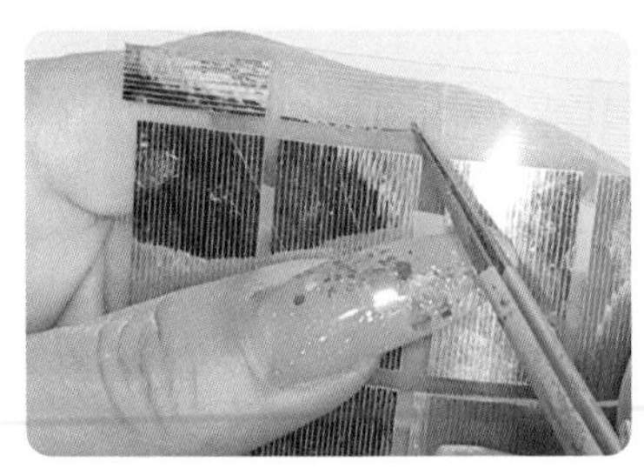

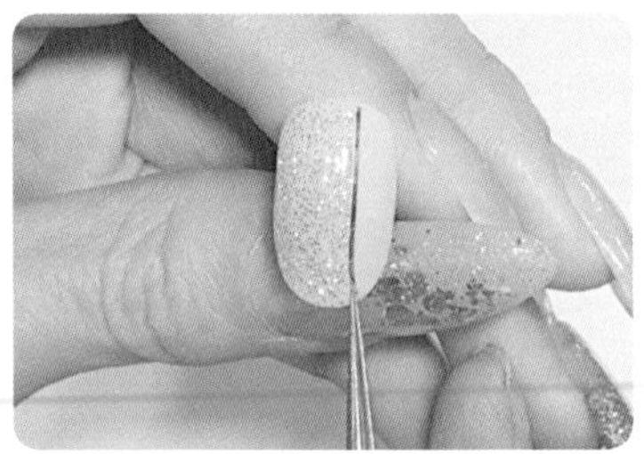

8⁻ 오버레이젤을 바르고 30초 큐어합니다.

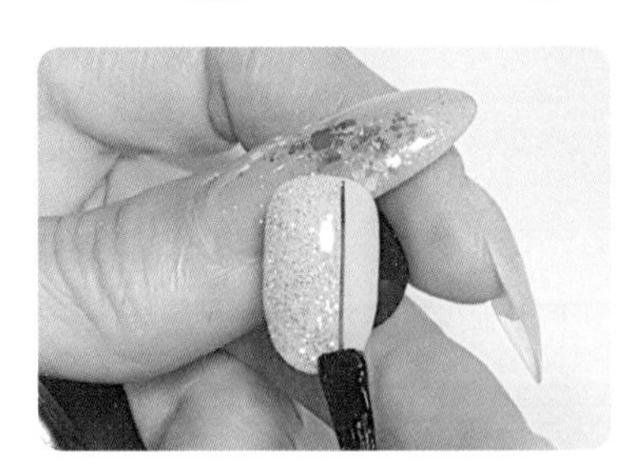

9 — 탑젤을 바르고 30초 큐어합니다.

라인테이프이 가장자리쪽으로 들뜸이 없는지 확인합니다.

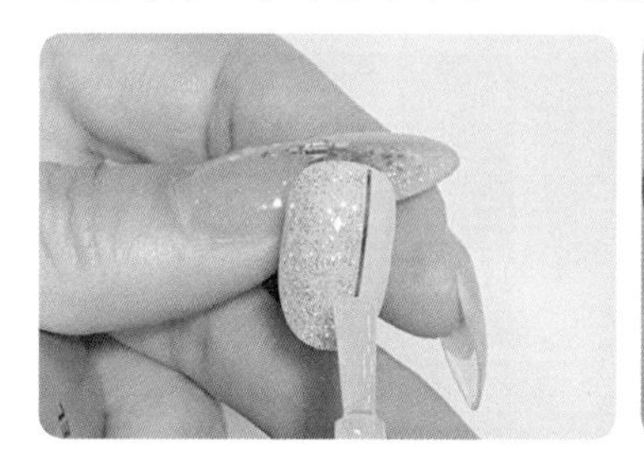

10 — 젤리핏 NU3 컬러젤을 1coat 바르고 30초 큐어합니다.(2번 반복합니다.)

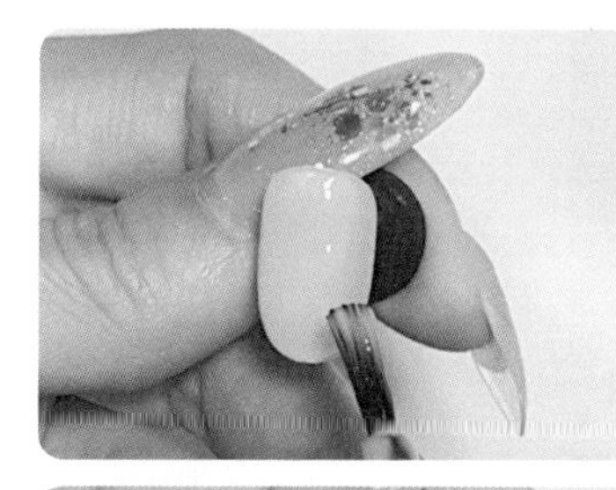

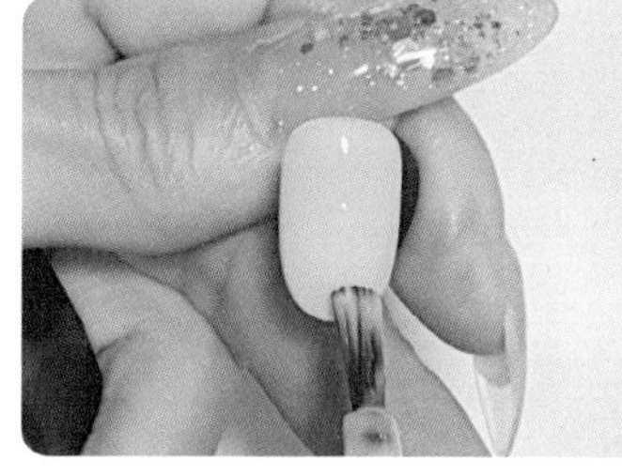

11 — 젤리핏 AG34 컬러를 양쪽부분을 1coat 하고 큐어합니다.(2번 반복합니다.)

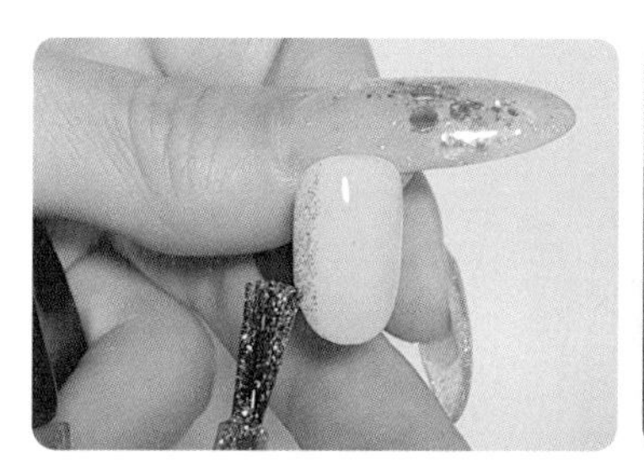

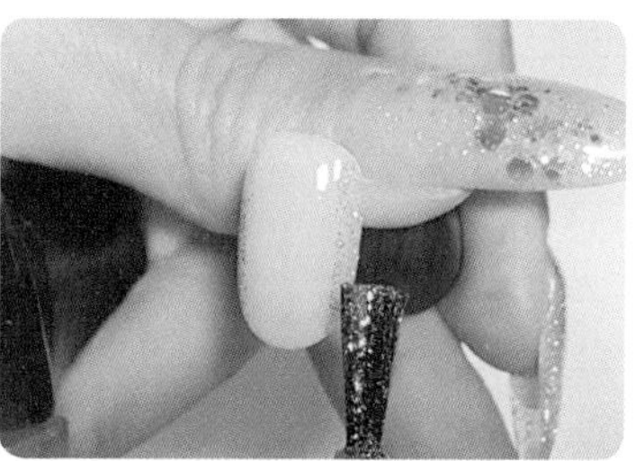

12 — 오버레이젤을 바르고 30초 큐어하고 남아있는 미경화젤을 젤클렌저로 닦아냅니다.

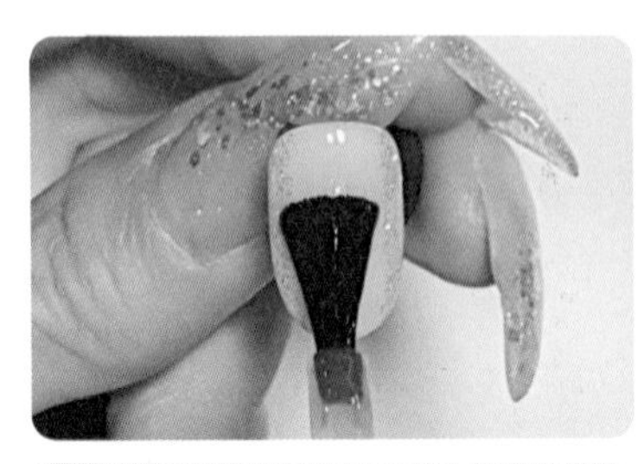

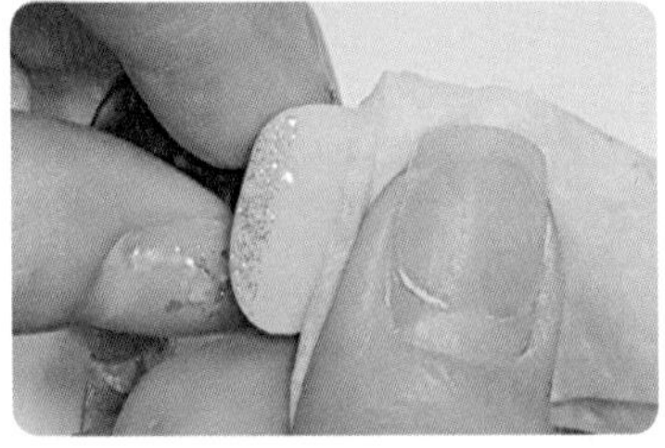

13 — 라인테이프을 양쪽으로 붙여줍니다.

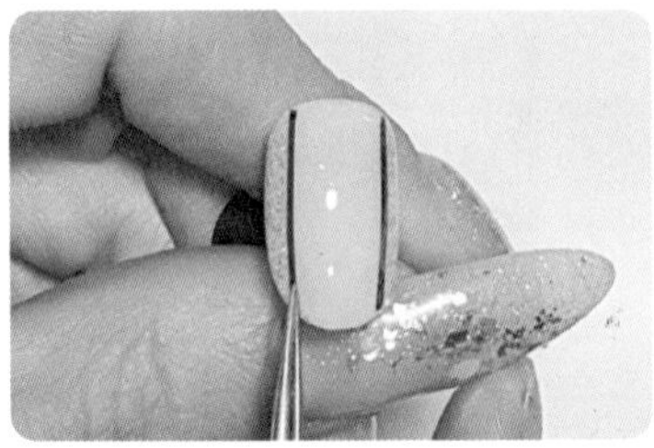

14 — 픽스젤을 가운데 적당량을 덜어놓고 파츠를 올려준다음 미니램프로 가큐어합니다.

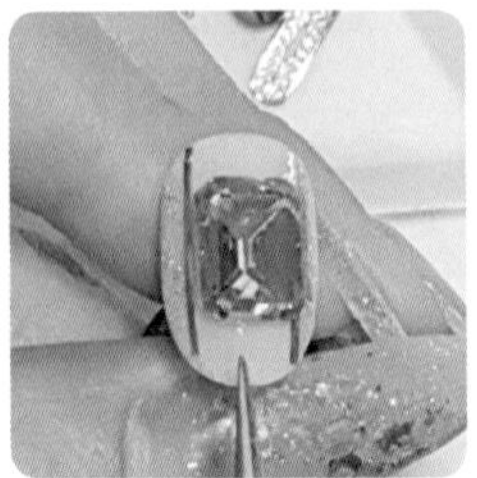

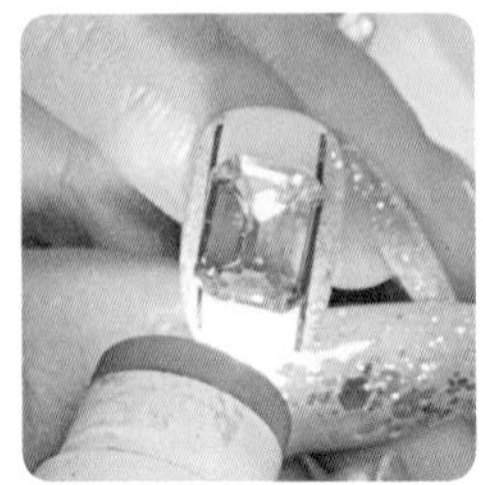

15— 파츠를 붙인 부분을 위. 아래. 좌. 우 순서대로 젤을 올려 미니램프로 큐어합니다.

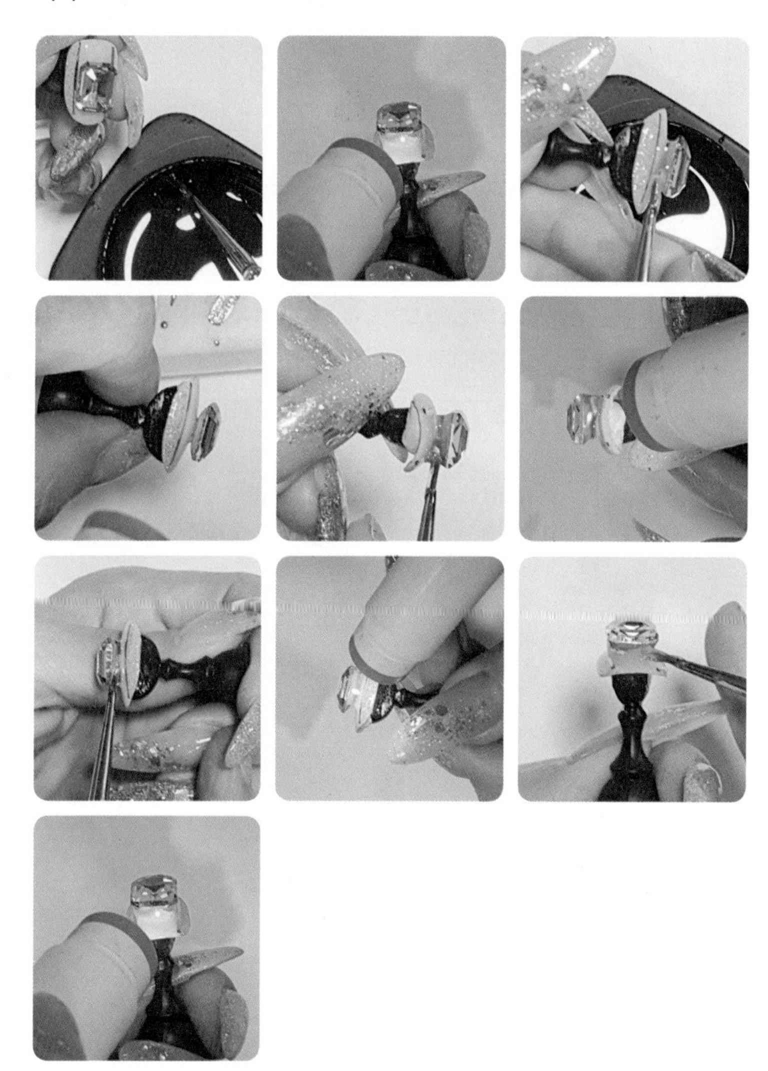

16— 탑젤을 바르고 30초 큐어합니다.

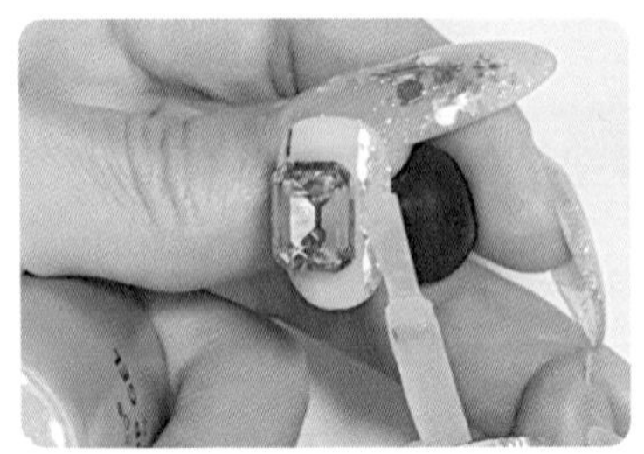

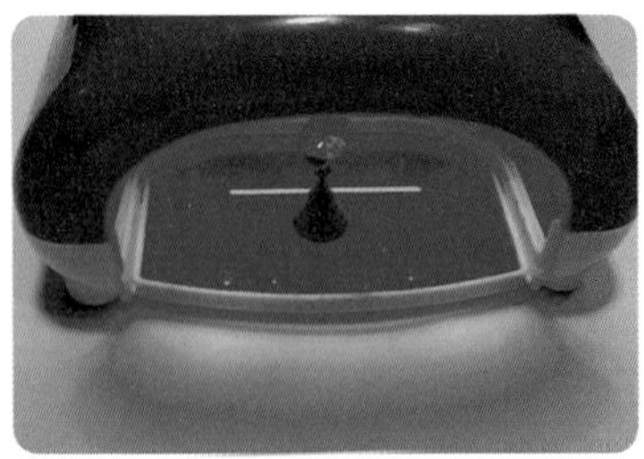

글리터와 라인테입으로 화려하게 완성이된아트입니다.

글리터는 종류가 컬러나 입자의 크기에 따라 다양합니다.

원하는 컬러를 선택하여 다양한 디자인을 표현할 수 있습니다.

41 나뭇잎

젤클렌져, 젤램프, 샌딩, 솜, 피니쉬젤, 아트팁, 아트스탠드, 블랙, 무광탑젤, 베이스젤, 탑젤, 젤리핏 FW193, 194, GF 9, G02, AG05, 03, MA09, 라인브러쉬, 둥근브러쉬, 파렛트,파츠

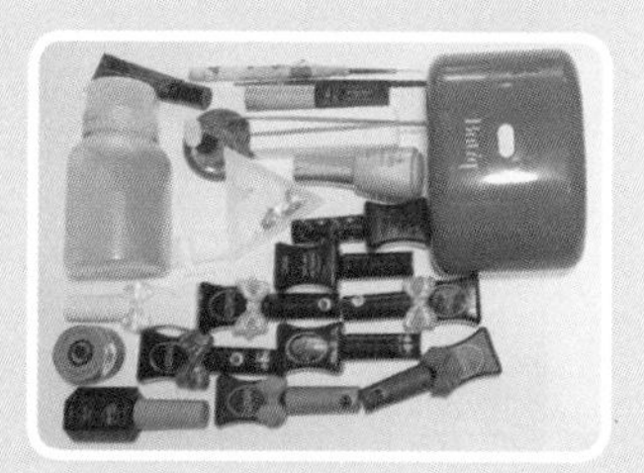

1 — 팁에 광택을 제거하는 샌딩작업을 합니다. 이 작업은 젤의 유지력에 도움이 됩니다.

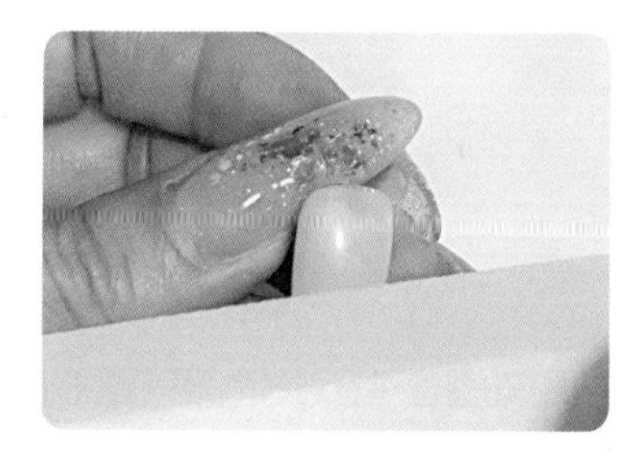

2 — 베이스젤을 바르고 30초 큐어합니다. 베이스젤을 꼼꼼히 발라야 컬러를 깔끔하게 바를 수 있습니다.

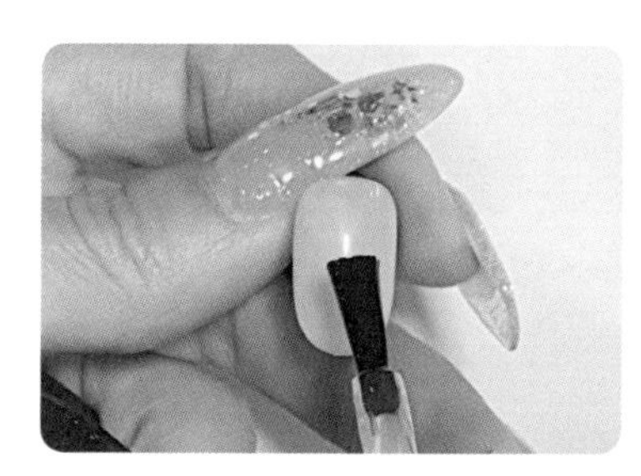

3 — 젤리핏 FW193 컬러젤을 1coat 하고 30초 큐어합니다.

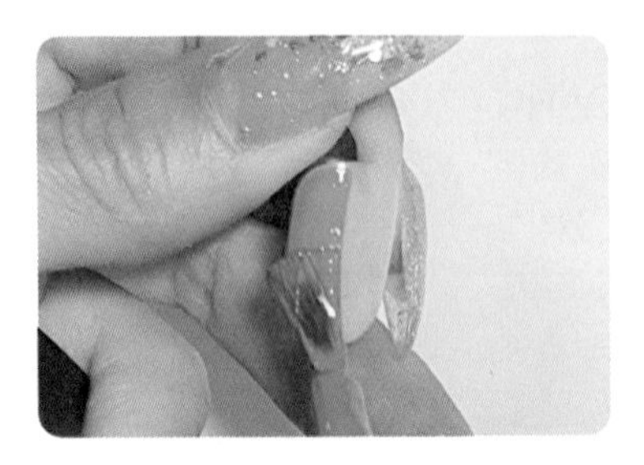

4 — 젤리핏 FW193 컬러젤을 2coat 하고 30초 큐어합니다.
양 조절 실패로 표면이 거칠어지지 않게 주의합니다.

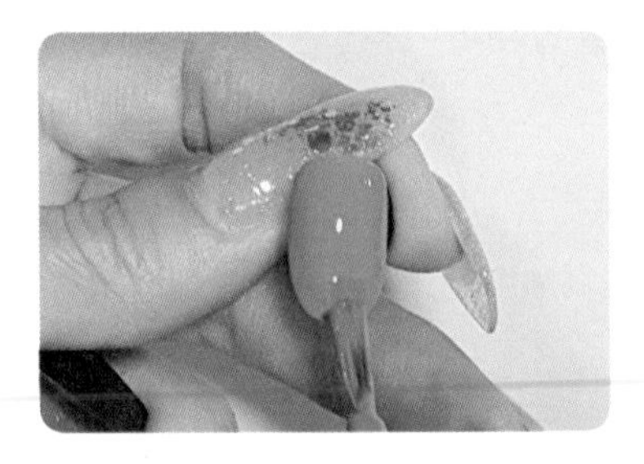

5 — 무광탑젤을 바르고 30초 큐어 후 미경화 젤을 젤클렌저로 닦아냅니다.

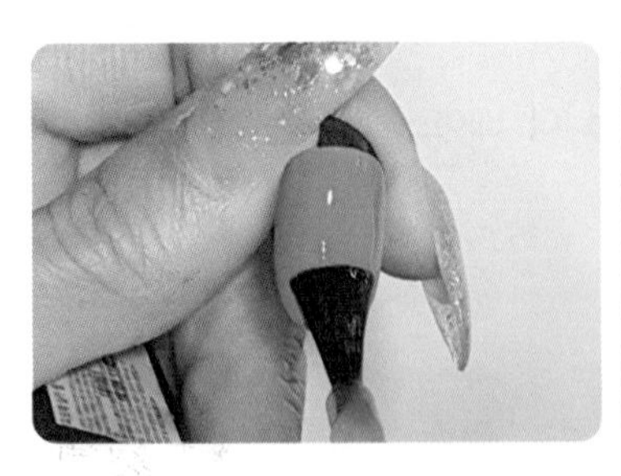

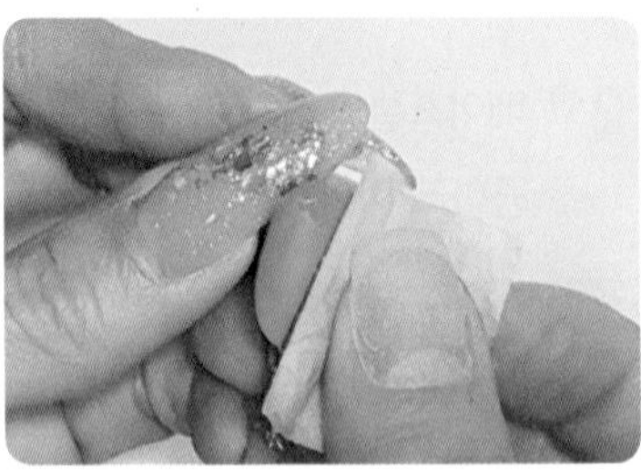

6— 젤리핏 G02 컬러를 팁에 소량 올리고 붓으로 나뭇잎 모양으로 다듬어 30초 큐어합니다.

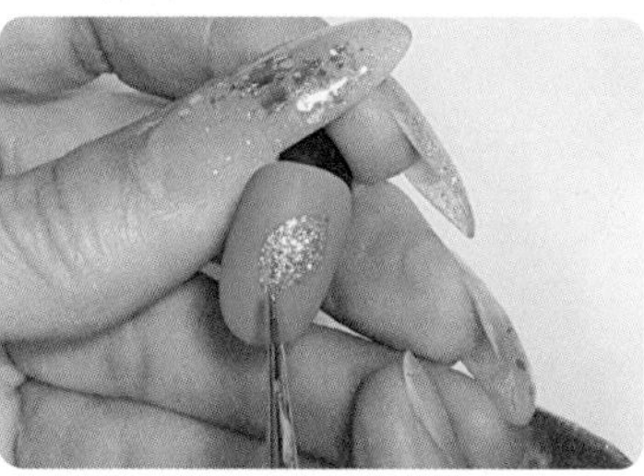

7— 젤리핏 GF19 컬러를 팁에 소량 올리고 붓으로 나뭇잎 모양으로 다듬어 30초 큐어합니다.

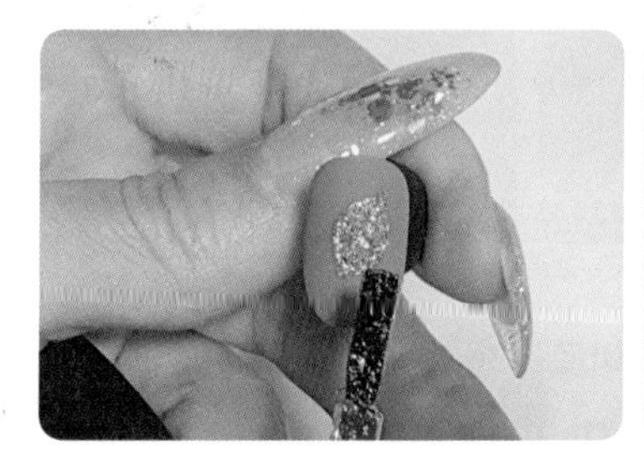
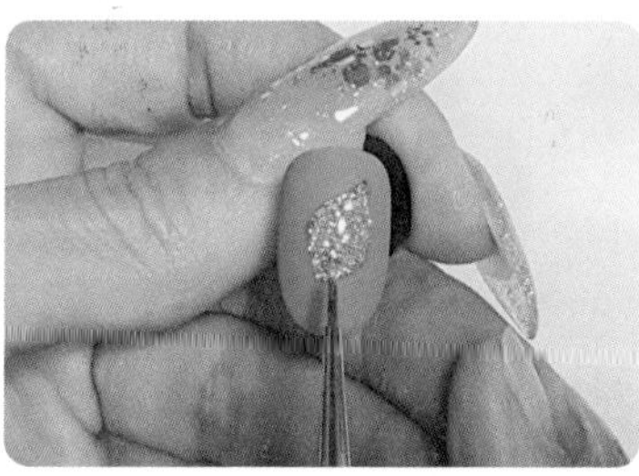

7— 블랙 컬러를 준비하여 잎사귀 모양으로 라인을 그려준 다음 30초 큐어합니다.

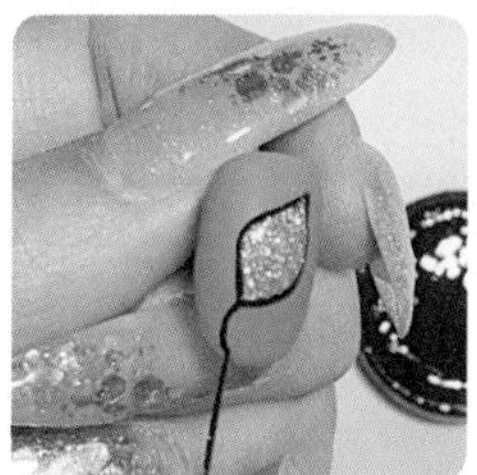

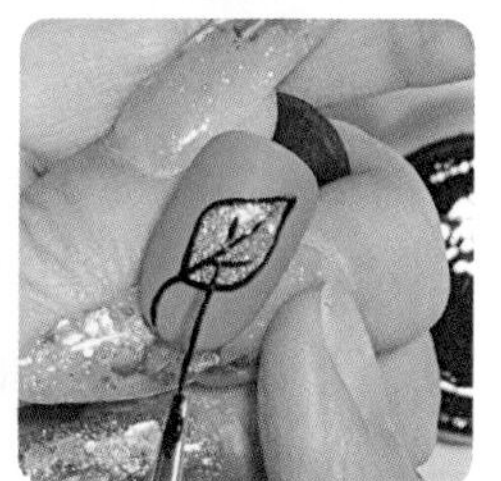

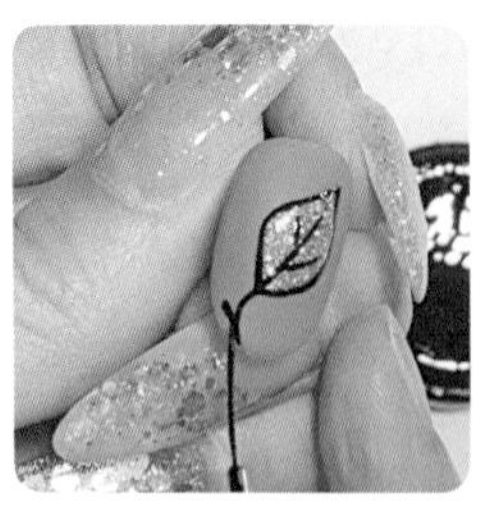

8 — 나뭇잎에 탑젤을 덜어 라인 브러쉬로 나뭇잎과 줄기에만 탑젤이 묻을 수 있게 한 다음 30초 큐어합니다.

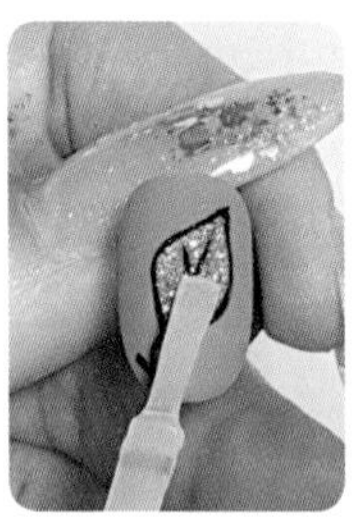
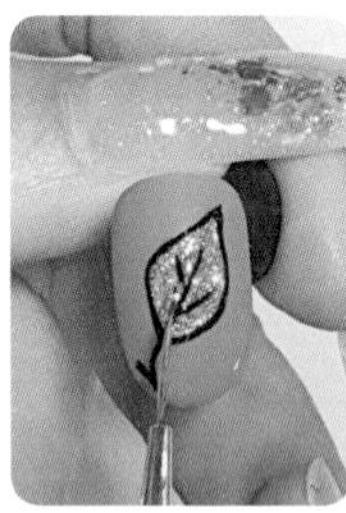

9 — 젤리핏FW194 컬러를 1, 2coat 바르고 30초 큐어 후, 준비한 팁에 무광탑젤을 바르고 30초 큐어합니다. 큐어가 끝나면 미경화젤을 젤클렌저로 닦아냅니다. 픽스젤을 올리고 스와 파츠를 붙인 후 30초 큐어합니다.

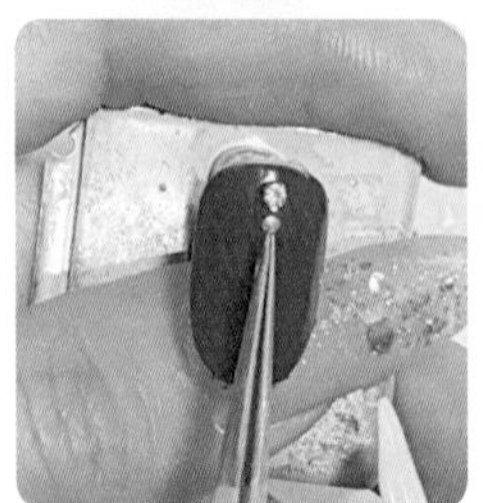

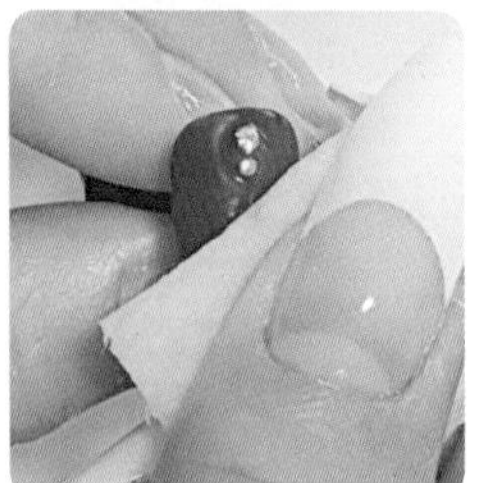

10 — 젤리핏 MA09 컬러젤을 1coat 하고 큐어합니다.

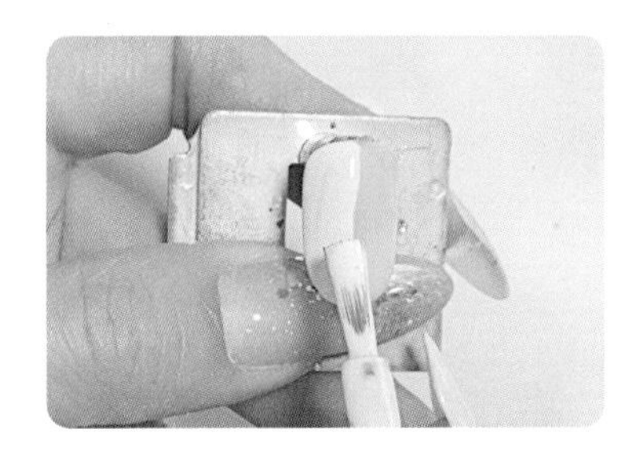

11 — 젤리핏 MA09 컬러젤을 2coat 하고 큐어합니다.

표면이 깨끗한지 확인합니다.

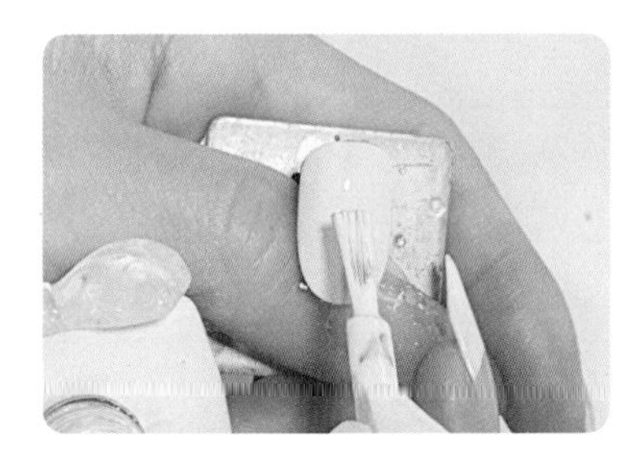

12 — 픽스젤을 덜어내고 파츠들을 어울리게 올려준 다음 30초 큐어합니다.

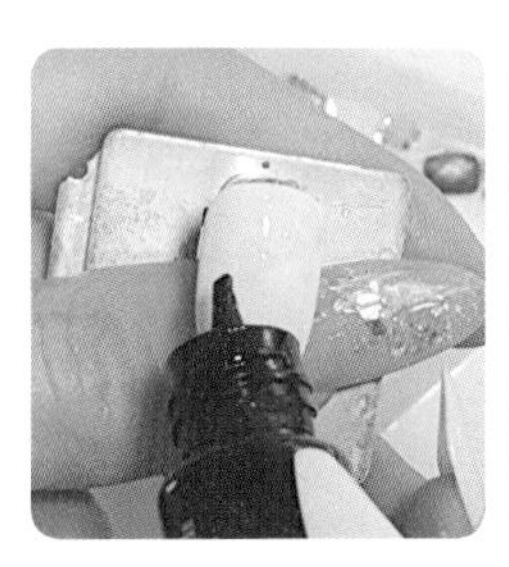

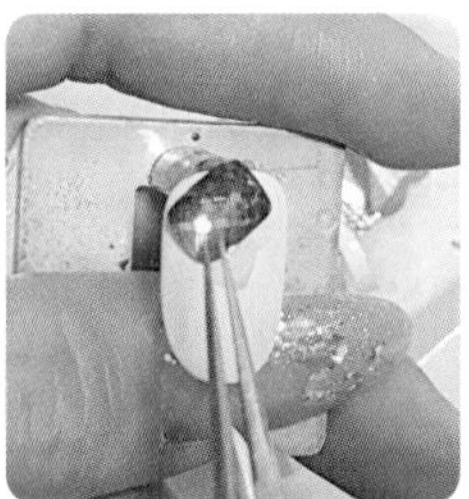

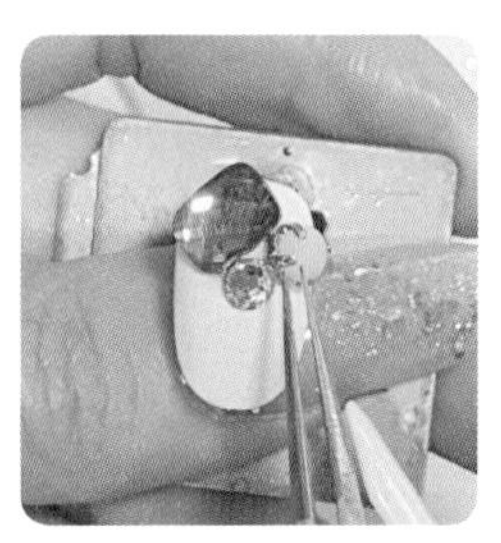

13 ― 피니쉬젤을 이용하여 스톤과 스와 사이사이를 매우듯이 발라주고 30초 큐어합니다.

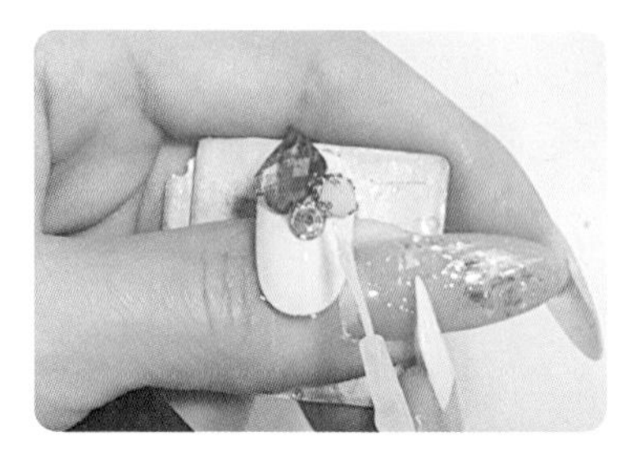

14 ― 무광탑젤을 바르고 30초 큐어 한 다음 남아있는 미경화젤을 닦아냅니다.

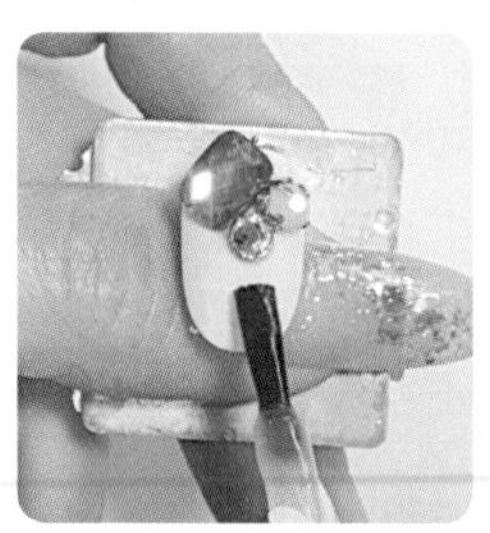

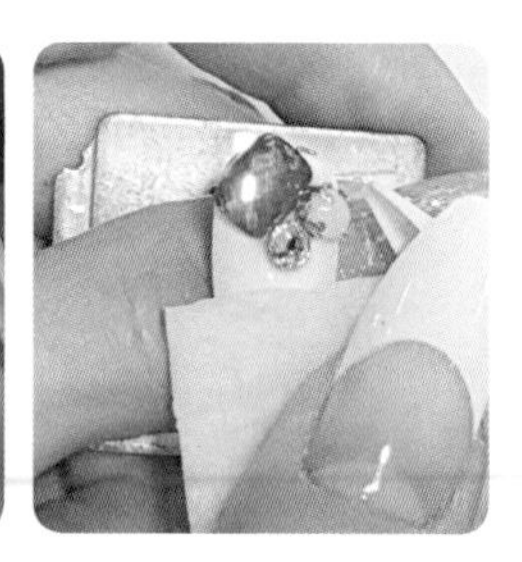

베이스 컬러에는 무광으로 마무리되고, 글리터는 유광으로 표현하여 어우러지게 표현한 아트입니다.

패디 아트에도 잘어울리며, 컬러 체인지도 가능합니다.

42 꽃네일

젤램프, 젤클렌저, 아트팁, 아트스탠드, 샌딩, 솜, 핀셋, 파렛트, 라인브러쉬, 둥근 브러쉬, 스톤, 레터링스티커, 픽스젤, 베이스젤, 탑젤, 오버레이젤 젤리핏MA01, 02, 09, CN72, MG08, 에스테미오 05컬러젤

1 ─ 팁에 광택을 제거하는 샌딩작업을 합니다. 이 작업은 젤의 유지력에 도움이 됩니다.

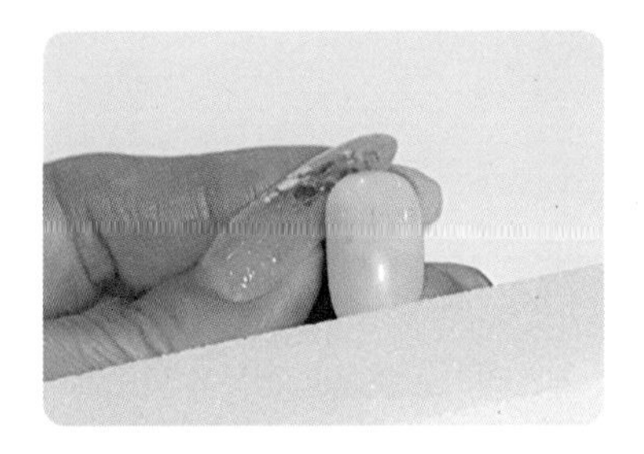

2 ─ 베이스젤을 바르고 30초 큐어합니다. 베이스젤을 꼼꼼히 발라야 컬러를 깔끔하게 바를 수 있습니다.

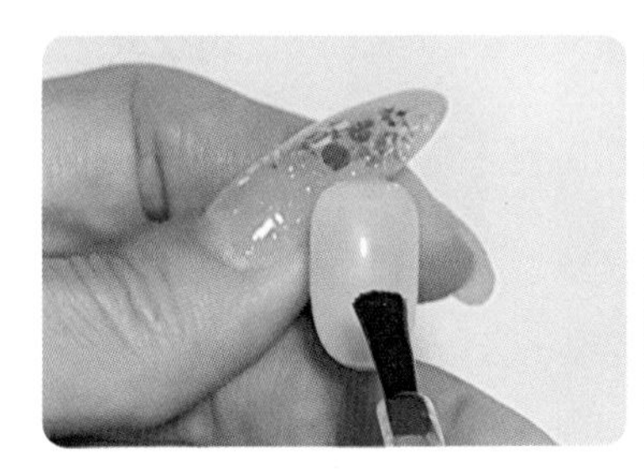

3 — 젤리핏MA09 컬러젤을 1coat 하고 30초 큐어합니다.

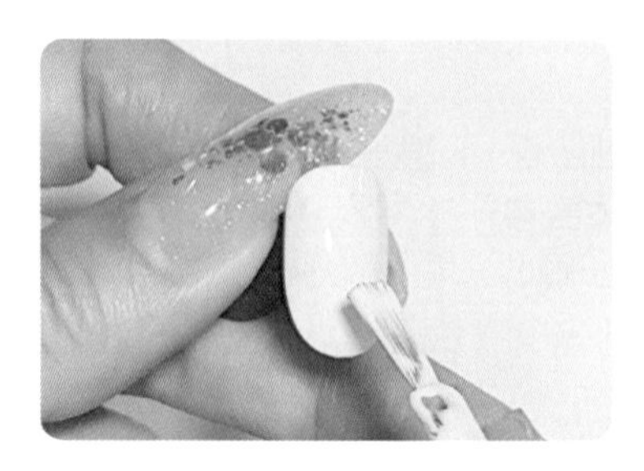

4 — 젤리핏MA09 컬러젤을 1coat하고 30초 큐어합니다.

표면이 매끄럽고 깔끔한지 확인합니다.

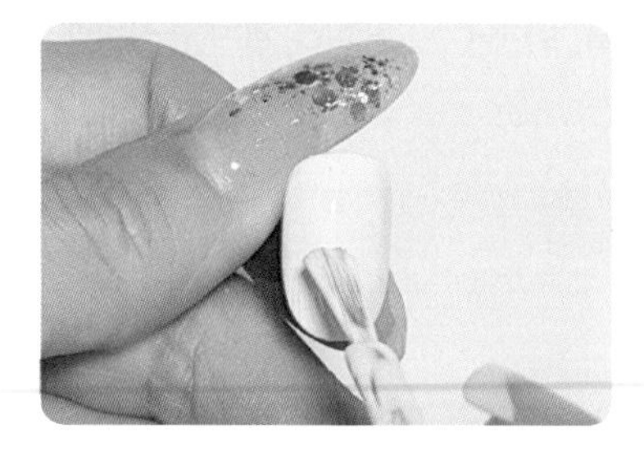

5 — 젤리핏MA01, 02, CN72, MG08, 에스테미오 05컬러젤들을 파렛트에 소량식 덜어 준비합니다.

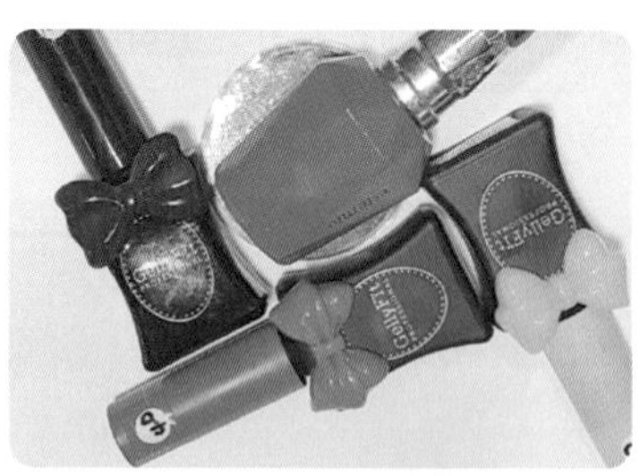

6 — 준비한 컬러젤을 꽃잎모양으로 둥근브러쉬를 사용하여 그려줍니다.

꽃 모양이 그려지면 30초 큐어합니다.

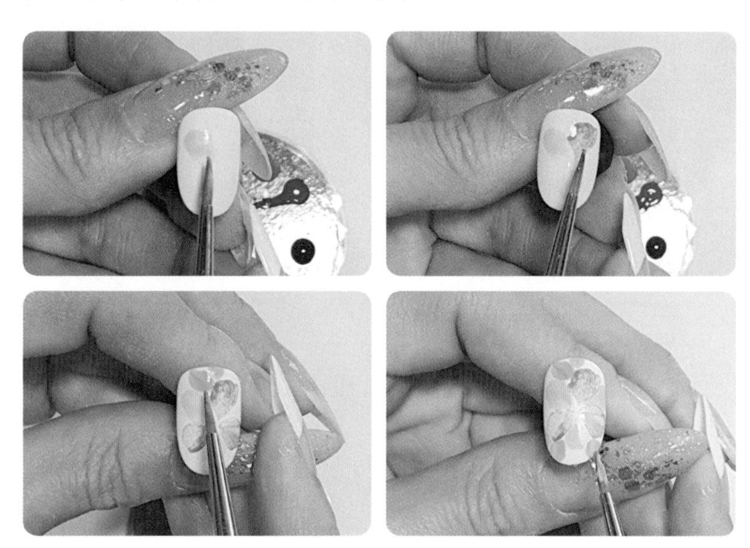

7 — 준비한 블랙컬러를 라인브러쉬를 이용하여 꽃잎의 가장자리를 자연스럽게 그려주고 30초 큐어합니다.

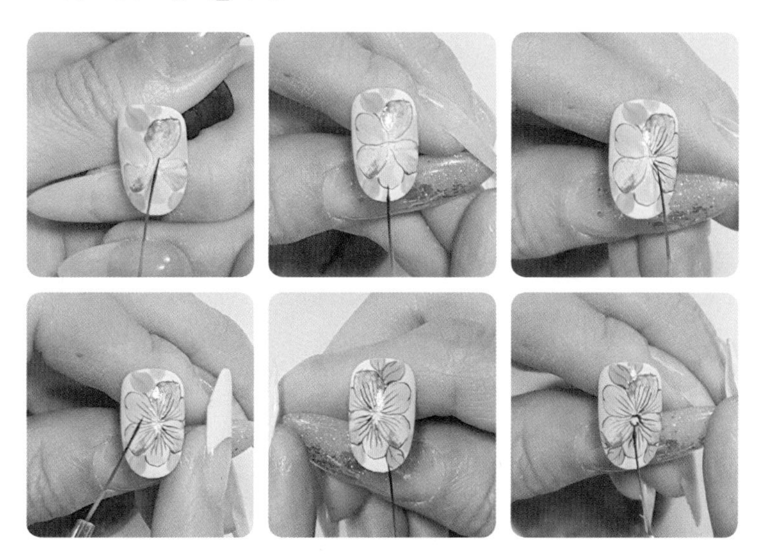

8 — 탑젤을 바르고 30초 큐어합니다.

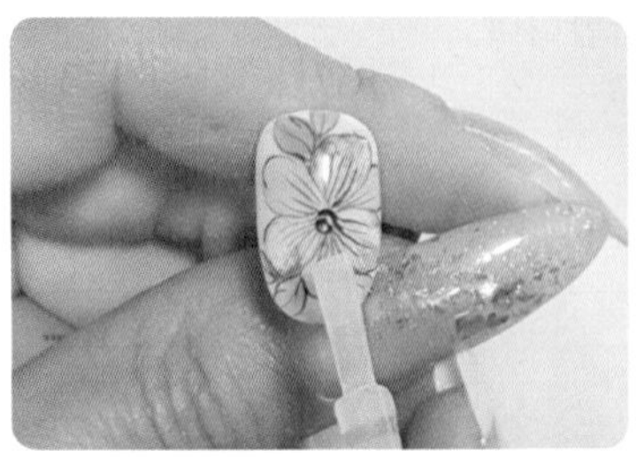

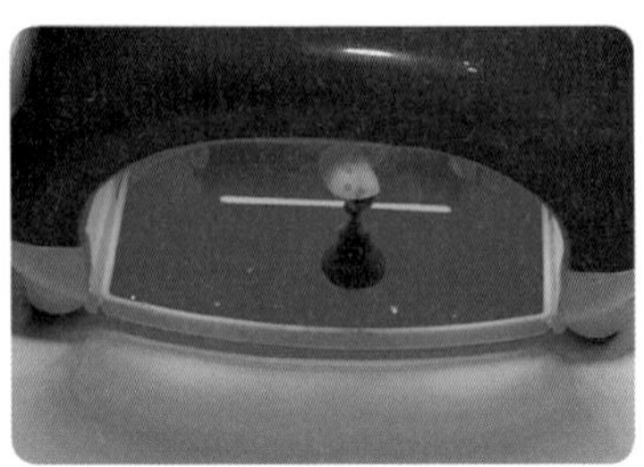

컬러색은 은은하게 표현하고 글리터와 파츠, 레터링데칼을 이용하여 밋밋하지않는 아트가 완성 되었습니다.
컬러 체인지가 가능하며 선택한 컬러에 따라 글리터의 색도 바꿔주면 또 다른 느낌의 아트가 완성될 수 있으며, 개인 취향의 컬러를 사용하여 만족도도 높일 수 있습니다.

43 톱과 제리

젤램프, 젤클렌져, 아트팁, 아트스탠드, 샌딩, 솜, 핀셋, 파렛트, 물소량. 종이컵, 워터데칼, 베이스젤, 무광탑젤, 에스테미오 화이트, 픽스젤, 젤리핏 AM 01, 02, 03, 04, CN 03, 블랙, 라인브러쉬

1 — 팁에 광택을 제거하는 샌딩작업을 합니다. 이 작업은 젤의 유지력에 도움이 됩니다.

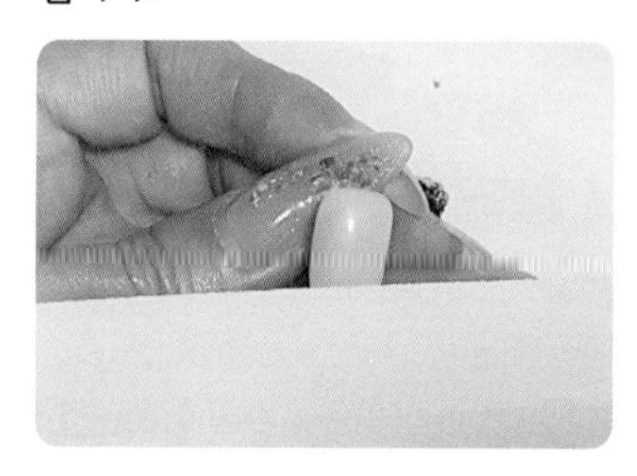

2 — 베이스젤을 바르고 30초 큐어합니다. 베이스젤을 꼼꼼히 발라야 컬러를 깔끔하게 바를 수 있습니다.

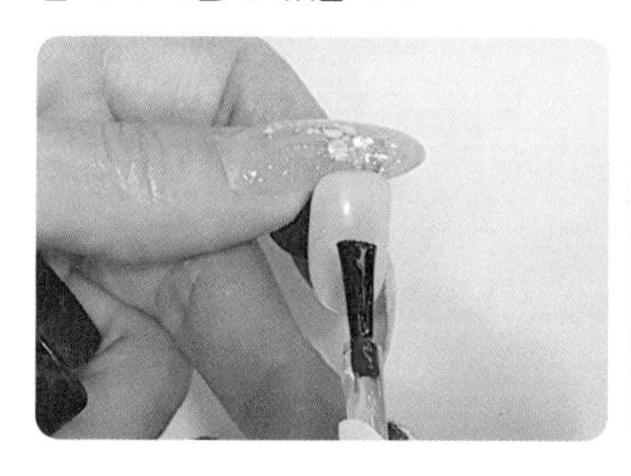

3 — 젤리핏 AM 01컬러젤을 1coat하고 30초 큐어합니다.

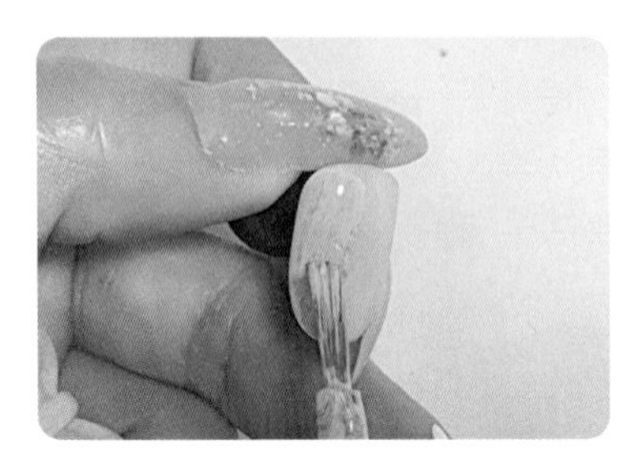

4 — 젤리핏 AM 01컬러젤을 2coat하고 30초 큐어합니다.
벨벳의 입자가 골고루 되었는지 확인합니다.

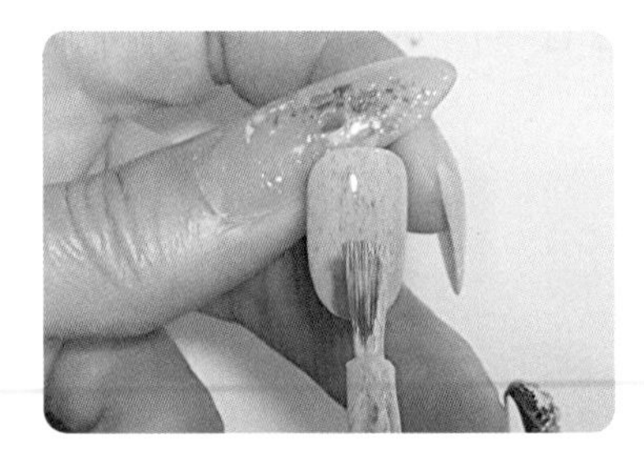

5 — 블랙컬러와과 에스테미오 화이트 컬러를 파렛트에 소량씩 덜어내고 얼굴의 중심부분 부터 그려줍니다.

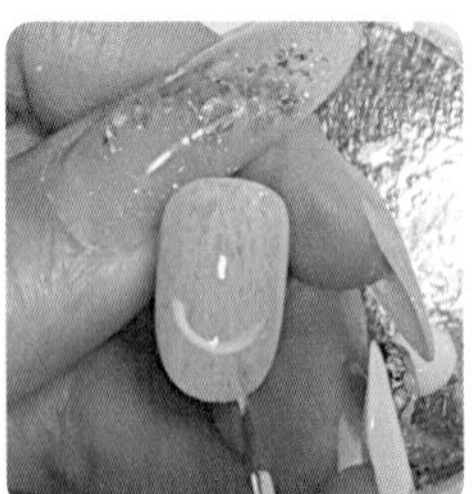

6 — 블랙컬러를 라인브러쉬를 이용하여 디자인을 그려나갑니다.

코의 모양은 하트모양으로 그리면 쉽게 표현할수가있습니다.

라인이 흩트러지거나 지워질 우려가 있을 시 20초씩 가큐어를 해주면 안전하게 완성할 수 있습니다.

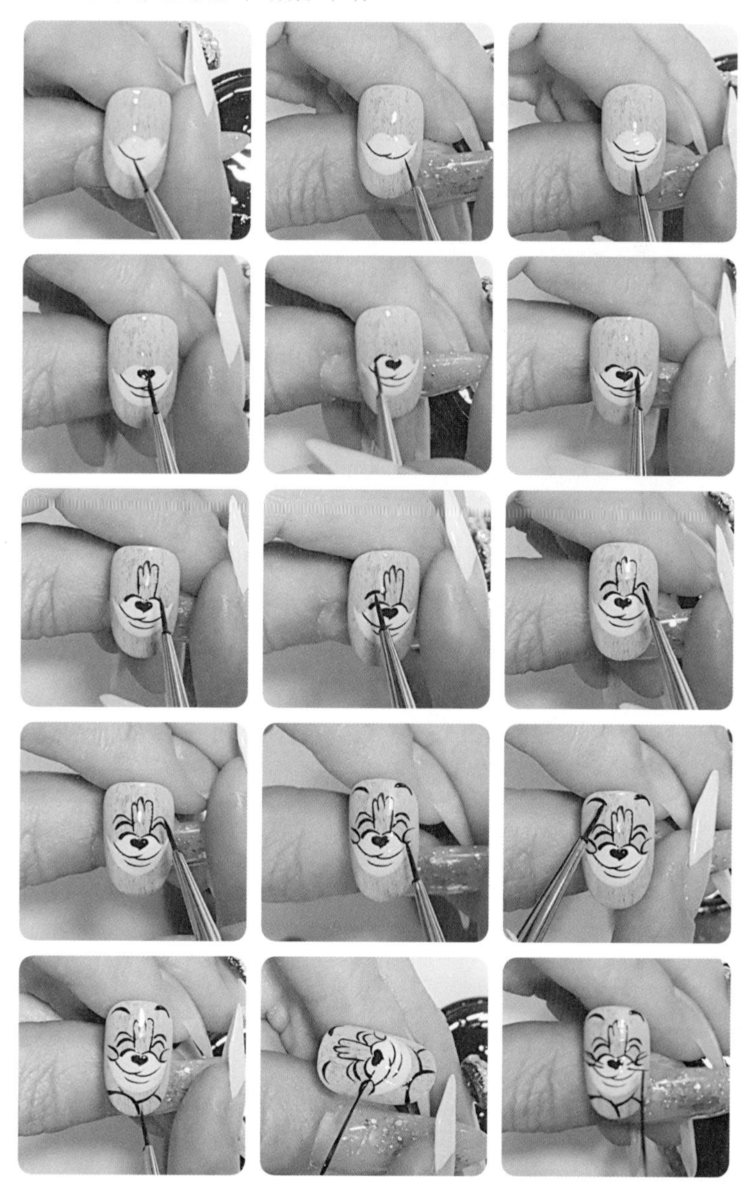

7— 무광탑젤을 바르고 30초 큐어후 미경화젤을 젤클렌저로 닦아냅니다.

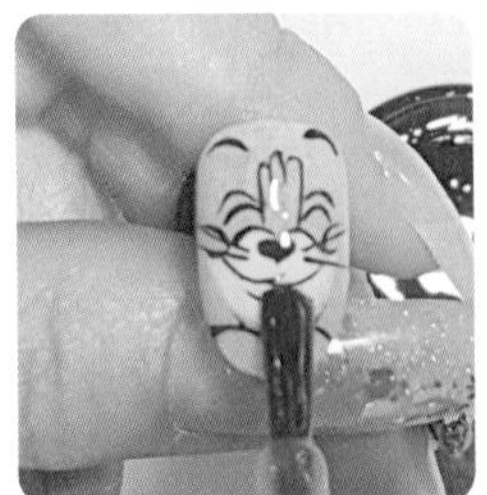

8— 젤리핏 AM 03 컬러젤을 1coat하고 30초 큐어합니다.

9— 젤리핏 AM 03 컬러젤을 2coat하고 30초 큐어합니다.

표면에 먼지가 없는지 확인합니다.

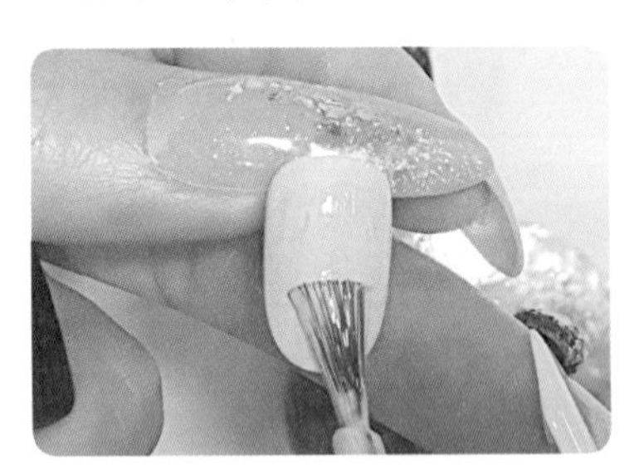

10 ― 파렛트에 젤리핏AM02 컬러도 소량 덜어 준비합니다.

11 ― 젤리핏 AM 03 컬러젤을 바른 팁에

블랙컬러를 라인브러쉬를 이용하여 디자인을 그려나갑니다.

코의 모양은 하트 모양으로 그리면 쉽게 표현할 수 있습니다.

라인이 흩트러지거나 지워질 우려가 있을 시 20초씩 가큐어를 해주면 안전하게 완성할 수 있습니다.

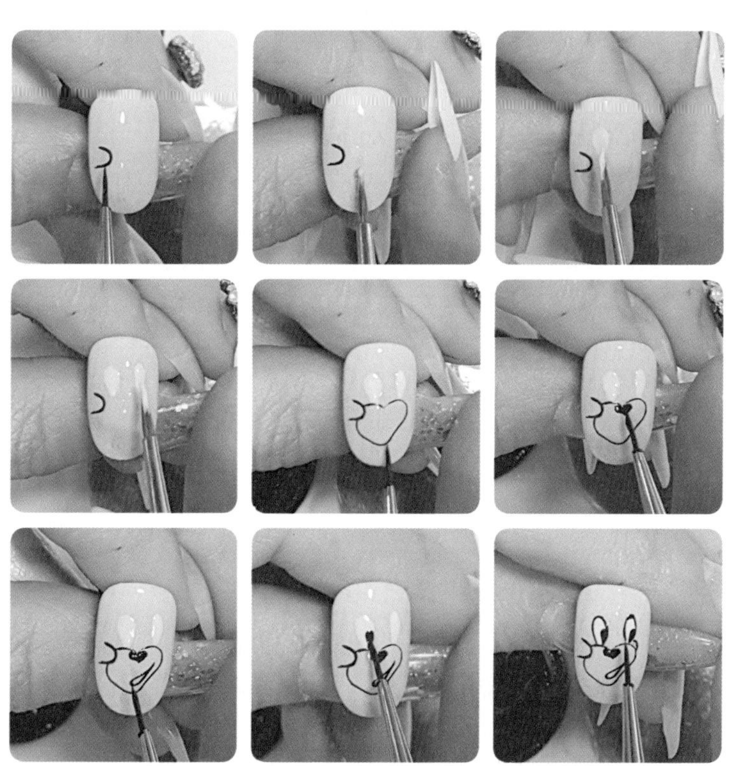

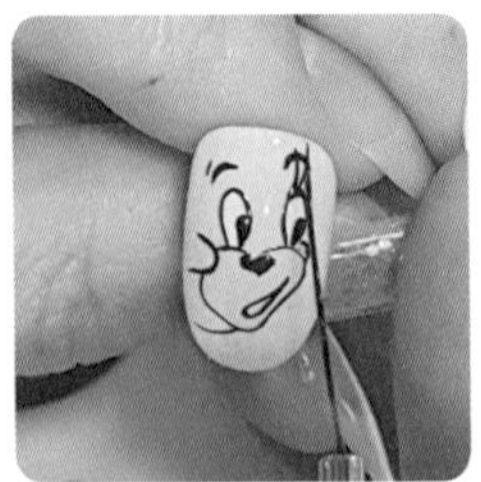

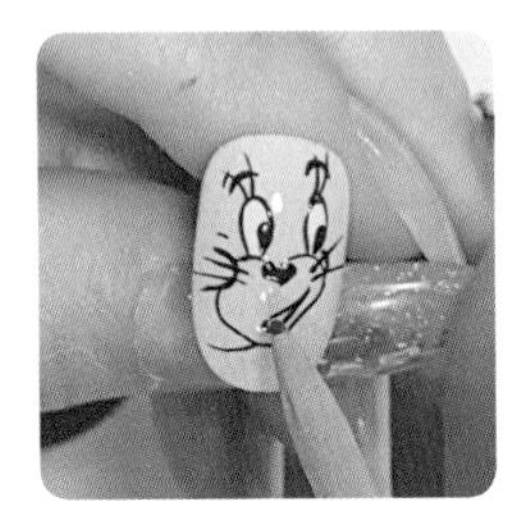

12 — 무광탑젤을 바르고 30초 큐어 한 다음 미경화젤을 젤클렌저로 닦아냅니다.

워테데칼은 원하는 디자인을 커팅후 물이 담긴컵에 담궜다가 랩이 분리되면 사용합니다.

익살스럽고 귀여운 톰과 제리가 완성이 되었습니다.

유광도 예쁘게 표현되지만 무광으로 표현된 아트도 매력적입니다.
바탕이되는 베이스 컬러는 원하는 컬러로 체인지가 가능합니다.

44 대리석 마블 아트

젤램프, 젤클렌저, 솜, 샌딩, 파렛트, 라인브러쉬, 둥근브러쉬, 베이스젤, 무광탑젤, 핀셋, 피니쉬젤, 에스테미오 화이트, 블랙, 젤리핏 CN69, 84

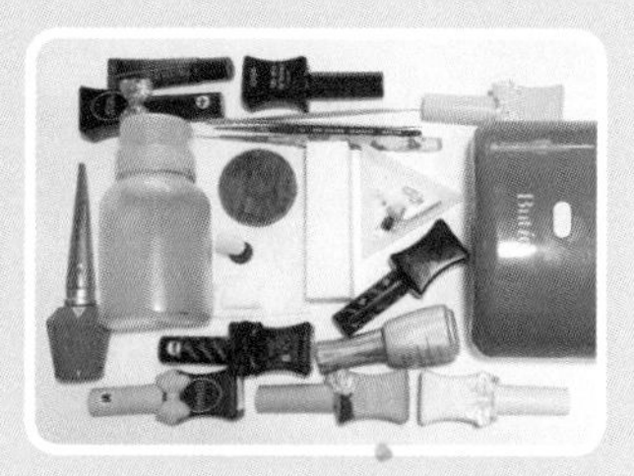

1 — 팁에 광택을 제거하는 샌딩작업을 합니다. 이 작업은 젤의 유지력에 도움이 됩니다.

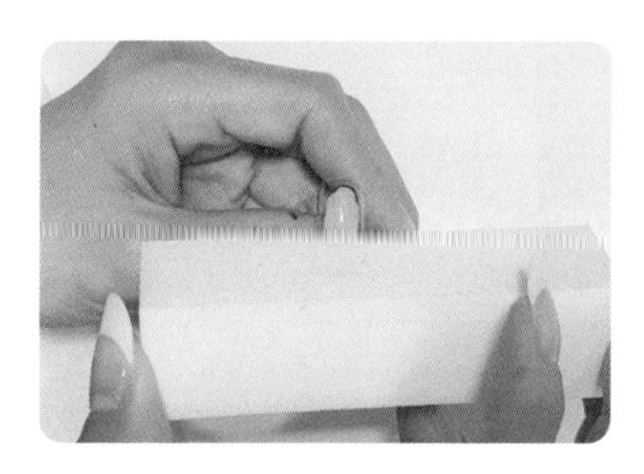

2 — 베이스젤을 바르고 30초 큐어합니다. 베이스젤을 꼼꼼히 발라야 컬러를 깔끔하게 바를 수 있습니다.

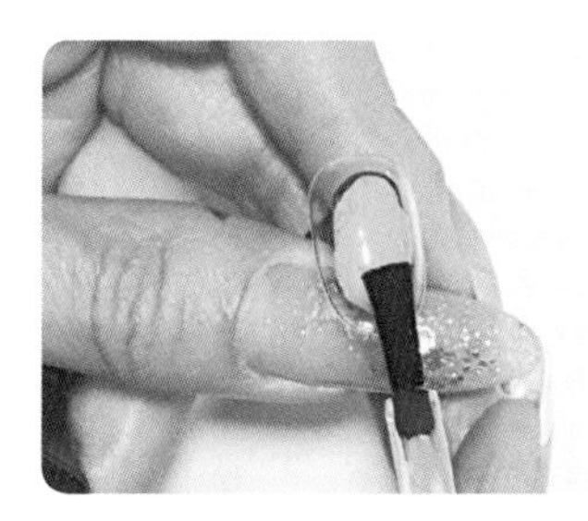

3 — 에스테미오 화이트 컬러젤을 1coat하고 30초 큐어합니다.

사진과 같이 한쪽으로 사각형 모양으로 컬러를 도포합니다.

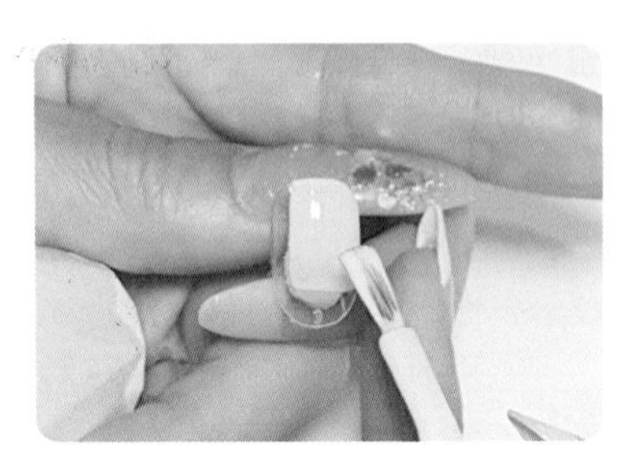

4 — 에스테미오 화이트 컬러젤을 2coat하고 30초 큐어합니다.

사진과 같이 한쪽으로 사각형 모양으로 컬러를 도포합니다.

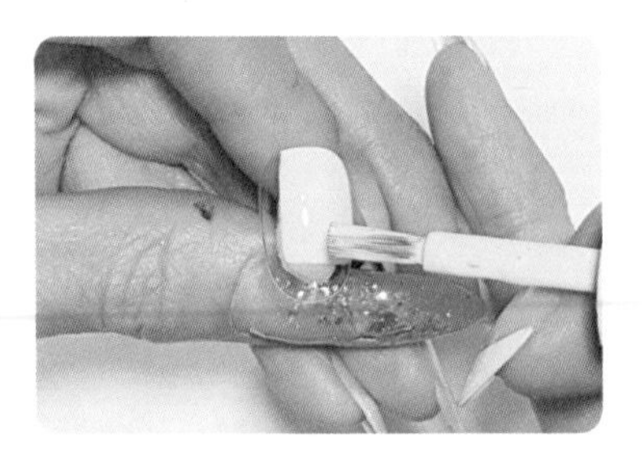

5 — 컬러가 도포된곳에 젤리핏 CN84, 69 컬러를 파렛트에 덜고 붓으로 일정하지 않은 선을그려주고 젤클렌저를 붓에 터치하여 선의 가장 자리 부분이 자연스럽게 퍼지도록 합니다.

디자인 중간에 가큐어를 한 번씩 해주고 모든 과정을 한번 더 반복합니다.

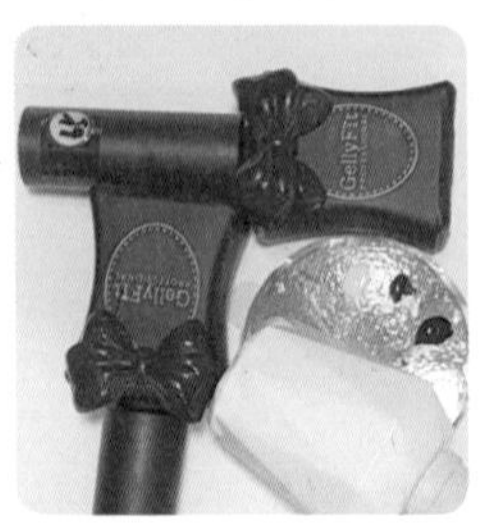

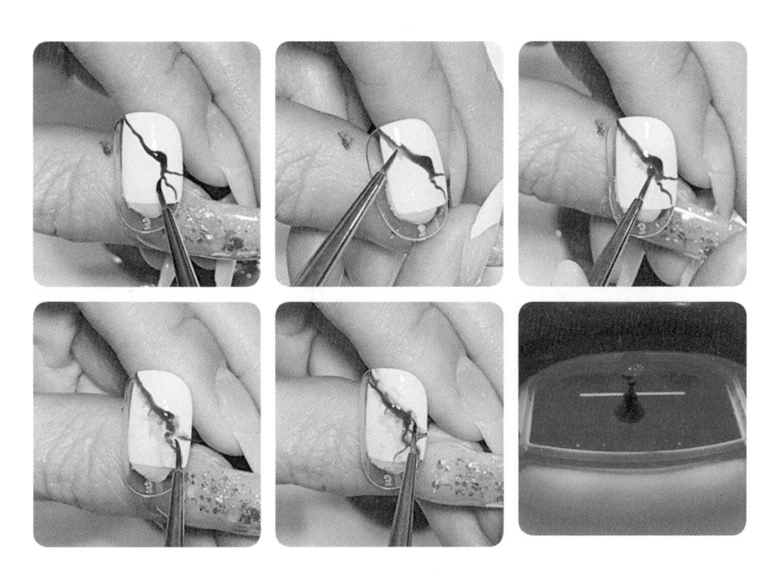

에스테미오 블랙 컬러로 교차 라인을 만들어 위와 같이 반복합니다.

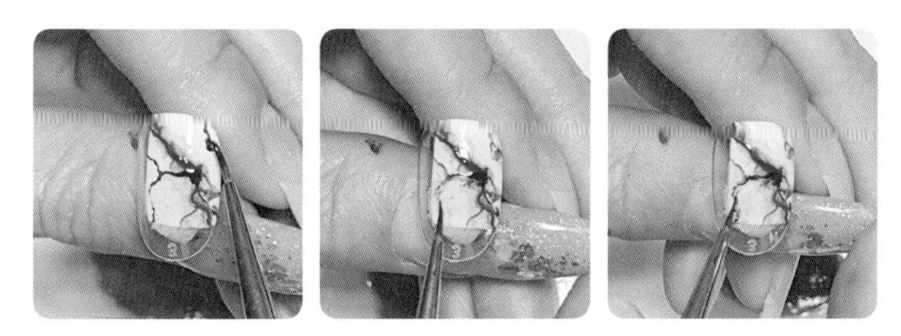

6ㅡ 에스테미오 블랙 컬러를 라인브러쉬를 이용하여 화이트 바깥 라인에 그려줍니다.

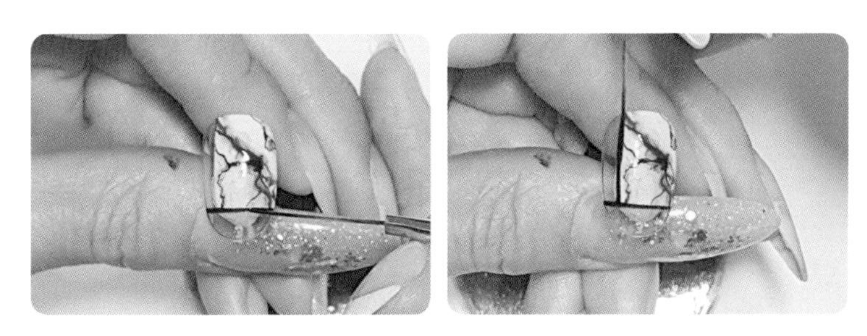

7 — 젤리핏 CN69 컬러를 팁에 아래 부분에 프렌치처럼 컬러를 1coat 바르고 30초 큐어합니다.

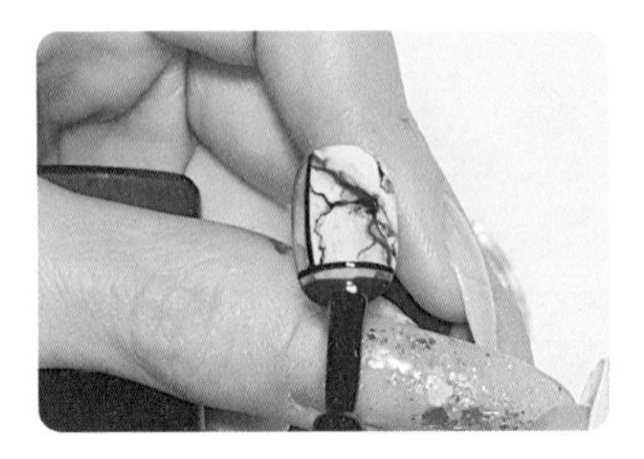

8 — 젤리핏 CN69 컬러를 팁에 아랫부분에 한 번 더 컬러를 2coat 바르고 30초 큐어합니다.

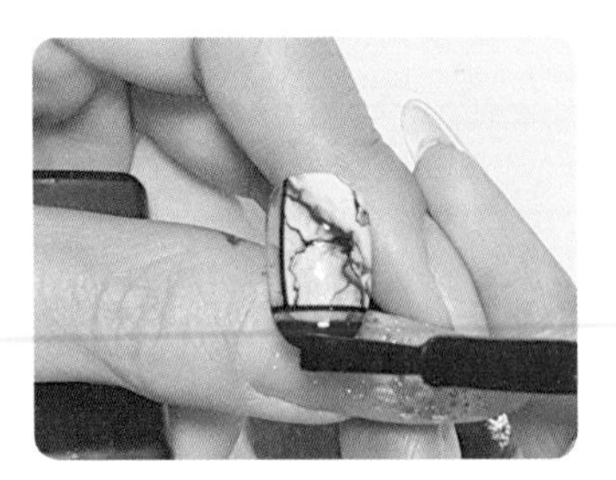

9 — 에스테미오 화이트 컬러를 블랙라인과 블루라인 사이에 라인을 그려주고 30초 큐어합니다.

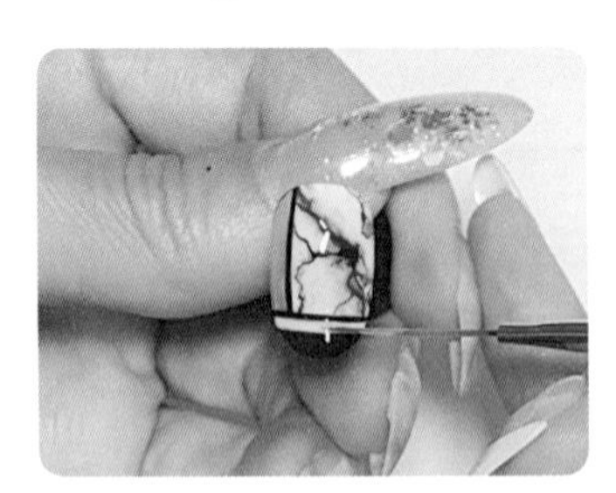

10 — 무광탑젤을 바르고 30초 큐어합니다.

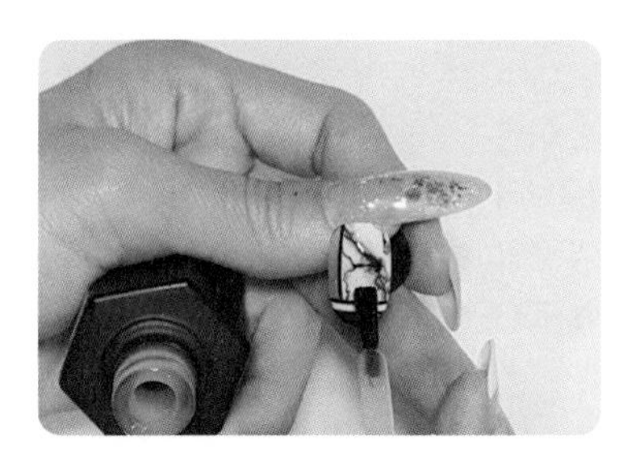

11 — 남아있는 미경화젤을 젤클렌저로 닦아내고 마무리 해줍니다.

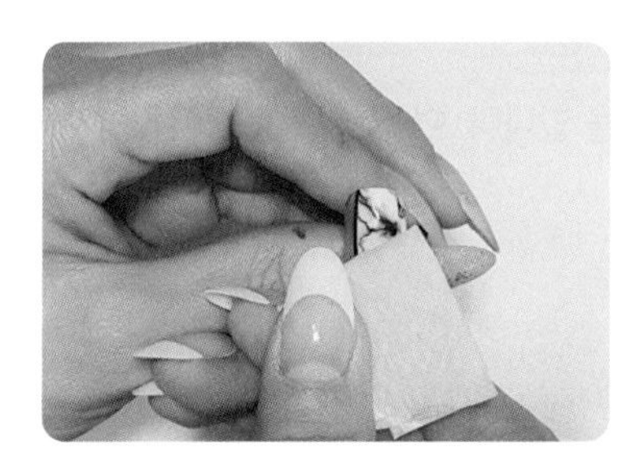

대리석아트와 패턴무늬 같은 디자인을 표현하여 시원한 느낌으로 완성한 아트입니다. 블루와 보라의 매칭이 적절하게 잘 어울리며, 여름에 패디아트와 함께 잘 어울리는 디자인입니다.

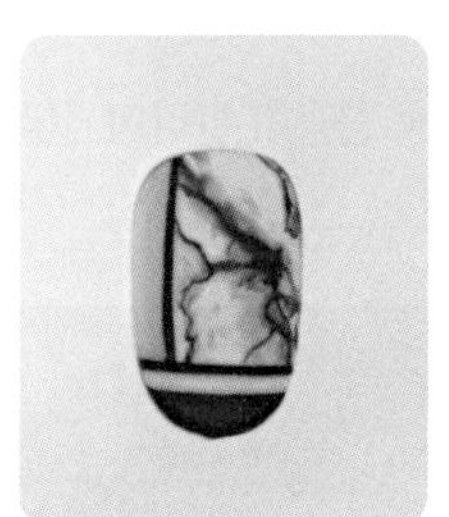

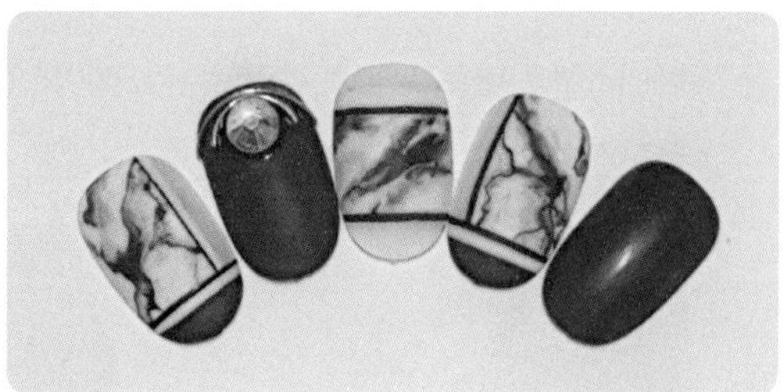

45 마블로딩꽃

젤램프, 젤클렌저, 솜, 샌딩, 아트팁, 아트스탠드, 파렛트, 앵글브러쉬, 라인브러쉬, 베이스젤, 무광탑젤, 에스테미오 화이트, TINY TGG 066, 003,073

1 ─ 팁에 광택을 제거하는 샌딩작업을 합니다. 이 작업은 젤의 유지력에 도움이 됩니다.

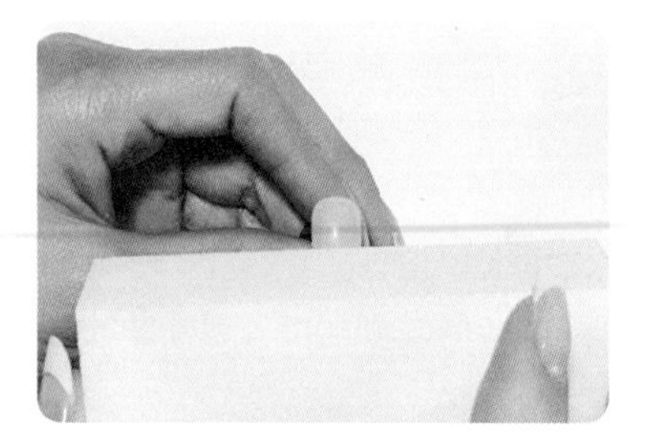

2 ─ 베이스젤을 바르고 30초 큐어합니다. 베이스젤을 꼼꼼히 발라야 컬러를 깔끔하게 바를 수 있습니다.

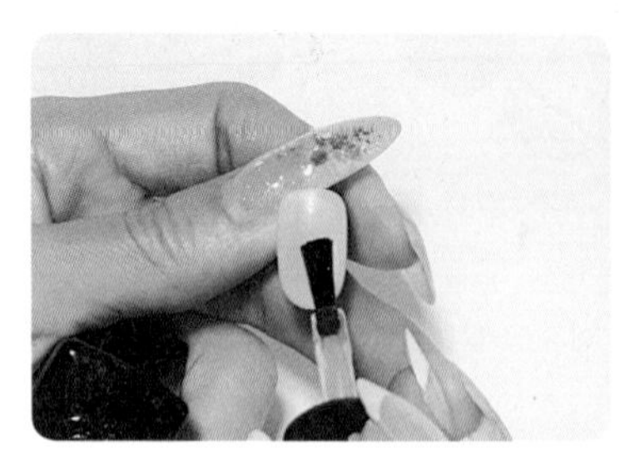

3 — TINY TGG 003 컬러를 1coat 바르고 30초 큐어합니다.

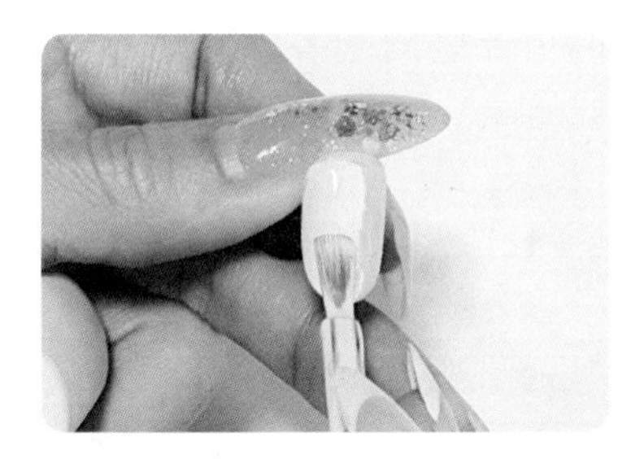

4 — TINY TGG 003 컬러를 2coat 바르고 30초 큐어합니다.

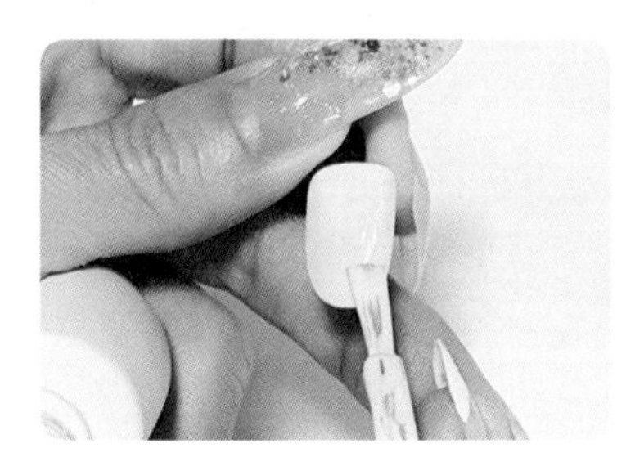

5 — TINY TGG 066, 073 컬러를 파렛트에 덜어 앵글 브러쉬에 한 컬러씩 터치 후 로딩해 줍니다.

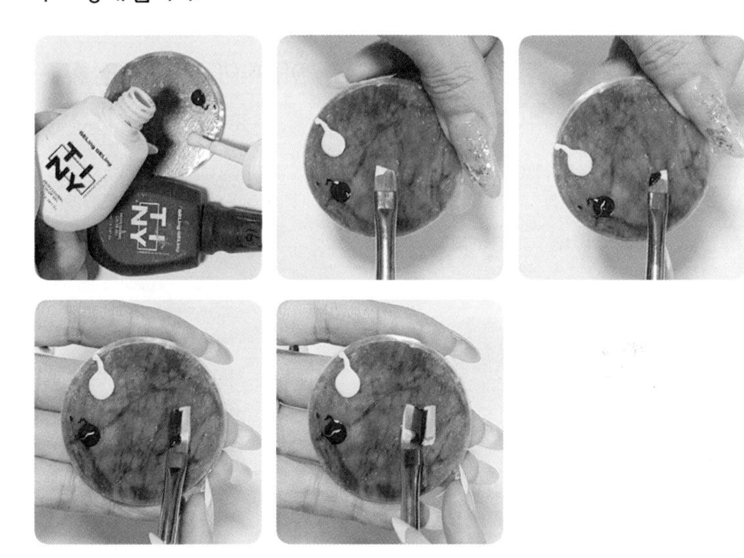

6— 컬러를 묻혀 로딩된 브러쉬를 팁에 부채꼴 모양으로 그려줍니다.

꽃 그리는 과정을 가큐어를 해주며 두번 씩 반복합니다.

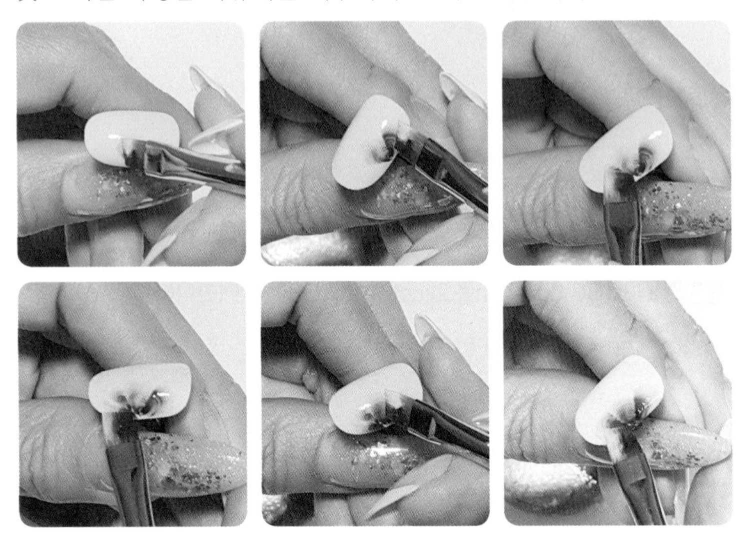

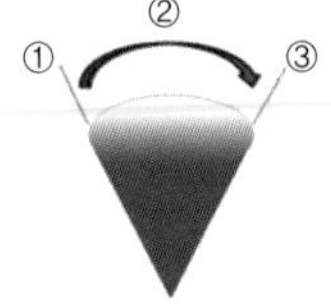

붓에 로딩을 한 다음 ①을 붓을 세워 시작하여
②번으로 옮긴 다음 ③번으로 붓을 세워서 끝냅니다.

7— 에스테미오 블랙 컬러를 라인브러쉬를 이용하여 꽃잎의 중심부터 조금씩 그려주고 30초 큐어합니다.

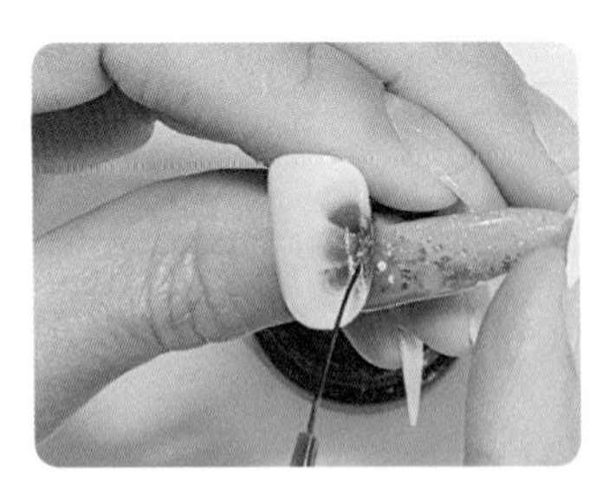

8 — 꽃 옆에 블랙으로 잎사귀를 그려주고 30초 큐어합니다.

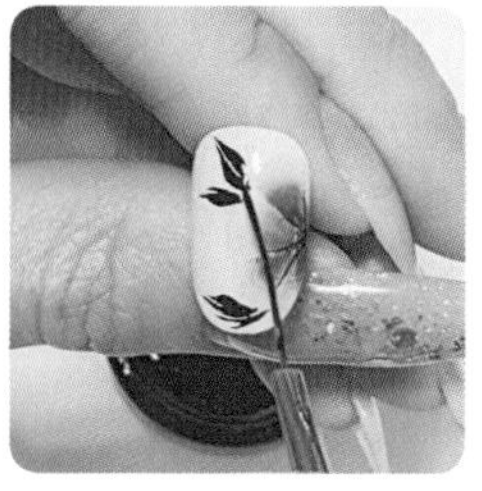
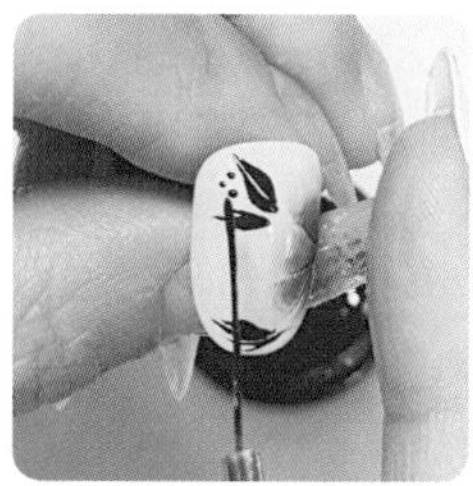

9 — 무광탑젤을 바르고 30초 큐어합니다.

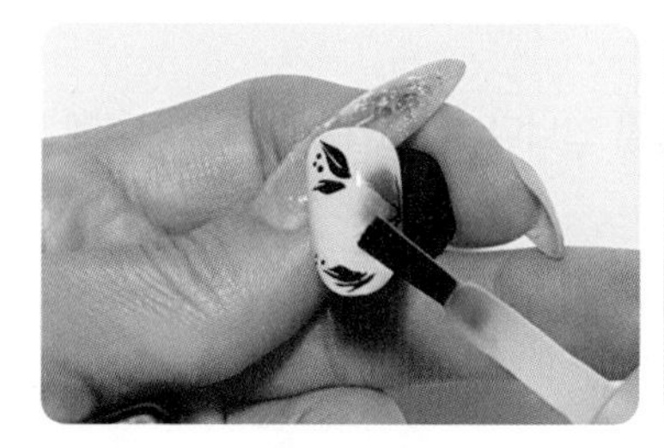

10 — 남아있는 미경화젤을 젤클렌져로 닦아내고 마무리 해줍니다.

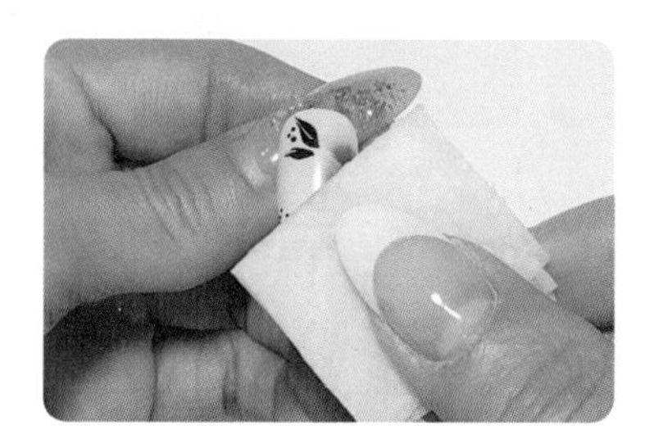

풍경화나 벽화같은 느낌도 나지만 보라색의 꽃들이 고급스럽게 느껴지는 아트입니다. 개인의 스타일에 맞춰 컬러 체인지도 가능합니다.

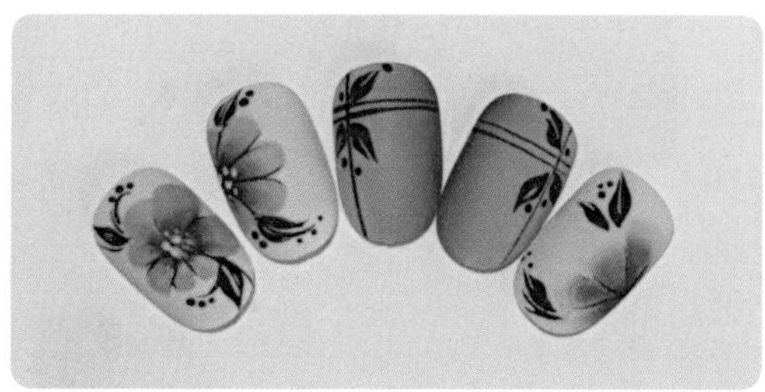

46 토끼 아트

젤램프, 젤클렌저, 솜, 샌딩, 아트팁, 아트스탠드, 핀셋, 브러쉬, 파렛트 스티커, 젤리핏 FW 194, 191, 171, 164, 186, GF 12, TINY TGG017, 084, 에스테미오 블랙, 화이트

1— 팁에 광택을 제거하는 샌딩작업을 합니다. 이 작업은 젤의 유지력에 도움이 됩니다.

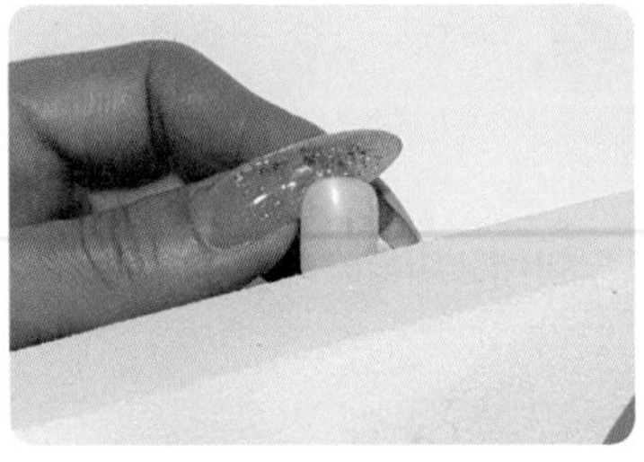

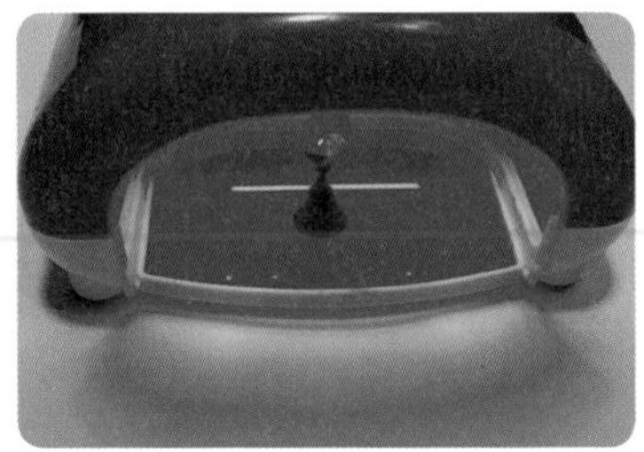

2— 베이스젤을 바르고 30초 큐어합니다. 베이스젤을 꼼꼼히 발라야 컬러를 깔끔하게 바를 수 있습니다.

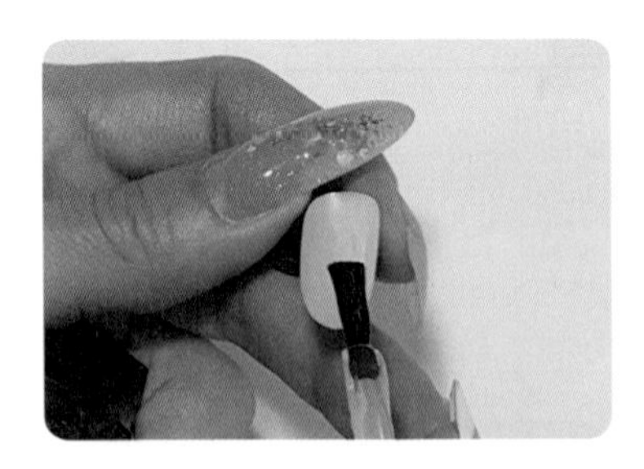

3— 젤리핏 FW 164 컬러젤을 1coat 바르고 30초 큐어합니다.

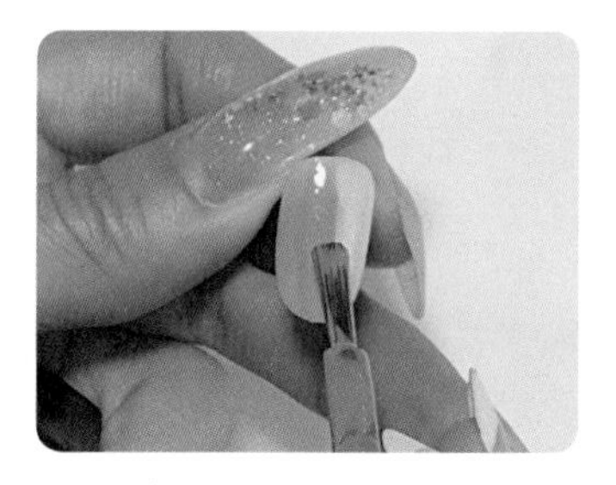

4— 젤리핏 FW 164 컬러젤을 2coat 바르고 30초 큐어합니다.

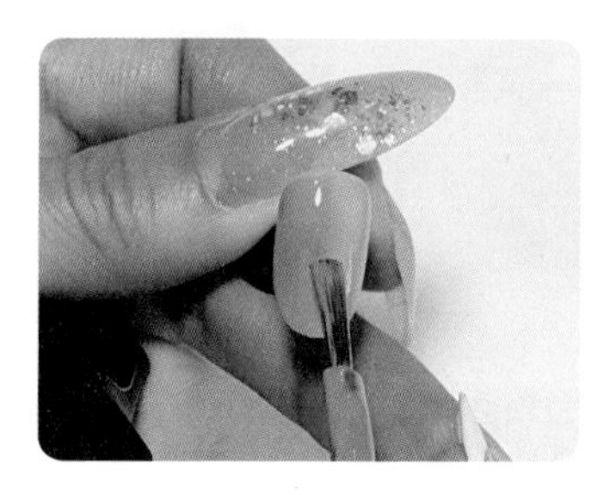

5— 에스테미오 블랙, 화이트, 젤리핏 FW 186, TINY TGG 017컬러를 파렛트에 덜고 브러쉬로 토끼의 모양을 그려줍니다.

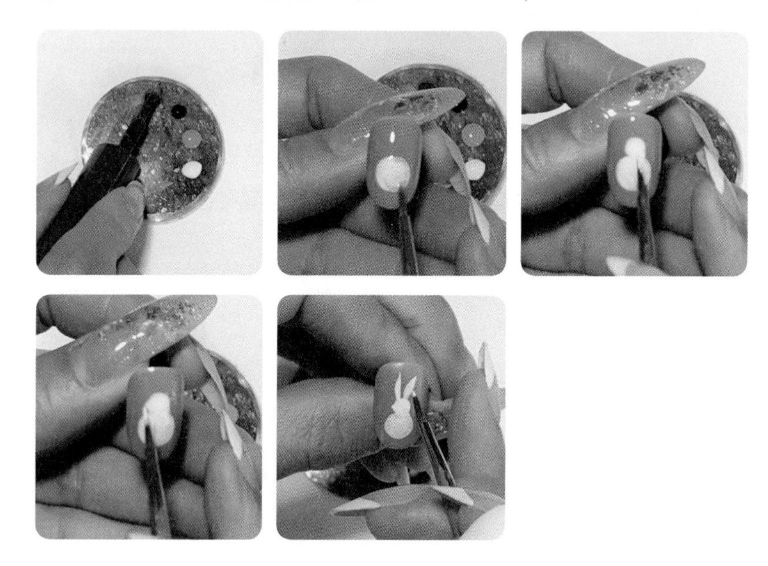

6 — 젤리핏 FW 186, 에스테미오 블랙으로 명암을 넣어주고 30초 큐어합니다.

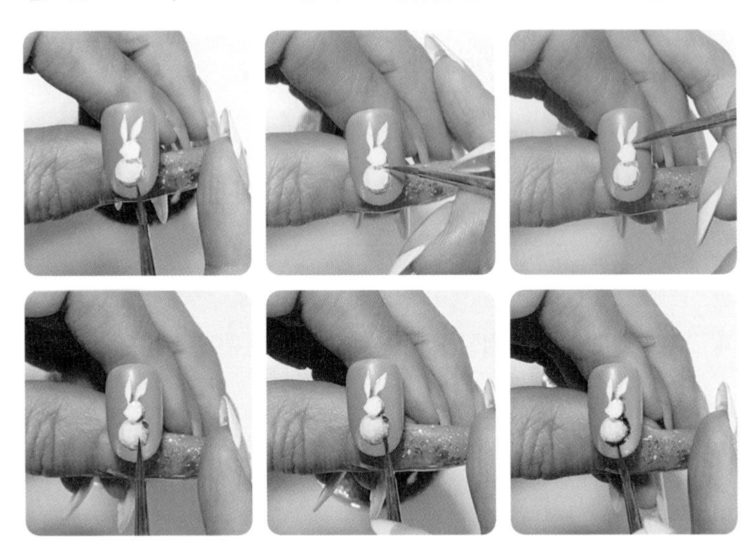

7 — TINY TGG 017 컬러로 꼬리와 귀를 그려줍니다.

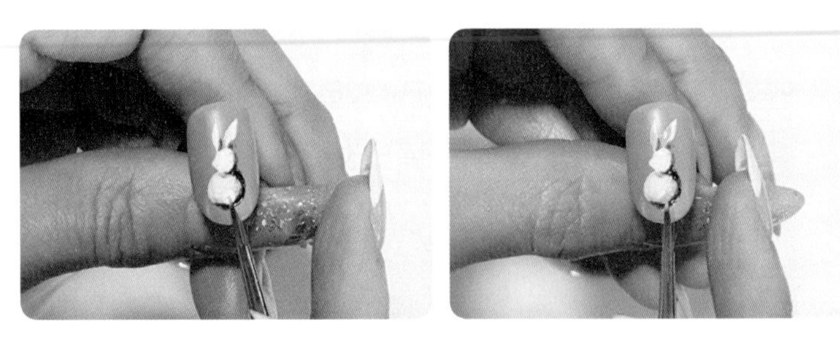

8 — 에스테미오 화이트 컬러를 브러쉬 끝부분으로 털처럼 조금씩 터치해줍니다.
그리는 중간에 가큐어를 해줍니다.

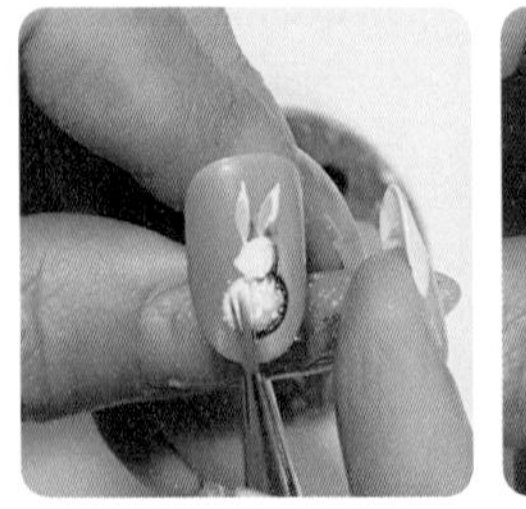

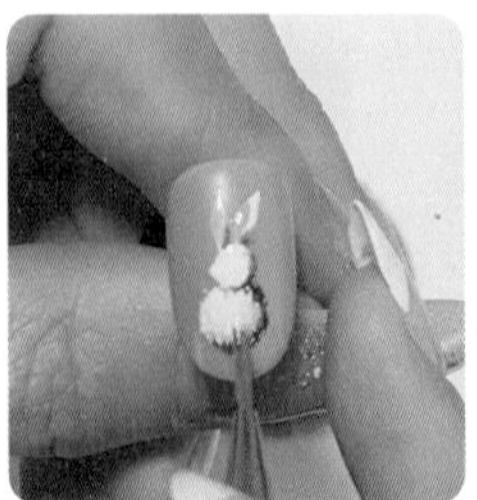

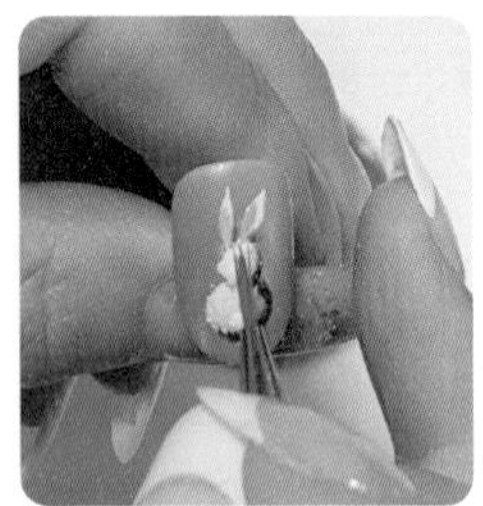

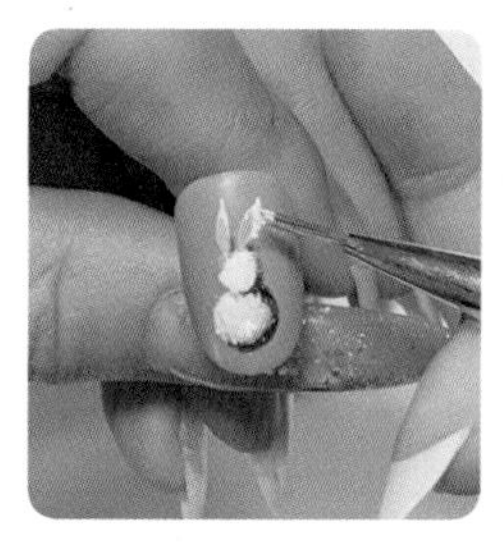

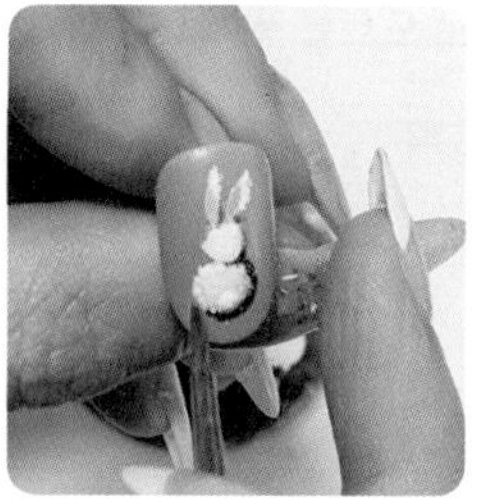

9 — 에스테미오 블랙으로 눈, 코를 그려주고 30초 큐어합니다.

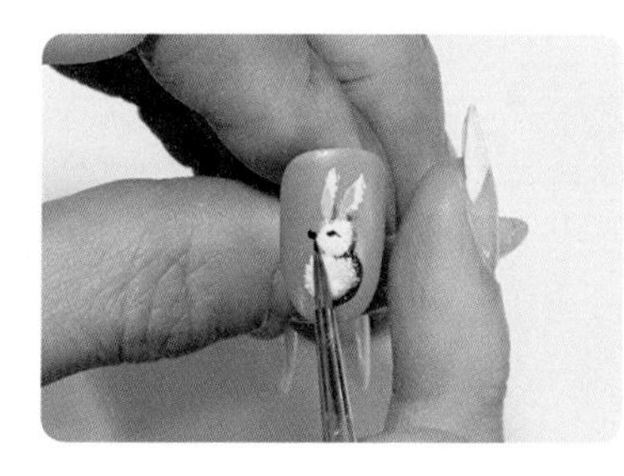

10 — 젤키핏 FW 186, 에스테미오 블랙으로 라인을 조금씩 넣어주고 30초 큐어합니다.

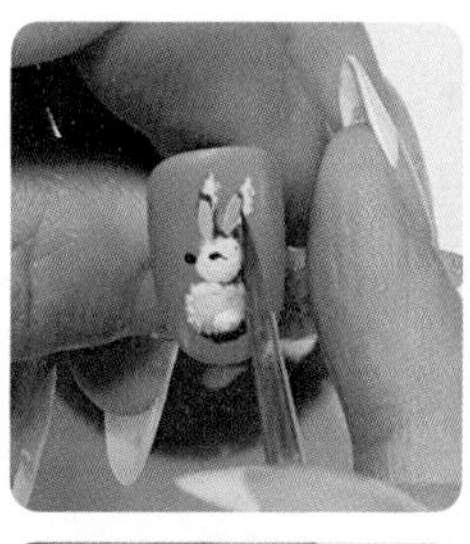

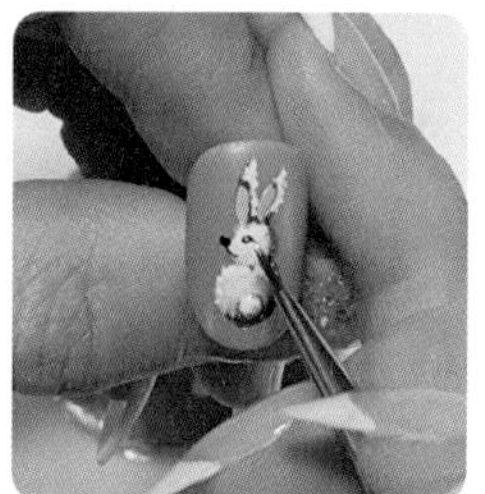

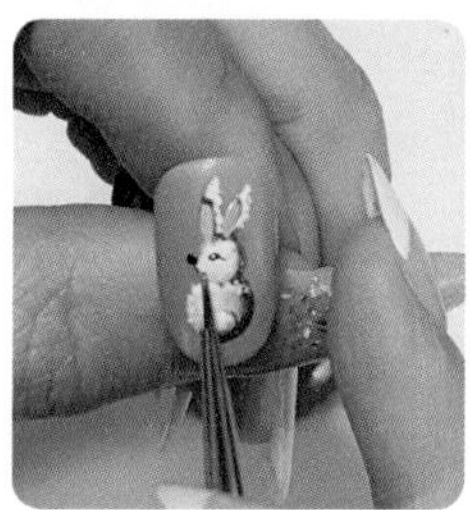

11 — 에스테미오 화이트로 도트를 찍어주고 20초 큐어합니다.

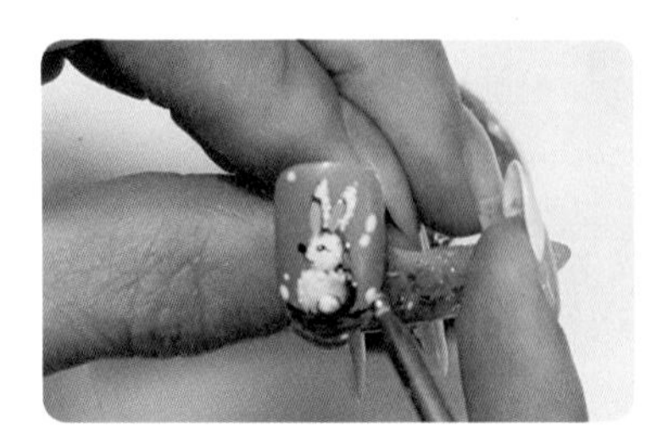

12 — 무광탑젤을 바르고 30초 큐어합니다.

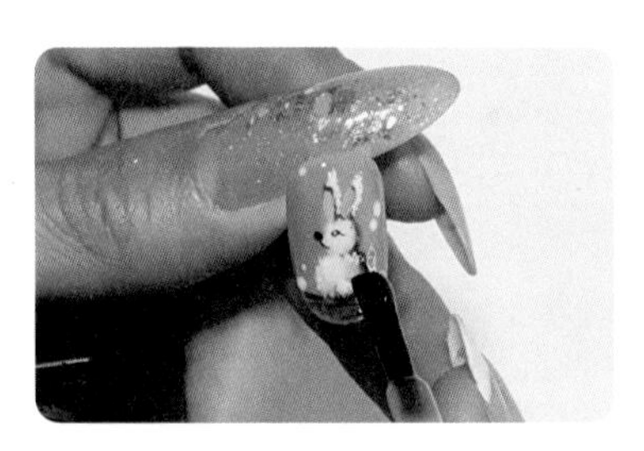

13 — 남아있는 미경화젤을 젤클렌져로 닦아내고 마무리 해줍니다.

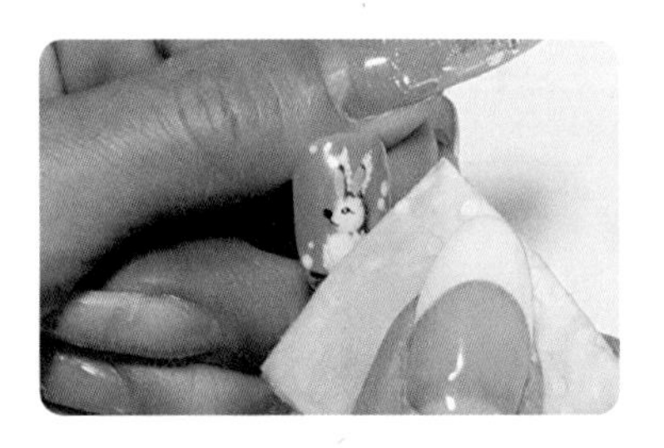

귀여운 토끼가 꽃밭에 있는 느낌으로 아트가 완성 되었습니다.
열손에 모든아트가 다 올려지면 굉장히 화려할 수 있습니다.
기본 원컬러에 토끼만 포인트로 그려도 예쁜아트로 완성할 수 있습니다.

47 틴트젤

젤램프, 젤클렌저, 샌딩, 솜, 아트팁, 아트스탠드, 핀셋, 워터데칼, 브러쉬 트위저, 베이스젤, 탑젤, 젤리핏 화이트, 블랙, NCJ D03, 06, 07, 09, 12

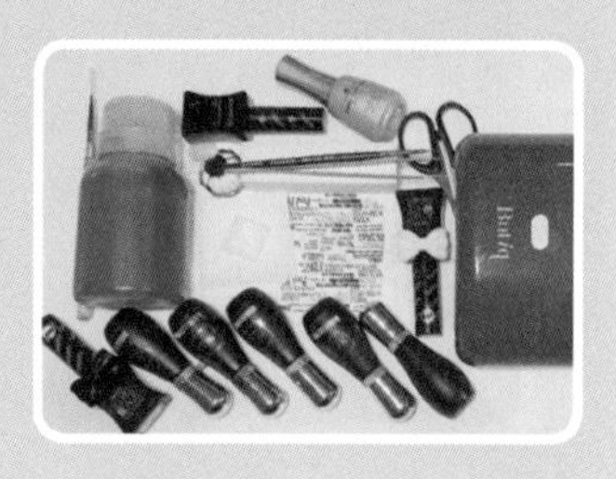

1 ─ 팁에 광택을 제거하는 샌딩작업을 합니다. 이 작업은 젤의 유지력에 도움이 됩니다.

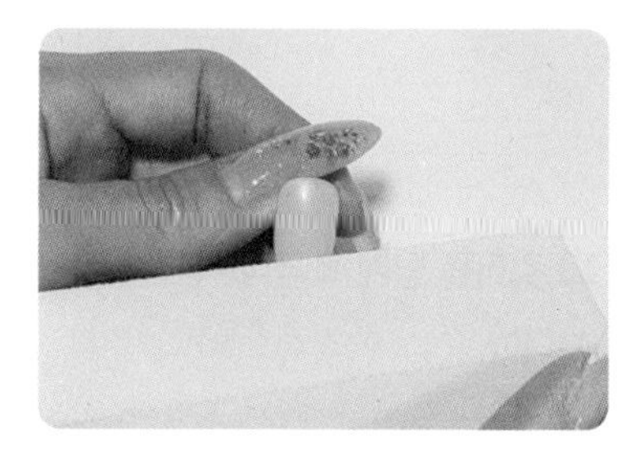

2 ─ 베이스젤을 바르고 30초 큐어합니다. 베이스젤을 꼼꼼히 발라야 컬러를 깔끔하게 바를 수 있습니다.

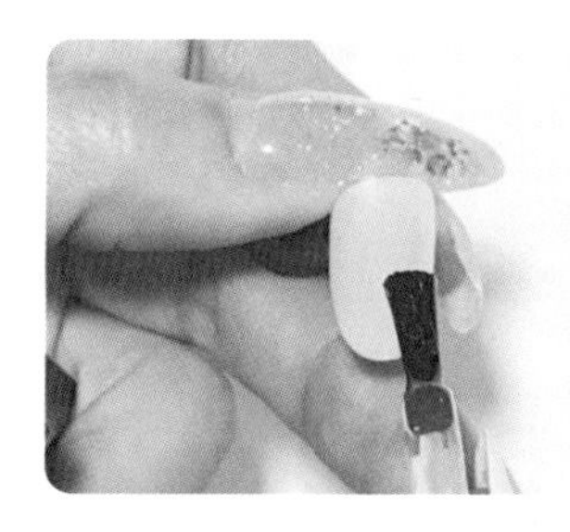

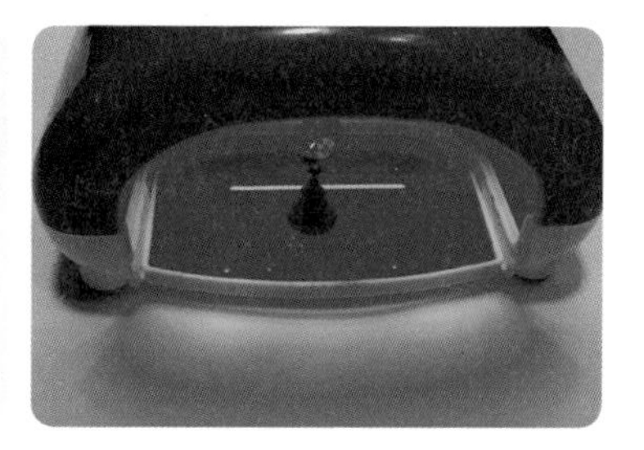

3— 젤리핏 화이트 컬러젤을 1coat하고 30초 큐어합니다.

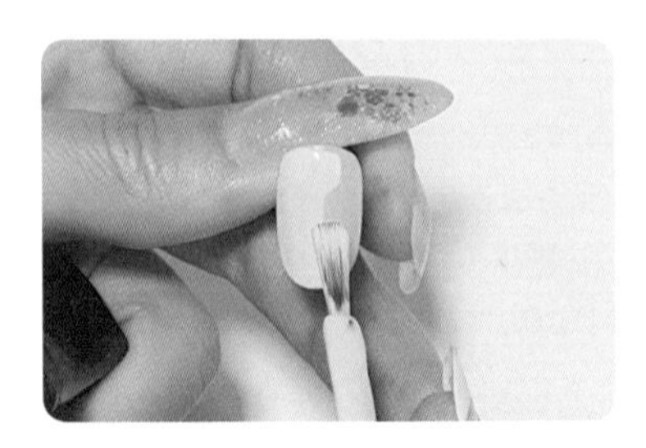

4— 젤리핏 화이트 컬러젤을 2coat하고 30초 큐어합니다.

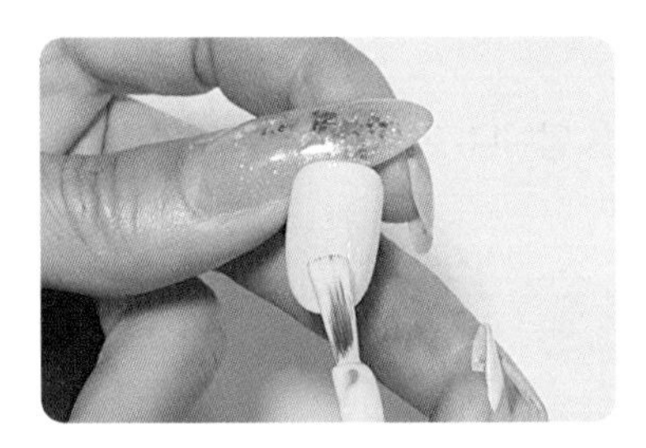

5— NCJ 틴트젤 D 03, 06, 07, 09, 12 컬러를 팁에 조금씩 나누어 떨어트립니다.디자인 완성이 되면 30초 큐어합니다.

노랑색처럼 색이 잘 퍼지지 않으면 브러쉬에 젤클렌져를 소량 묻혀주면 원하는 디자인을 표현할 수 있습니다.

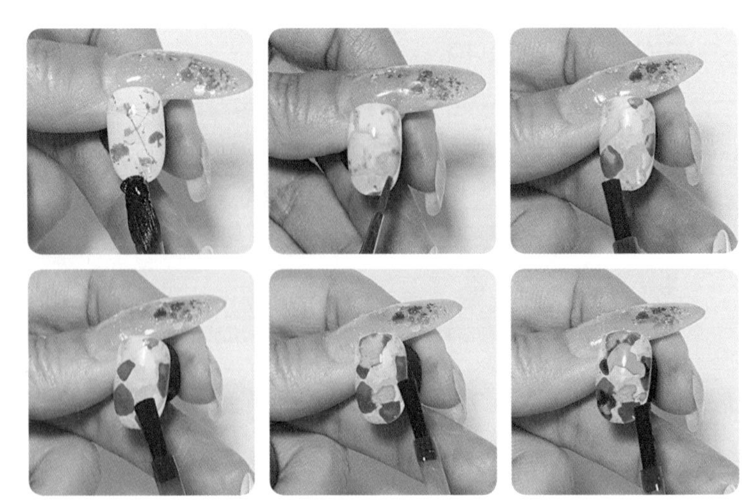

6 — 탑젤을 바르고 30초 큐어합니다.

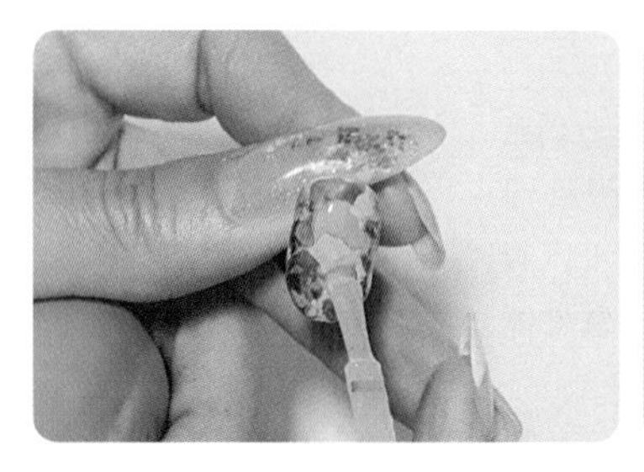

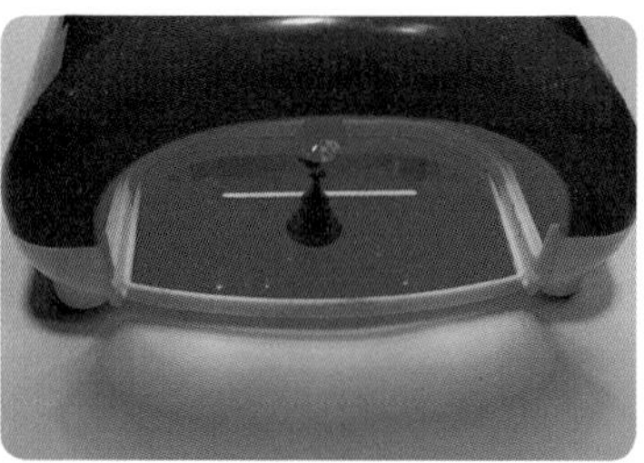

도시적이며 유니크하고 화려한 아트가 완성되었습니다.틴트젤은 색과색이 섞이는부분도 매력적이며 아트를 할때마다 같은 아트가 나오지 않는 나만의 스타일을 표현할 수 있습니다.

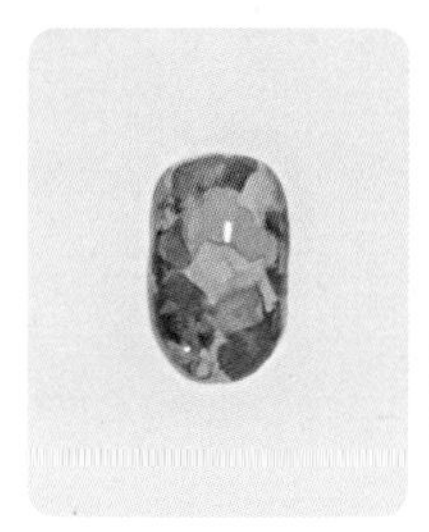

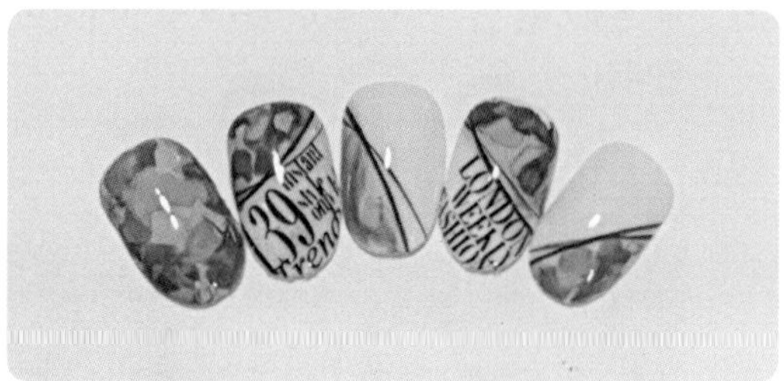

48 들꽃나비 아트

젤램프, 젤클렌저, 솜, 샌딩, 아트팁, 아트스탠드, 브러쉬, 파렛트 베이스젤, 탑젤, 젤리핏 NU 13, CN 37, 44, 41, 42, 62, 화이트, 블랙 에스테미오 G 5, P 20

1 ─ 팁에 광택을 제거하는 샌딩작업을 합니다. 이 작업은 젤의 유지력에 도움이 됩니다.

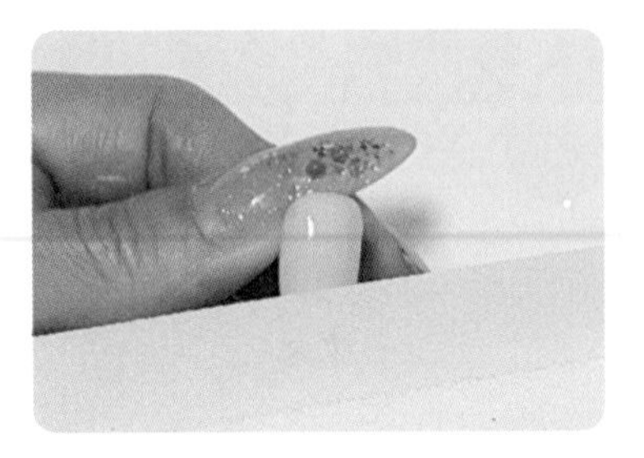

2 ─ 베이스젤을 바르고 30초 큐어합니다. 베이스젤을 꼼꼼히 발라야 컬러를 깔끔하게 바를 수 있습니다.

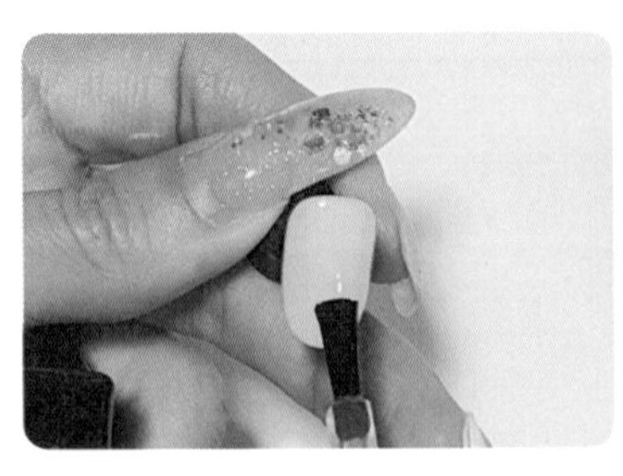

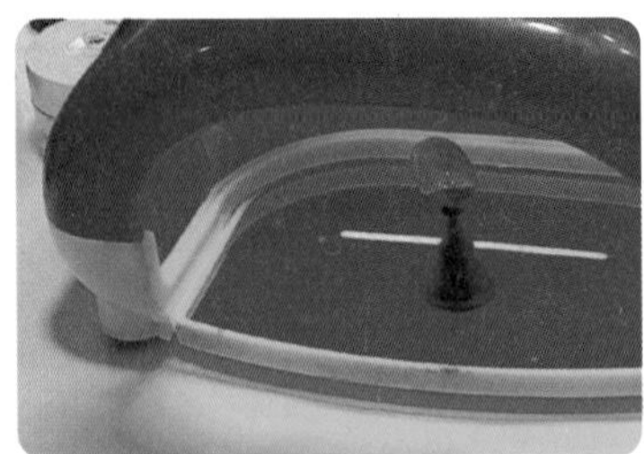

3— 젤리핏 NU 13 컬러젤을 1coat하고 30초 큐어합니다.

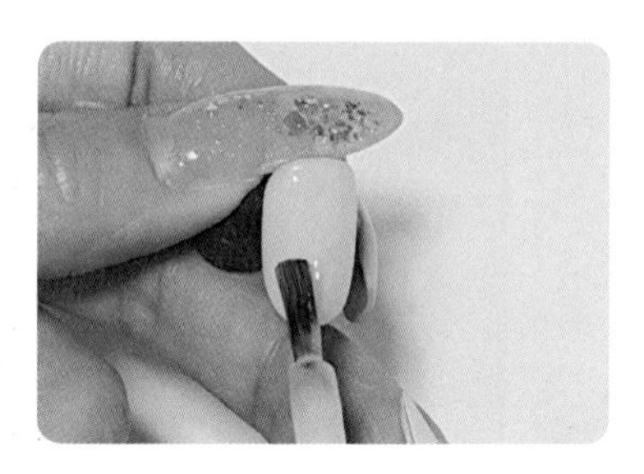

4— 젤리핏 NU 13 컬러젤을 2coat하고 30초 큐어합니다.

누드 컬러는 색이 골고루 발라질 수 있도록 양 조절을 확인합니다.

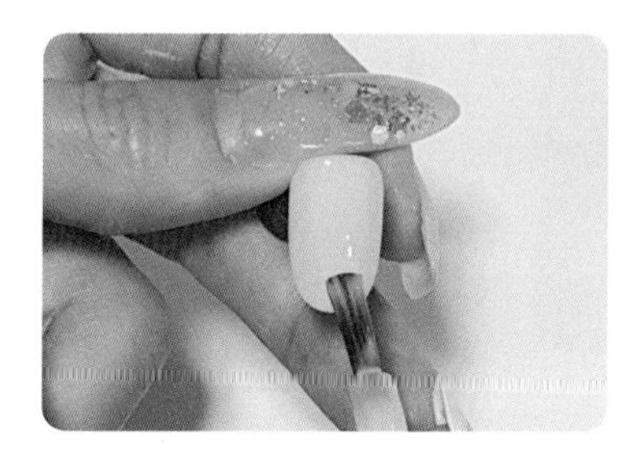

5— 젤리핏 CN 37, 62, 에스테미오 G 5, P20 컬러를 파렛트에 덜어 준비합니다.

6— 젤리핏 CN 37 컬러를 나비 모양으로 그려줍니다.

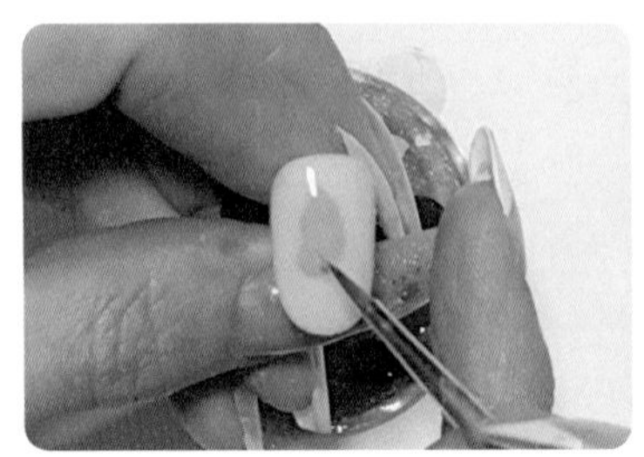
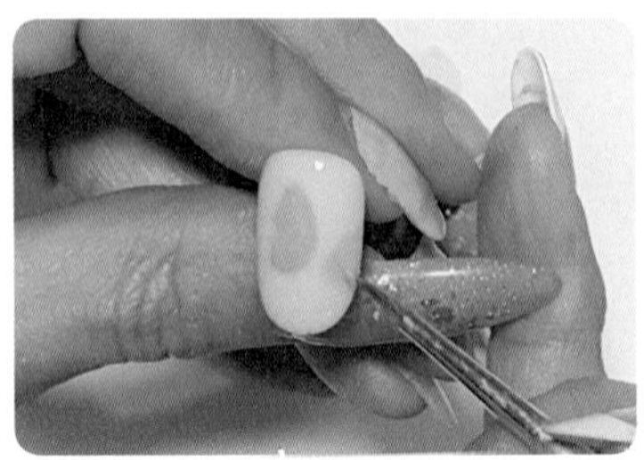

7— 에스테미오 P 20 컬러를 나비 모양으로 그려주고 30초 큐어합니다.

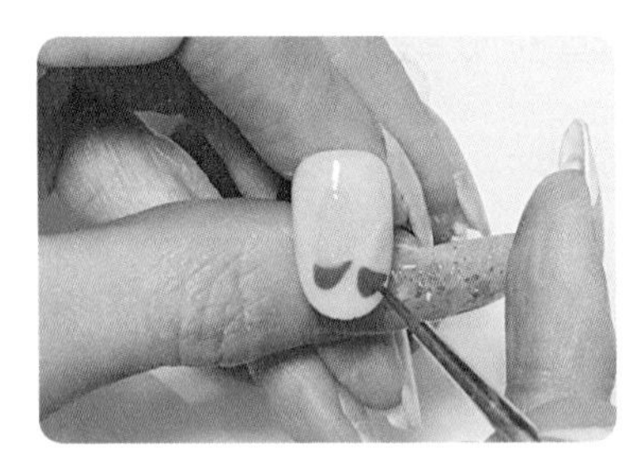

8— 젤리핏 CN 62 컬러로 명암을 표현하면서 큐어 해줍니다.

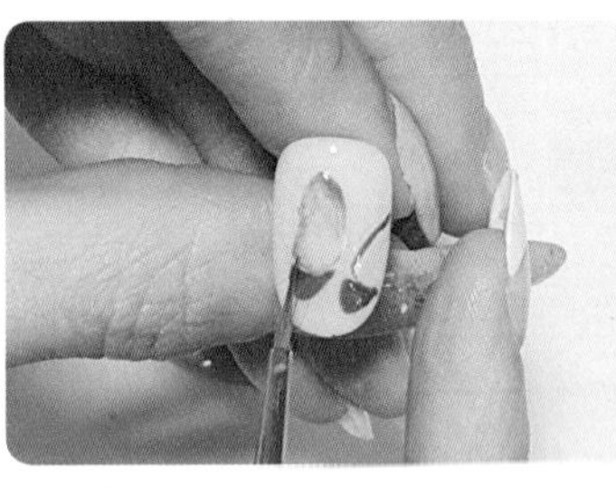
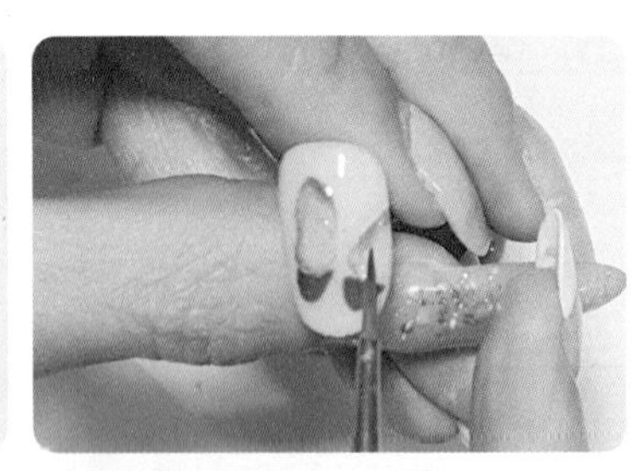
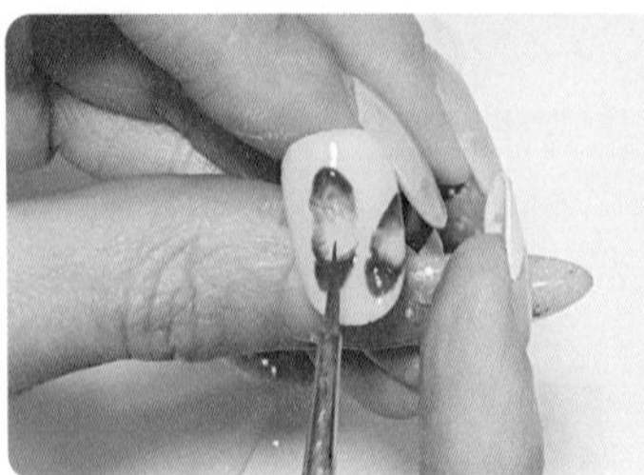
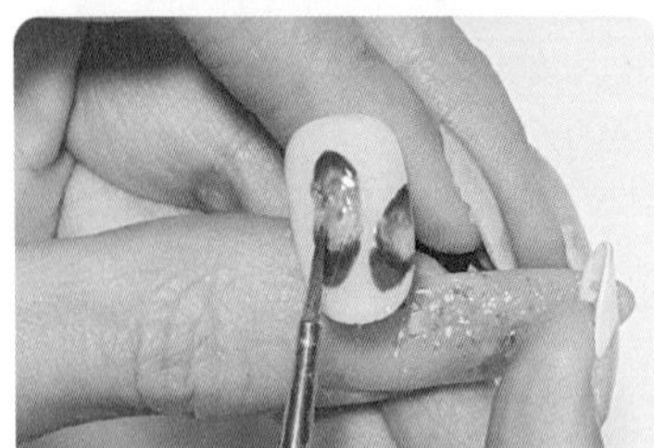

9⁻ 젤리핏 블랙컬러로 나비의 가장자리를 그려주면서 그라데이션 느낌으로 표현하고 30초 큐어합니다.

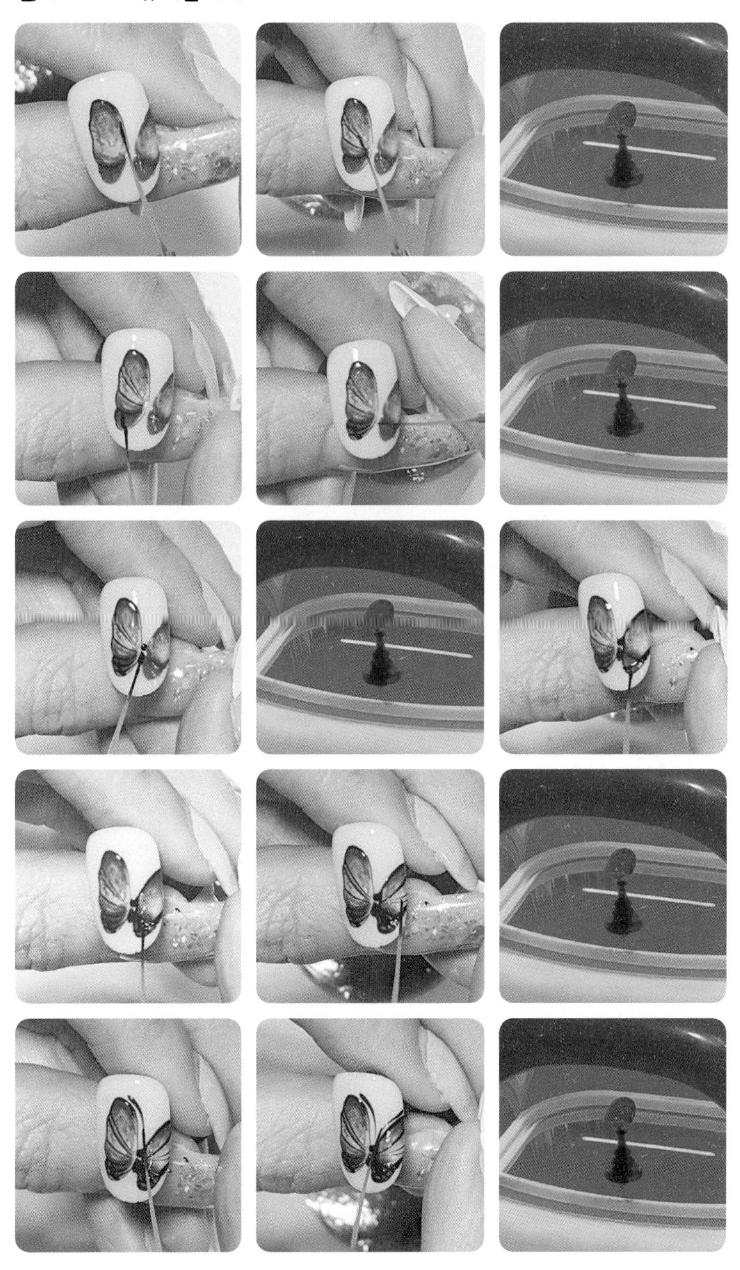

10 ‾ 탑젤을 바르고 30초 큐어합니다,

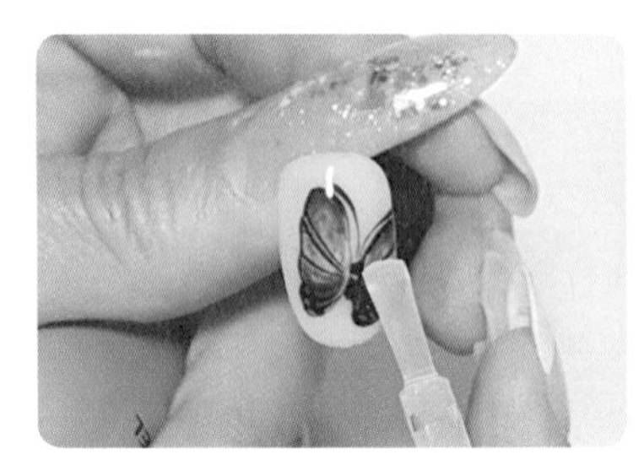
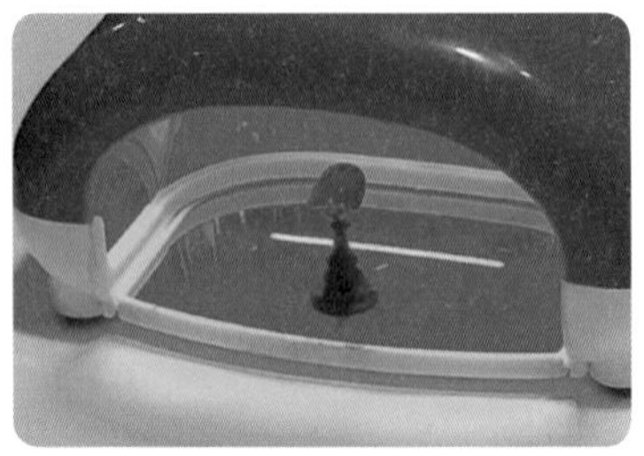

날아가는 듯한 나비가 완성이 되었습니다.

그라데이션이 잘 될수록 예쁘게 표현이되며 여러 컬러로 다양한 나비를 표현할 수 있으며, 요즘은 쉽게 구할 수 있는 스티커나 데칼의 아이템으로도 디자인할 수 있습니다.

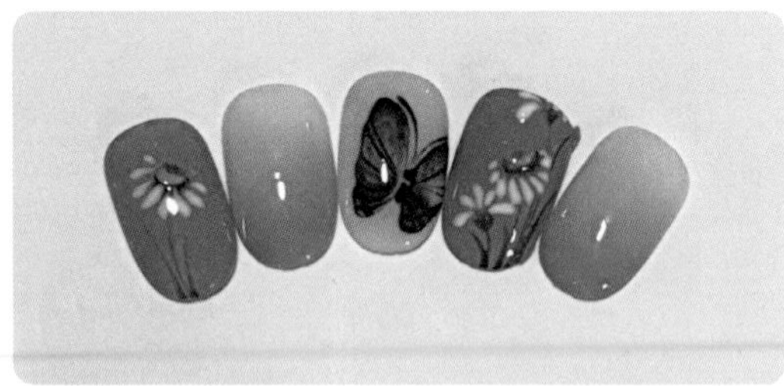

49 크리스마스 아트 1

젤램프, 젤클렌져, 솜, 샌딩, 아트팁, 아트스탠드, 브러쉬, 파렛트, 핀셋 홀로그램, 에스테미오 골드펄, 베이스젤, 탑젤, 젤리핏 CN42, NU814, AG 40, 화이트, 참, 픽스젤

1 — 팁에 광택을 제거하는 샌딩작업을 합니다. 이 작업은 젤의 유지력에 도움이 됩니다.

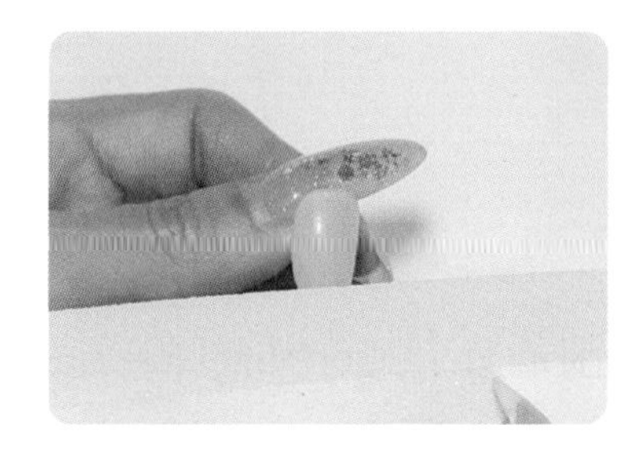

2 — 베이스젤을 바르고 30초 큐어합니다. 베이스젤을 꼼꼼히 발라야 컬러를 깔끔하게 바를 수 있습니다.

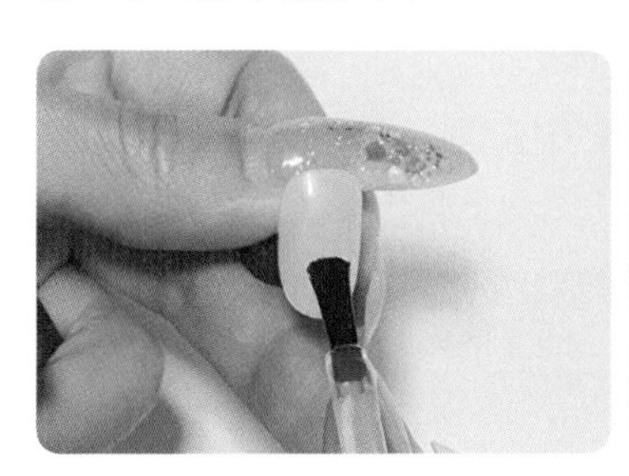

3 — 젤리핏 NU814 컬러를 1coat 하고 30초 큐어합니다.

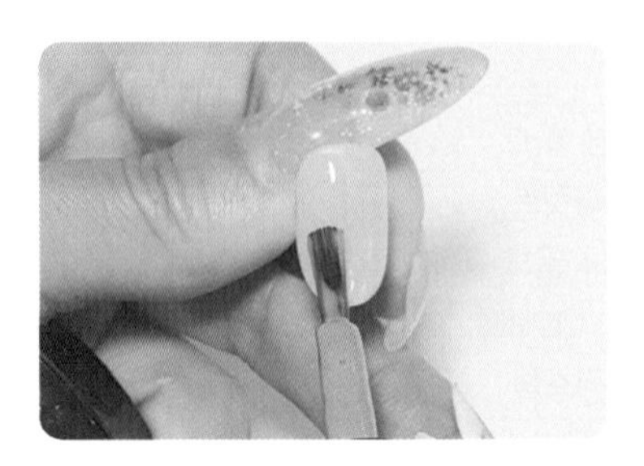

4 — 젤리핏 NU814 컬러를 2coat하고 30초 큐어합니다.

얼룩지지않게 컬러의 양 조절을 확인하면서 바릅니다.

5 — 파렛트에 젤리핏 화이트 컬러와 CN 42 컬러를 덜어 준비합니다.

6— 팁에 라인 브러쉬로 젤리핏 CN 42 컬러를 그려 줍니다.

라인이 불규칙하게 그려져야 더 자연스럽고 예쁘게 그려집니다.

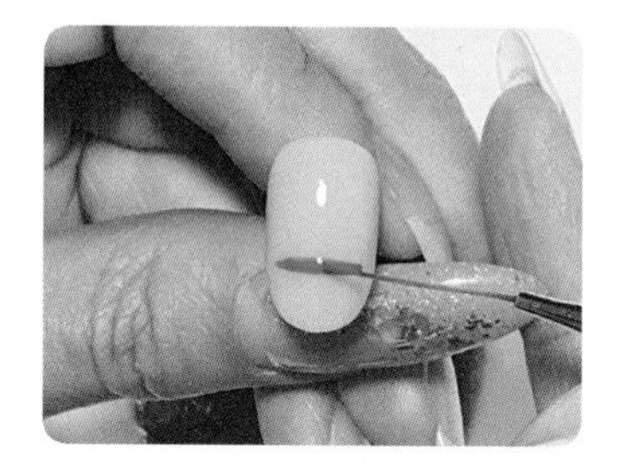
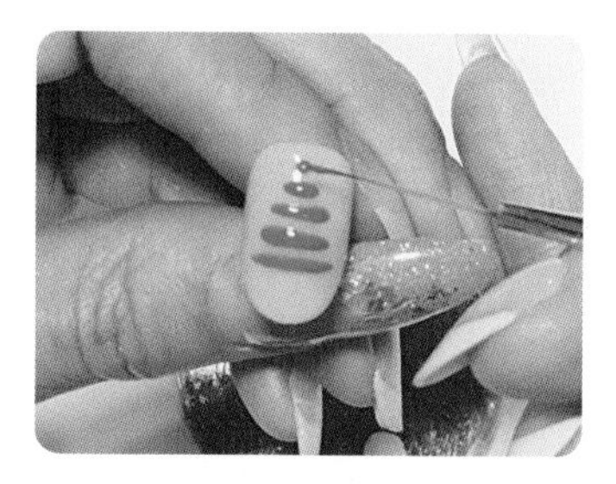

7— 위에 컬러를 그려준 다음 큐어 없이 바로 젤리핏 화이트 컬러를 그려줍니다.

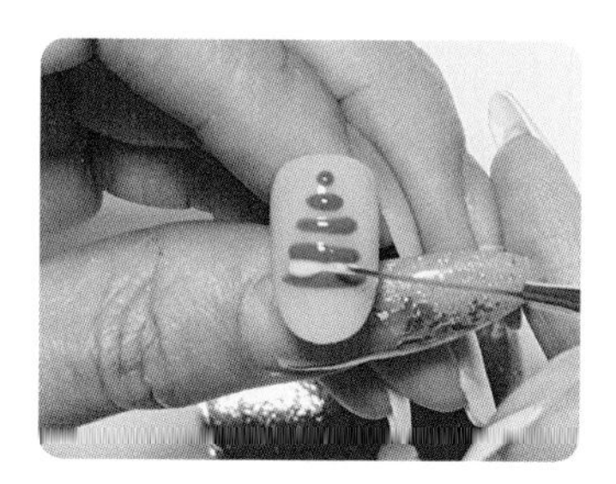
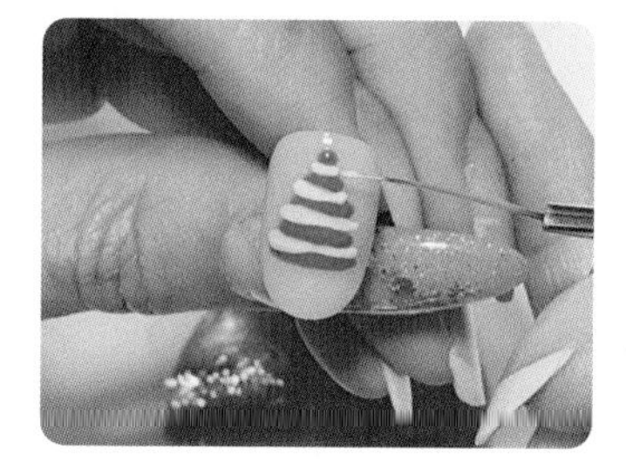

8— 라인브러쉬로 아래쪽 긴 라인에서 좁은 쪽으로 마블이 되게 라인을 그려주고 30초 큐어합니다.

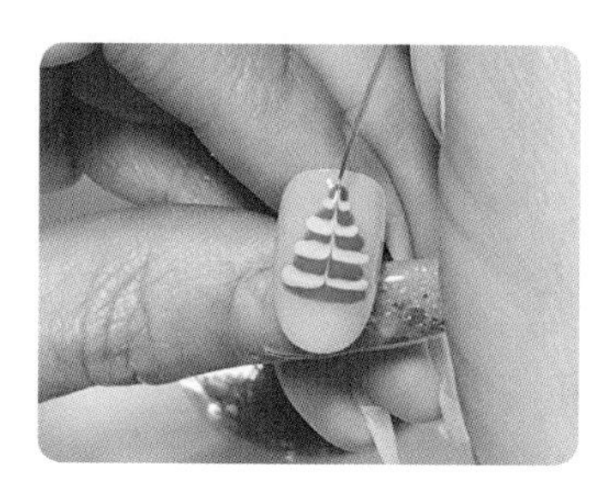

9 — 에스테미오 골드 펄을 트리에 사선으로 그려주고 30초 큐어합니다.

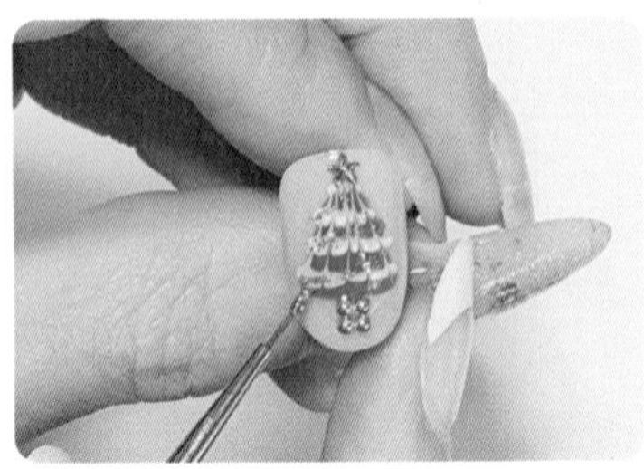

10 — 줄참을 클리퍼로 적당한 길이로 커팅을하고 나무의 아래쪽과 윗부분에 픽스 젤을 덜고 참을 붙여 30초 큐어합니다.

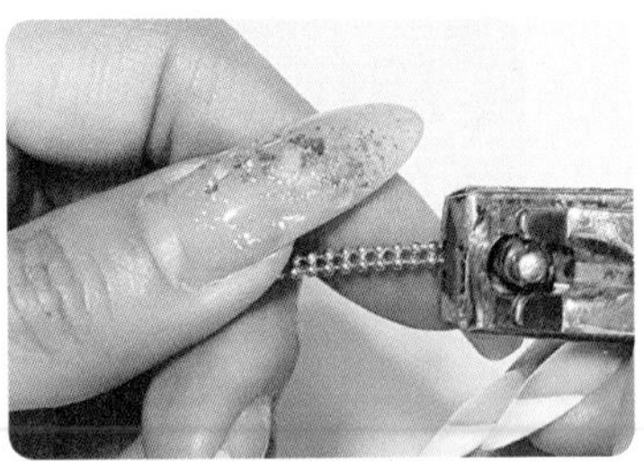

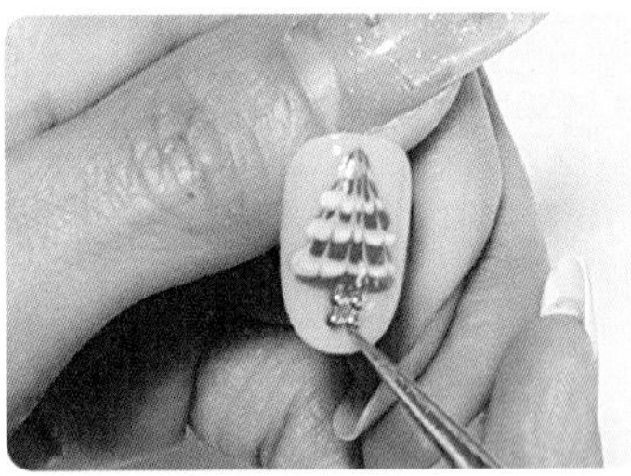

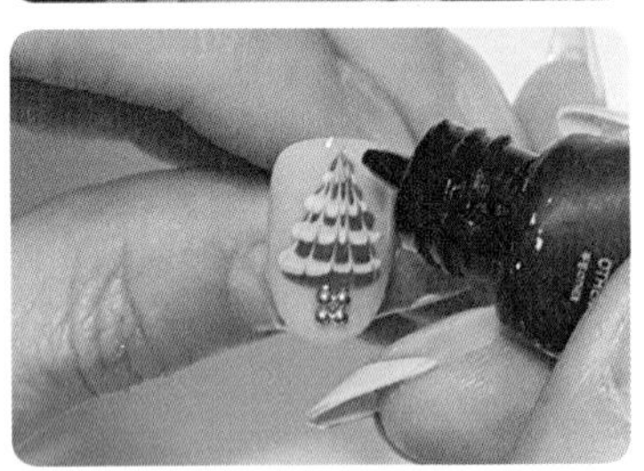

11 — 탑젤을 바르고 30초 큐어합니다.

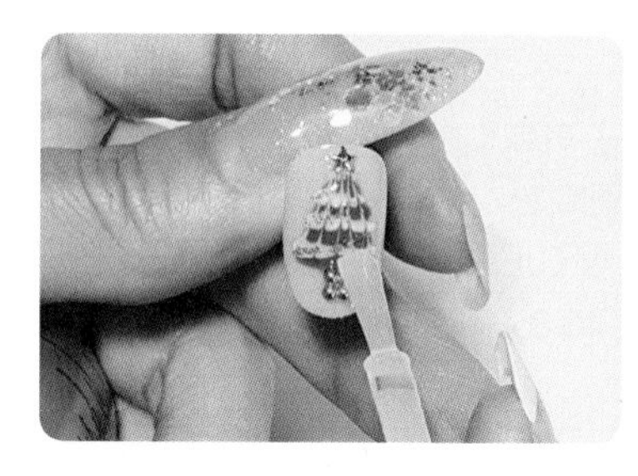
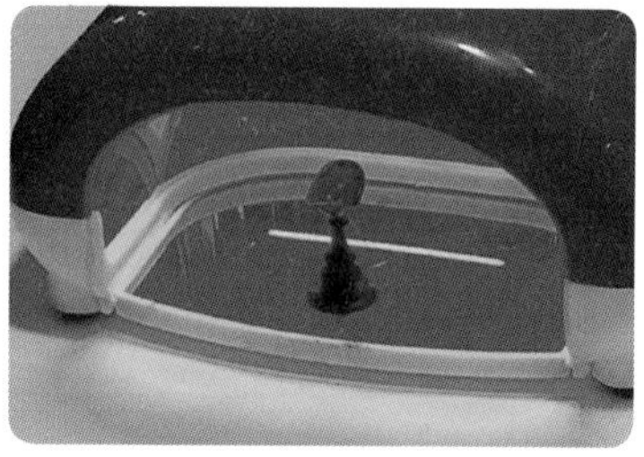

해피 크리스마스~ 예쁜아트가 완성되었습니다.

크리스마스엔 레드와 그린이 대세지만 개인의 스타일에 따라 표현할 수 있습니다.

다양한 소품과 아이템으로 여러 가지 아트도 가능합니다.

50 크리스마스 아트 2

젤램프, 젤클렌저, 솜, 샌딩, 아트팁, 아트스탠드, 브러쉬, 파렛트, 핀셋 더트스틱, 참, 포니젤 PN 001, 젤리핏 화이트, 블랙 CN62, AG 36, 에스테미오 레드

1 — 팁에 광택을 제거하는 샌딩작업을 합니다. 이 작업은 젤의 유지력에 도움이 됩니다.

2 — 베이스젤을 바르고 30초 큐어합니다. 베이스젤을 꼼꼼히 발라야 컬러를 깔끔하게 바를 수 있습니다.

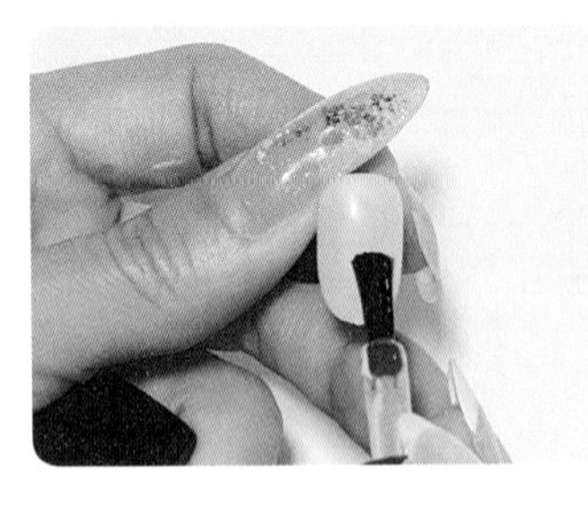

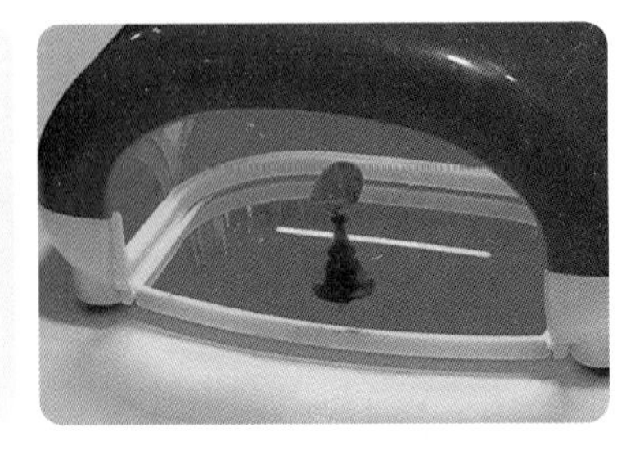

3 — 젤리핏 화이트 컬러를 1coat하고 30초 큐어합니다.

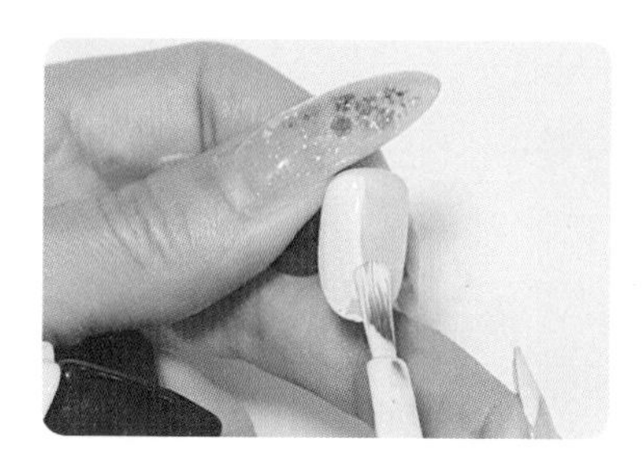

4 — 젤리핏 화이트 컬러를 2coat하고 30초 큐어합니다.

컬러 표면에 먼지나 이물질이 없는지 확인합니다.

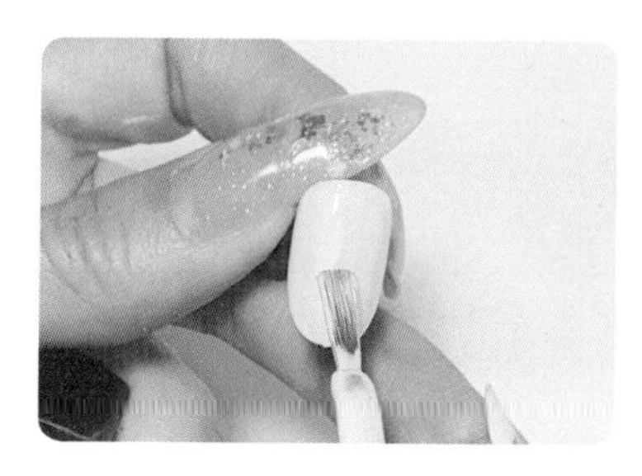

5 — 젤리핏 CN 62 컬러와 블랙 컬러를 파렛트에 덜어 준비합니다.

6 — 젤리핏 CN 62 컬러를 라인브러쉬로 사슴의 뿔 모양의 뼈대 라인을 그려주고 20초 가큐어합니다.

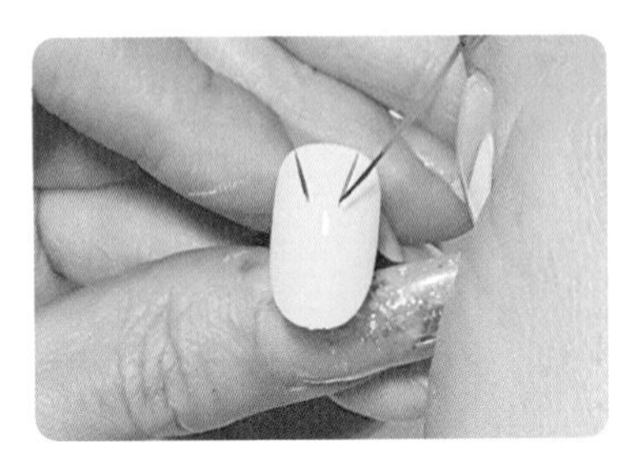

7 — 파렛트에 클리어젤과 핑크 글리터를 덜어 믹스한 후 루돌프의 코에 올려주고 30초 큐어합니다.

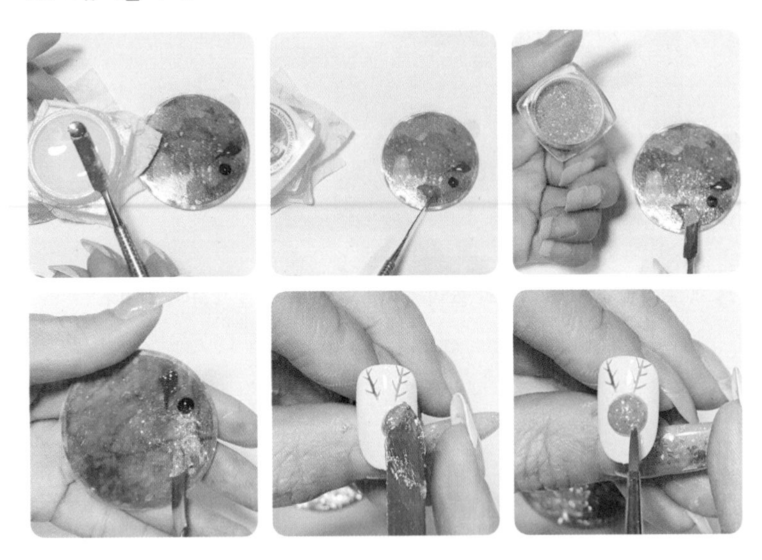

8 — 젤리핏 블랙 컬러로 입과 눈을 그려주고 30초 큐어합니다.

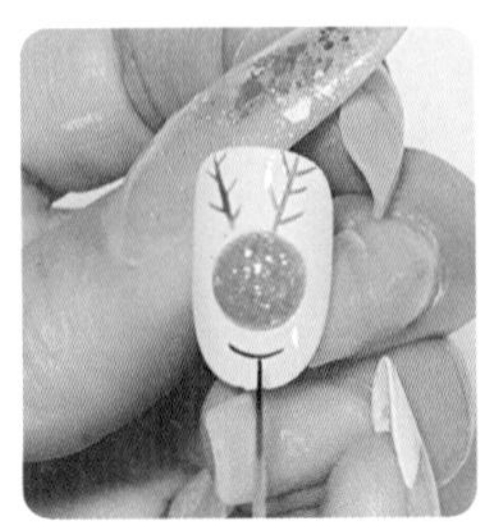

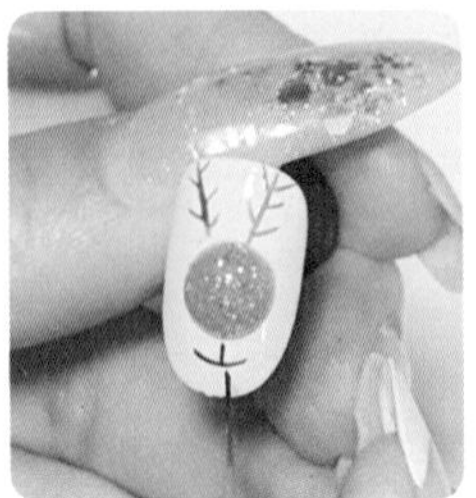

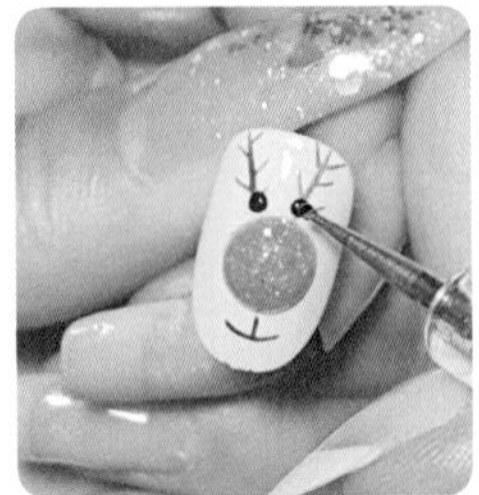

9 — 탑젤을 바르고 30초 큐어합니다.

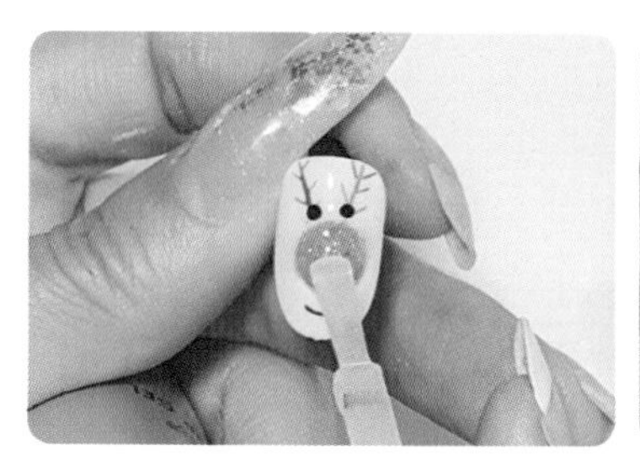

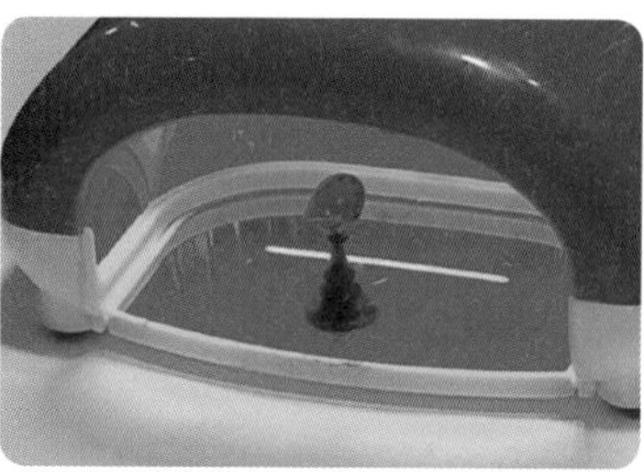

귀여운 루돌프가 완성이 되었습니다.

글리터와 클리어젤을 믹스할 때 입자가 튀어나오지 않게 확인하며 화려한 크리스마스 아트에 귀여운 루돌프가 잘 어울리는 아트입니다.

루돌프의 코는 3D로 만들었지만 와이드하게 표현해도 예쁜 아트가 가능합니다.

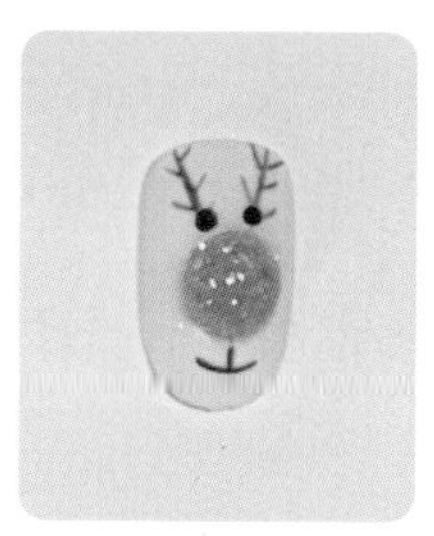

MEMO

MEMO

MEMO

MEMO

MEMO

누구나 쉽게 하는
젤네일 아트 고급테크닉

발 행 일 2021년 2월 5일 초판 1쇄 인쇄
2021년 2월 15일 초판 1쇄 발행

저자의 인지생략

저 자 안나경

발 행 처 크라운출판사 http://www.crownbook.com

발 행 인 이상원

신고번호 제 300-2007-143호

주 소 서울시 종로구 율곡로13길 21

공 급 처 (02) 765-4787, 1566-5937, (080) 850~5937

전 화 (02) 745-0311~3

팩 스 (02) 743-2688, 02) 741-3231

홈페이지 www.crownbook.co.kr

I S B N 978-89-406-4369-3 / 13590

특별판매정가 18,000원

이 도서의 문의를 편집부(02-6430-7012)로 연락주시면
친절하게 응답해 드립니다.